C#フレームワーク

ASP.NET Core 3 入門

掌田　津耶乃・著

秀和システム

- ■本書で使われるサンプルコード・プロジェクトは、次のURLでダウンロードできます。

  http://www.shuwasystem.co.jp/support/7980html/6050.html

- ■本書に掲載しているコードやコマンドが紙幅に収まらない場合は、見かけの上で改行しています（ で表しています）が実際に改行するとエラーになるので、1行に続けて記述して下さい。

- ■サンプルコードの中の《List》のような表記は、《 》内にそのクラスのインスタンスが入ることを示しています。

■本書について

macOS、Windows に対応しています。

■注意

1. 本書は著者が独自に調査した結果を出版したものです。
2. 本書は内容に万全を期して作成しましたが、万一誤り、記載漏れなどお気づきの点がありましたら、出版元まで書面にてご連絡ください。
3. 本書の内容に関して運用した結果の影響については、上記にかかわらず責任を負いかねますのであらかじめご了承ください。
4. 本書およびソフトウェアの内容に関しては、将来予告なしに変更されることがあります。
5. 本書の一部または全部を出版元から文書による許諾を得ずに複製することは禁じられています。

■商標

1. Microsoft、Windows は、Microsoft Corp. の米国およびその他の国における登録商標または商標です。
2. macOS は、Apple Inc. の登録商標です。
3. その他記載されている会社名、商品名は各社の商標または登録商標です。

はじめに

ASP.NET Core 3 による新しい Web 開発の形を

　もっともメジャーなWeb開発環境でありながら、もっとも一般の利用者に縁のなさそうなフレームワーク──。「**ASP.NET**」を一言で表すなら、そんな感じだったのではないでしょうか。
　「**ASP？　マイクロソフト系の開発会社が使うものだろう？　自分には関係ないな**」なんて思っていた人、いませんか。

　しかし、時代は変わりゆくのです。
　ひょっとして、ASP.NETが「**Core**」となり、オープンソースになっていることも知らない人が多いのでは？　Windowsだけでなく、今ではmacOSやLinuxでも.NET Coreが動くことも知らないのでは？　そして2019年9月、最新の**Core 3**がリリースされ、MVCアプリケーションだけでなく、ページ単位で開発する**Razor**アプリケーション、フロントエンドまですべてC#で開発する**Blazor**アプリケーションなど、最新の技術が誰でも無料で使えるようになったことも知らないのでは？

　.NETがWindows専用だったのは、もう遠い昔の話です。.NET Coreとなった今では、あらゆるプラットフォームで動作する、おそらくもっとも広く普及しているフレームワークの一つとなりつつあるのです。

　本書は、最新のASP.NET Core 3によるWeb開発の基本を説明した入門書です。
　MVCアプリケーションとRazorページアプリの2つのアーキテクチャーを中心に、一般的なWebアプリ、Entity Frameworkによるデータベース利用の開発、そのほかのWeb API、Blazor、Reactなどの技術を利用したWeb開発などについて説明をしています。

　以前ならば、ASP.NETは「**覚えてもマイクロソフトのAzureしか使えない**」というのがネックでしたが、今ではAWS（Amazon）やGCP（Google）など、対応するクラウド環境も増えてきました。
　Core 3が登場した今こそ、新たに学び始める絶好のタイミングです。ぜひ、これを機に最新の.NET CoreによるWeb開発の世界を体験してみて下さい。

2019年10月
掌田津耶乃

目　次

Chapter 1　ASP.NET Coreの環境構築 … 1

1.1　ASP.NET Coreをセットアップする … 2
ASP.NETとCore … 2
.NET Coreのインストール … 4
Visual Studio Communityについて … 7
Visual Studio Codeについて … 13
Visual Studio Codeの日本語化 … 17
C#機能拡張のインストール … 18

1.2　プロジェクトの作成 … 19
プロジェクトについて … 19
Visual Studio Community for Windowsで作成 … 20
Visual Studio Community for Macで作成 … 23
Visual Studio Code/コマンド入力で作成 … 25
プロジェクトの構成 … 27
プロジェクトを実行する … 30
ブレークポイントの設定 … 32

1.3　プロジェクトの基本を理解する … 34
Program.csについて … 34
Startup.csについて … 36
HTMLを表示する … 39
ウェルカムページを表示する … 40
ファイルを読み込んで表示する … 41
FileとFileStream … 42
StartupだけでWebページは作れる？ … 44

Chapter 2　MVCアプリケーションの作成 … 45

2.1　MVCアプリケーションの基本 … 46
MVCアプリケーションとは？ … 46
MVCアプリケーションプロジェクトの作成 … 47
MVCアプリケーションの構成 … 52
Startupクラスを確認する … 52
Startupコンストラクタ … 54
ConfigureServicesメソッドについて … 54
Configureメソッドについて … 55

目 次

2.2 コントローラーとビューの基本 57
HomeControllerについて 57
コントローラークラスの基本形 58
コントローラーのアクションについて 59
ビューテンプレートを確認する 61
_ViewStart.cshtmlファイルについて 62
_ViewImport.cshtmlファイルについて 62
_Layout.cshtmlによるレイアウトについて 63
Index.cshtmlについて 66
コントローラーを作る 68
HelloController.csのデフォルトコード 70
Hello/Index.cshtmlを用意する 71
コントローラーから値を渡す 73

2.3 フォームの利用 75
フォームの送信 75
コントローラーでフォームを受け取る 76
フォームを引数で受け取る 79
フォームを記憶する 79
選択リストの項目 83
複数項目を選択するときは？ 87

2.4 そのほかのコントローラーとビューの機能 89
クエリから値を受け渡す 89
セッションを利用する 91
セッションの設定について 94
オブジェクトをセッションに保存する 95
オブジェクトとbyte配列の相互変換 98
部分ビューの利用 100

Chapter 3 Razorページアプリケーションの作成
105

3.1 Razorページアプリケーションの基本 106
Razorページアプリケーションとは？ 106
Razorページプロジェクトを作成する 107
Razorページアプリケーションの構成 113
「Pages」フォルダについて 115
ページファイルとページモデル 116
ページファイルの内容について 117
ページモデルの内容について 118
Razorページの追加 119

3.2 Razorページの利用 122
ViewDataの利用 122
ViewData属性を使う 123

モデルクラスの利用 124
ページモデルのメソッドを呼び出す 126
クエリ文字列でパラメータを渡す 127
URLの一部として値を渡すには？ 129
フォームの送信 129
フォームとページモデルを関連付ける 132

3.3 Htmlヘルパーによるフォームの作成 136
@Html.Editorによるフィールド生成 136
@Htmlで入力フィールドを作る 137
そのほかのフォームコントロール用メソッド 139
チェックボックス、ラジオボタン、リストを作る 140
ページモデルのプロパティとコントロールを連携する 145

3.4 Razor構文 147
Razor構文について 147
素数と非素数を個別に合計する 149
Razor式について 152
コードブロックと暗黙の移行 154
@functionsによる関数定義 156
HTMLタグを関数化する 158
セクションについて 159

Chapter 4 Entity Framework Coreによるデータベースアクセス 163

4.1 MVCアプリケーションのデータベース利用 164
ASP.NET CoreとEntity Framework Core 164
Entity Framework Coreとモデル 165
MVCアプリケーションを開く 166
SQLiteプロバイダをインストールする 167
モデルを作成する 171
Personクラスの作成 174
スキャフォールディングの生成 175
マイグレーションとアップデート 178
動作を確認する 179
生成されるテーブルについて 181
スキャフォールディングで生成されるもの 181
Dbコンテキストについて 182
Startup.csの修正 183
appsettings.jsonの修正 184
SQLiteでデータベースアクセスする 185
MySQLを利用するには？ 186

4.2 MVCアプリケーションのCRUD 188
データベースのCRUDについて 188

目 次

PeopleControllerクラスについて 189
全レコードの表示(Indexアクション).....................................190
ToListAsyncメソッドについて 190
Index.cshtmlの内容...191
レコードの新規作成(Create)...194
PeopleControllerのCreateアクション 197
レコードの詳細表示(Details) 200
レコードの更新(Edit)...203
Editアクションの処理...206
レコードの削除(Delete) 209
Personの存在チェック 212

4.3 Razorアプリケーションの設定とCRUD 213
Razorアプリのデータベース設定 213
❶SQLiteプロバイダのインストール 213
❷Personモデルの作成 214
スキャフォールディングの生成...215
❸マイグレーションとアップデート 217
Startup.csの処理を確認する 218
Dbコンテキストの確認..219
❹スキャフォールディングで生成されたCRUDページ 220
Indexでの全レコード表示 221
Createによる新規作成..222
Detailsによるレコードの内容表示.......................................224
Editによるレコードの編集..226
Deleteによるレコードの削除 228

Chapter 5 データベースを使いこなす   231

5.1 レコードの検索処理..232
レコードの検索 232
Findページを作成する(Razorページアプリ) 232
Find.cshtmlを作成する...234
FindModelクラスの作成 237
Findアクションを作成する(MVCアプリ) 238
PeopleControllerにFindアクションを追加する 240
Whereによるフィルター処理 240
指定したAge以下のレコードを取り出す 242
複数条件を設定する 243
テキストの検索 244
より複雑な検索を考える..245

5.2 LINQに用意される各種の機能 246
クエリ式構文について..246
Personから検索を行う 247

VII

Selectメソッドについて..249
レコードの並び替え...251
一部のレコードを抜き出す「Skip/Take」.......................................253
生のSQLを実行する...254

5.3 値の検証..255
入力値の検証について...255
検証属性と検証結果の確認...257
エラーメッセージの表示について...258
全エラーメッセージをまとめて表示する...259
フォームの表示名を変更する...260
エラーメッセージを変更する...262
用意されている検証ルール...263
検証可能モデルについて...265

5.4 複数モデルの連携..269
2つのモデルを関連付けるには？...269
Messageモデルのソースコード...270
外部キーと連携するオブジェクト...271
Personモデルを修正する..273
スキャフォールディングを作成する...274
Msgページの動作を確認する...276
Dbコンテキストの確認..277
IndexModelをチェックする..277
Index.cshtmlをチェックする..279
CreateページのPerson表示..280
PersonでMessagesのリストを取得する...283

5.5 シャドウプロパティとDBツール..286
シャドウプロパティについて...286
OnModelCreatingによるプロパティの登録.......................................287
SQLiteでMessageテーブルを操作する...288
Dbコンテキストを編集する..288
Createで投稿日時を追加する..289
Indexで投稿日時を表示する...290
DB BrowserによるSQLiteデータベース編集.....................................291
サーバーエクスプローラーでSQL Serverファイルを編集する.....................294

Chapter 6 さまざまなプロジェクトによる開発
301

6.1 Web APIプロジェクトの作成...302
Web APIとは？...302
Web APIプロジェクトを作成する...304
プロジェクトの内容をチェックする...309
Productモデルを作成する...309

スキャフォールディングの作成 312
プロバイダ、マイグレーション、アップデート 313
Startupの処理について 314
ProductsControllerクラスについて 315
REST APIはメソッドとパスが決め手 319

6.2 Blazorプロジェクトの作成 320
Blazorアプリとは何か？ 320
Blazorプロジェクトを作る 321
サンプルプロジェクトを実行する 322
プロジェクトの構成 323
Startup.csをチェックする 324
Blazorアプリのページ設計について 325
Razorコンポーネントについて 326
Appとルートコンポーネント 327
MainLayout.razorについて 328
Counterページをチェックする 329
Sampleコンポーネントを作る 331
モデルを利用したフォーム送信 334

6.3 Reactプロジェクトの作成 339
SPA開発とJavaScriptフレームワーク 339
Reactプロジェクトの作成 340
プロジェクトの構成を見る 342
「ClientApp」フォルダとクライアント側の処理 342
Reactコンポーネントの組み込み 344
Counterコンポーネントによるアクションと更新 347
FetchDataによるAPIコントローラーとの連携 349

Chapter 7 アプリケーションを強化する   353

7.1 Identityによるユーザー認証 354
Identityとは？ 354
Identityの組み込み 358
認証が必要なページを作る 359
MVCアプリケーションの認証設定 362
ユーザー情報を取得する 362
Google認証を利用する 364
Startupを修正する 368
Google認証を試す 369

7.2 ミドルウェアとサービス 371
Startupの処理の流れ 371
Mapメソッドとルーティング 373
UseとRun 375

ミドルウェアを作成する..376
ミドルウェア拡張の作成..378
SampleMiddlewareを利用する.....................................380
サービスについて 381
SampleDependencyサービスを利用する.............................383
ページモデルからサービスを利用する 384

7.3 タグヘルパーの作成..385

タグヘルパーの仕組み...385
SampleTagHelperクラスの作成....................................386
コンテンツを利用する...389
カスタム属性を追加する...392
タグを構築する 394
属性としてのタグヘルパー..396

7.4 検証ルール属性の作成..400

検証ルールの必要性 400
検証属性について 400
モデルクラスを用意する...401
MsgAttributeクラスを作る 402
フォームで検証を行う..403
検証属性の引数を利用する...405
エラーメッセージへの対応...407

さくいん...410

Chapter 1

ASP.NET Coreの
環境構築

ASP.NET Coreは、Windows、macOS、Linuxで本格
Webアプリケーションを構築するフレームワークです。まず
は空のプロジェクトを作成し、Webアプリケーション作成の
もっとも基本となる部分について学びましょう。

C#フレームワークASP.NET Core 3入門

Chapter 1　ASP.NET Core の環境構築

1.1 ASP.NET Coreをセットアップする

ASP.NETとCore

　Webアプリケーションの開発は、今やフレームワーク抜きに考えられなくなっています。JavaにPHP、Ruby、Python、JavaScript……サーバー開発で用いられる言語は数多く存在し、それぞれに多数のフレームワークが開発されています。

　そんな中、「**C#でサーバー開発を行う**」となると、実は意外にフレームワークは多くありません。C#は、Microsoftが.NET frameworkの開発を念頭に作った言語です。従って、C#によるWebアプリケーションの開発環境も、.NET関連のフレームワークとして整備されています。C#では、必要なライブラリやフレームワークは、とりあえず「**.NETで済ませる**」のが基本と考えて良いでしょう。

　この.NET関連の技術で、**Webアプリケーション開発**を行う場合に利用されるのが「**ASP.NET**」です。これは.NET FrameworkのWeb技術として広く浸透しているものですね。「**C#でWeb開発＝ASP.NET**」というイメージが既にできあがっているのではないでしょうか。

　が、こうした「**C#ベースWebアプリケーション開発のデファクトスタンダード**」となっているASP.NETとは別に、「**ASP.NET Core**」と呼ばれるソフトウェアがあることを知らない人も多いのではないでしょうか。

ASP.NET から Core へ

　ASP.NETは、ASP（Active Server Pages）の.NET版といったものです。ASPは、Microsoftのサーバー開発における中心的な技術で、それを.NET対応にしたものがASP.NETです。まぁ、現在は.NET対応になる前のASPを利用することはまずありませんから、「**ASPといえばASP.NETのことだ**」と考えていいでしょう。

　このASP.NETが、「**.NETによるWebアプリケーション開発の中心技術**」とするなら、ASP.NET Coreとは一体何なのか？　それは、一言でいえば「**オープンソース版ASP.NET**」なのです。

　ASP.NET Coreは、2016年、当時流通していたASP.NET 4.xの後継である「**ASP.NET 5.0**」として開発されていた技術がベースとなり誕生しました。

　このバージョンより、.NETの対応プラットフォームがWindowsだけでなく、LinuxとmacOSにも広がり、マルチプラットフォームな環境となりました。これに併せて、Windowsだけでなくさまざまなプラットフォームで使えるWebアプリケーションフレームワークとして生まれ変わったのが「**ASP.NET Core**」なのです。

　ASP.NET Coreは、**.NET Core**というフレームワークをベースにして構築されています（.NET Coreもオープンソースのマルチプラットフォームです）。フレームワーク自体がWindows、Linux、macOS用が標準で用意されており、もう「**.NETといえばWindows**」ではなくなっています。どのようなプラットフォームでも、今では.NETを利用した開発が

2

行えるようになっているのです。

.NET か、.NET Core か

「では、.NETから.NET Coreに移行したということか。もう.NETはないのか？」

そう思った人。いいえ、そうではありません。.NETも、.NET Coreとは別に現在もバージョンアップされています。ただし、最新の.NETも.NET 4.xベースになっており、それ以後のメジャーアップデートはありません。ですから、.NETはメンテナンスモードとして「**.NET Coreに移行できない人のためのサポート**」として開発が続けられていると考えていいでしょう。

これから新たに学習するならば、.NET Coreを選ぶべきです。サーバー開発ならば、もちろんASP.NET Coreを選択するべきでしょう。開発元であるマイクロソフト自身も、今後は更に.NETから.NET Coreへの移行を推進するとのことですので、あえて.NETを選択する必要はないでしょう。

図1-1：.NETと.NET Coreの違い。従来のASP.NETは、.NET Frameworkの上に構築されていた。ASP.NET Coreは、.NET Coreというマルチプラットフォーム環境の上に構築されている。

Core 3 のバージョンについて

このASP.NET Coreは、2019年9月に最新の「**Core 3**」と呼ばれるバージョンにアップデートされました。このCore 3が現時点での最新バージョンとなります。

本書執筆時点での最新バージョンは3.0.0で、Core 3の最初のリリースバージョンになります。Core 3の基本部分はこの3.0.0により実現されています。

が、Core 3は、2019年11月には3.1のリリースが予定されています。この3.1は「**LTS**」（Long Term Support）と呼ばれ、長期サポートされるバージョンで、3.0.0の改良版となります。

既に3.0.0でCore 3の基本仕様は一通り実装されていますから、「**3.0.0で勉強しても、3.1が出たらまた覚え直し**」ということはありません。3.1はメジャーアップデートではありませんから、3.0.0で学んだ技術は、そのまま3.1以後も使い続けられると考えて良いで

しょう。

　また、「**3.1がまもなく出るなら3.0.0はすぐ使えなくなるのか**」と考えることもありません。3.1リリース後も3.0は当面使えますし、そもそも3.0.0から3.1へのアップデートもスムーズに行える予定です。

　.NET Coreのメジャーバージョンのスケジュールとしては、2020年以降に.NET 5のリリースを予定しているとのことです。それまでは.NET Core 3ベースで更新されていくと考えていいでしょう。

> **Note**
> 本書執筆時点では、3.0はまだ正式リリース前であったため、一部は開発版をベースに執筆しています。正式リリース後、3.0.0を使って内容確認を行っています。

.NET Coreのインストール

　では、ベースとなるフレームワーク「**.NET Core**」をインストールしましょう。これは、MicrosoftのWebサイトにて公開されています。以下にアクセスして下さい。

■.NET Core ダウンロードページ

https://dotnet.microsoft.com/download

■図1-2：.NET Coreのダウンロードページ。

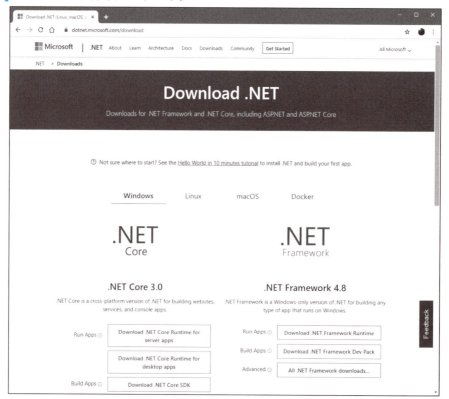

このページにはいくつかのダウンロード用ボタンがあります。その中から「**Download .NET Core SDK**」というボタンをクリックし、ソフトウェアをダウンロードして下さい。これでインストーラがダウンロードされます。

> **Note**
> 後述するVisual Studio Communityを利用する場合は、Visual Studio Communityのインストール時に.NET Coreもインストールされるので、別途インストールを行う必要はありません。

Windows版のインストール

ダウンロードされたインストーラを使って.NET Coreをインストールします。

まずはWindows版です。インストーラを起動すると、画面に「**インストール**」というボタンが表示されるので、これをクリックして下さい。後はそのままインストール作業が行われます。

図1-3：Windowsのインストール。「インストール」ボタンをクリックするだけだ。

macOS版のインストール

macOS版も専用のインストーラがダウンロードされます。こちらはWindowsより手順が多くなっています。

❶ はじめに

起動すると、「**ようこそMicrosoft .NET Core SDK x.x.xインストーラへ**」(x.x.xは任意のバージョン)という画面になります。そのまま次に進みます。

図1-4

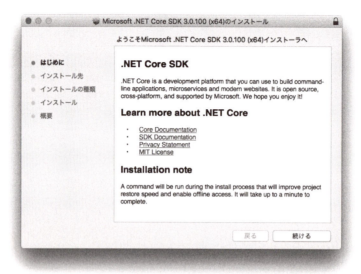

❷ インストール先

インストールする場所を選択します。これはドライブの指定だけなので、1台しかハードディスクなどがなければ、それが選択されます。

図1-5

❸ インストールの種類

「**○○に標準インストール**」（○○はボリューム名）といった画面になります。このまま「**インストール**」ボタンをクリックすれば、インストールを開始します。後は、インストールが完了するのを待つだけです。

▌図1-6

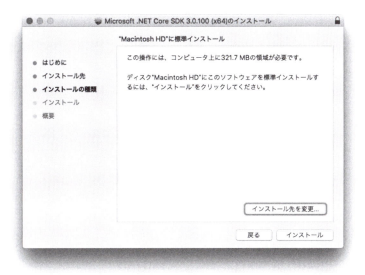

Visual Studio Communityについて

ASP.NET CoreによるWebアプリケーション開発を行うには、そのための開発環境が必要です。基本は、Microsoftが提供する「**Visual Studio**」でしょう。これは無償版から有料版までいくつかのエディションが用意されています。ここでは「**Visual Studio Community**」という無償版を使うことにします。

Visual Studioは、以下のアドレスにて公開されています。

■Visual Studio Communityのダウンロード

https://visualstudio.microsoft.com/ja/free-developer-offers/

■図1-7：Visual Studio Communityのダウンロードページ。

ここにある「**Visual Studio Community**」という表示の「**ダウンロード**」をクリックすると、インストーラがダウンロードできます。

Windows版のインストール

インストーラーを起動すると、Visual Studio Installerという小さなウインドウが現れ、「**インストールする前に～**」といったメッセージが表示されます。そのまま「**続行**」すると、インストーラのアップデートが行われ、それからインストーラが起動します。

■図1-8：Visual Studio Installerをアップデートする。

アップデートされるとインストーラが起動し、画面に「**変更**」のダイアログウインドウが表示されます。ここで、インストールする内容を設定していきます。このウインドウは、いくつかの切り替えメニューがあり、それらを切り替えながらインストールする項目を選択していきます。

1.1 ASP.NET Core をセットアップする

■ ワークロード

「**ワークロード**」では、インストールする内容を選択していきます。以下の項目についてチェックをONにしておきましょう。このほかにも、デスクトップ（PC用アプリ）やスマートフォンのアプリ開発の項目などが用意されているので、必要に応じてONにしておきます。

ASP.NETとWeb開発	Webアプリケーション開発の基本となるものです。
Azureの開発	Azureを利用しているユーザーはONにしておくとよいでしょう。
.NET Core クロスプラットフォームの開発	最後の方に用意されています。.NET Coreの開発のためにはこれが必要です。

図1-9：「ワークロード」の設定。「ASP.NETとWeb開発」「.NET Core クロスプラットフォームの開発」は必須。

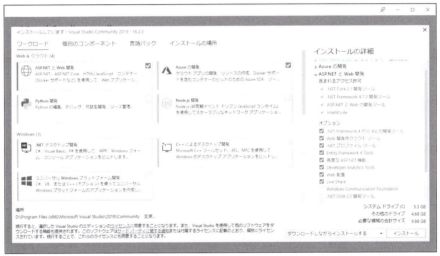

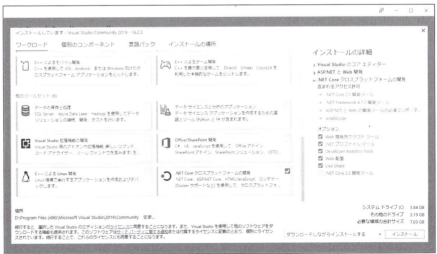

■言語パック

使用する言語のデータをインストールします。ここで「**日本語**」のチェックをONにしておいて下さい。

▌図1-10：「言語パック」で日本語をONにしておく。

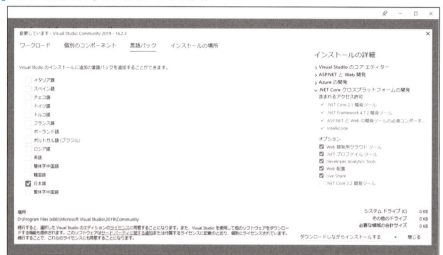

■インストールの場所

インストールする場所を変更する際に使います。通常はデフォルトのままでよく、変更する必要はありません。

▌図1-11：「インストールの場所」でインストールする場所を設定できる。

これらの設定を一通り行い、右下の「**閉じる**」ボタンで閉じると、変更内容に応じてインストールが実行されます。しばらく待っているとインストールが完了し、Visual Studioが使える状態になります。

macOS版のインストール

macOSの場合、インストーラは一般的なインストーラと同様に、順に設定を行っていきます。起動すると、まず.NET Coreがインストールされているかなどをチェックしますので、作業が終わるまでしばらく待っていましょう。

図1-12：起動するとしばらく.NET Coreのチェックを行う。

❶ インストールしていただき、ありがとうございます

チェックが完了すると、画面に「**Visual Studio for Macをインストールしていただき、ありがとうございます**」とアラートが現れます。そのまま「**続行**」を選びます。

■図1-13

❷ 何をインストールしますか？

　インストールする項目を選択する画面になります。「**.NET Core**」はデフォルトでチェックがONになっています。それ以外の項目は、必要に応じてON/OFFして下さい。基本的にほかはすべてOFFでも問題ありません。

　チェックしたら、「**インストールと更新**」ボタンをクリックすると、インストールを開始します。

■図1-14

❸ 一部の機能にはXcode 10.2が必要です

　一通りインストールが完了したところで、こういう画面が現れる場合があります。これは、Xcode 10.2のインストールを促す画面です。.NET CoreによるWeb開発では特に必要ないので、そのまま続行して下さい。

図1-15

「**インストール完了**」と表示されたら、インストーラを終了して作業は終わりです。「**アプリケーション**」フォルダの中に「**Visual Studio**」という名前でインストールされます。

Visual Studio Codeについて

　同じVisual Studioという名前でも、Visual Studio Communityとは全く違う「**Visual Studio Code**」というアプリケーションも広く使われています。こちらは、「**Visual Studioのエディタ部分を切り離したアプリ**」といったもので、Webの開発に特化した作りになっています。

　このVisual Studio Codeは、フォルダを開いてその中にあるテキストファイルを編集する、といったもので、ASP.NETのアプリケーション開発のような複雑な作業には対応していませんでした。が、現在はASP.NET Coreの開発を行えるようにする機能拡張が用意されたこともあり、Visual Studio CodeでASP.NET Coreの基本的な開発が行えるようになっています。

　「**ライトな開発用にVisual Studio Codeを使ってみたい**」と思っていた人は、これでそのままASP.NET Coreの開発を試してみても面白いでしょう。

　ただし！　機能拡張を追加したからといって、Visual Studio Communityのすべての

機能が実現されるわけではありません。追加される機能拡張は、.NET Coreに用意されているコンソールプログラムと連携して機能を呼び出すものであり、Visual Studio Communityにあるきめ細かな機能（必要なファイルやコードを生成する機能など）の多くは用意されません。そうした部分は、基本的に手作業で必要なファイルやコードを作っていく必要があるでしょう。「**Visual Studio Codeに、.NET Core開発のための必要最小限の機能を追加する**」という程度に考えておきましょう。

このVisual Studio Codeは、Visual Studio Communityと同じサイトで入手することができます。

■Visual Studio Codeのダウンロード

https://visualstudio.microsoft.com/ja/free-developer-offers/

図1-16：Visual Studioのダウンロードページ。右側の「Visual Studio Code」の「ダウンロード」をクリックする。

ダウンロードページの右側にある「**Visual Studio Code**」の「**ダウンロード**」をクリックすると、Visual Studio Codeダウンロードページに移動します。ここで「**Download for ○○**」（○○はプラットフォーム名）というボタンをクリックすると、ソフトウェアをダウンロードできます。なお、Windowsの場合、インストーラにはパソコン全体にインストールする「**System Installer**」と、現在の利用者のみにインストールする「**User Installer**」があります。これは「**Download for Windows**」ボタン右側の「**v**」をクリックし、現れた「**Other Downloads**」リンクをクリックしたページから選択できます。必要に応じて選択して下さい。

図1-17：Visual Studio Codeのダウンロードページ。「Download for ○○」というボタンをクリックしてダウンロードする。

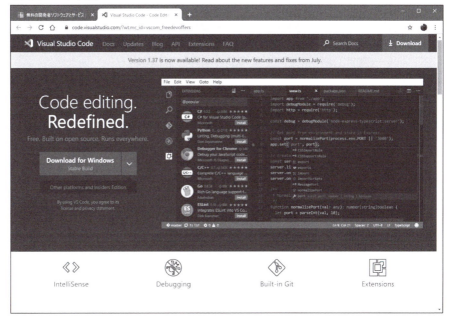

Windows版のインストール

Windows版では、専用のインストーラがダウンロードされます。これを起動してインストールを行います。

❶ 使用許諾契約書の同意
　　最初に、ソフトウェアの使用許諾契約書が現れます。「**同意する**」を選んで次に進みます。

図1-18

❷ インストール先の指定（System Installerのみ）
　インストールする場所を設定します。特に理由がなければデフォルトのままにしておきましょう。

図1-19

❸ プログラムグループの指定（System Installerのみ）
　「**スタート**」ボタンに作成するショートカットの設定です。これも特に理由がなければデフォルトのままにしておきます。

図1-20

❹ 追加タスクの選択
　インストール作業以外に行う処理を選びます。デフォルトでは、「**PATHへの追加**」だけONになっています。これもデフォルトのままで問題ありません。デスクトップへのショートカット作成など、「**あったほうが便利**」というものがあればONにしておきましょう。

1.1 ASP.NET Core をセットアップする

図1-21

❺ インストール準備完了

インストールの内容が表示されます。そのまま「**インストール**」ボタンをクリックすれば、インストールを実行します。

図1-22

macOS 版の場合

macOS版の場合は、面倒なインストール作業は必要ありません。ダウンロードしたZipファイルを展開すると、Visual Studio Codeのアプリケーションが保存されます。これをそのまま「**アプリケーション**」フォルダにコピーすれば準備完了です。

Visual Studio Codeの日本語化

Visual Studio Codeは、初期状態では英語表記になっています。日本語表記にするためには、日本語化の機能拡張をインストールする必要があります。

Visual Studio Codeを起動し、一番左側に縦に並んでいるアイコンの中から「**Extensions**」(四角いブロックが重なったアイコン)をクリックして下さい。右側に機能拡張のリストが表示されます。

一番上にある入力フィールドに「**japanese**」と記入すると、Japaneseを含む機能拡張が検索されます。その中から「**Japanese Language Pack for Visual Studio Code**」という項目を選択して下さい。そして、表示された画面の中から「**Install**」ボタンをクリックしましょう。これで機能拡張がインストールされます。

図1-23：japaneseでJapanese Language Pack for Visual Studio Codeを探してインストールする。

インストールされると、ウインドウ右下に「**In order to use VS Code in Japanese, VS Code needs to restrat.**」とアラートが表示されます。「**Restart Now**」ボタンをクリックすると、Visual Studio Codeがリスタートされ、次回起動したときには表示が日本語になっています。

図1-24：アラートが表示されたら「Restart Now」ボタンをクリックする。

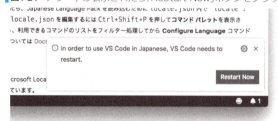

C#機能拡張のインストール

続いて、Visual Studio CodeでC#を利用するための機能拡張をインストールします。先ほどと同じ機能拡張のリストにあるフィールドで「**C#**」とタイプして下さい。そして、「**C#**」という項目が見つかったらそれを選択しましょう。これが、「**C# for Visual Studio**

Code」という機能拡張です。
これで、Visual Studio Codeで開発を行う準備が整いました。

図1-25：C#の機能拡張をインストールする。

> **Column** Visual Studio Codeのテーマについて
>
> 　本書のVisual Studio Codeの図を見て、「**自分の起動画面と表示が違う**」と感じた人もいるかもしれません。それは、Visual Studio Codeのテーマが違うためでしょう。
> 　「**ファイル**」メニュー（macOSの場合はアプリケーションメニュー）から「**基本設定**」内の「**配色テーマ**」を選ぶと、使用可能なテーマがポップアップ表示されます。そこから使いたいテーマを選べばウインドウの表示スタイルが変更されます。

1.2 プロジェクトの作成

プロジェクトについて

　では、ASP.NET Coreの開発をどのように行うのが、実際に作業しながら説明をしていきましょう。
　ASP.NET Coreで開発を行うには、まずVisual Studioで「**プロジェクト**」を作成します。プロジェクトは、アプリケーションの開発に必要となる各種リソース（必要なファイル類や利用するライブラリ、各種の設定情報など）をまとめて管理する仕組みです。プロジェクトのフォルダ内に多数のファイルやフォルダが作成され、それらを編集しながら開発を進めていきます。

プロジェクトは、利用している開発ツールによって作成手順が異なります。ここでは「**空のプロジェクト**」を作成して、作り方を整理していきます。

> **Column　ソリューションについて**
>
> 　プロジェクトとは別に、「**ソリューション**」もVisual Studioでは登場します。これも、プロジェクトと同様にたくさんのファイルやフォルダを作成し、管理します。
> 　ソリューションとは何か？　これは、「**プロジェクトをまとめて管理する仕組み**」なのです。
> 　開発によっては、複数のプロジェクトを作成し、それぞれのプログラムを連携させて処理を行うようなこともあります。このような場合、複数のプロジェクトをまとめて管理する仕組みが必要になります。そのために用意されたのがソリューションです。
> 　本書では、複数のプロジェクトを作成して連携することはないので、当面はソリューションについて「**プロジェクトを作ると自動的に作られる入れ物のようなもの**」程度に考えておけばいいでしょう。

Visual Studio Community for Windowsで作成

　では、空のWebアプリケーションプロジェクトを、Visual Studio Community for Windowsで作成してみましょう。

❶ スタートウインドウ

　Visual Studio Communityを起動すると、まず編集するプロジェクトを選ぶパネルのようなウインドウが現れます。左側には、それまで作成したプロジェクトのリストが表示され、右側には各種作業のための項目が並びます。これは、「**スタートウインドウ**」です。プロジェクトを開いたり新たに作成したりする際に利用します。

　新しくプロジェクトを作成する場合は、右側に並ぶ項目から「**新しいプロジェクトの作成**」をクリックして選びます。

図1-26

❷ プロジェクトテンプレートの選択

パネルの表示が変わり、作成するプロジェクトのテンプレートがリスト表示されます。ここで、作りたいプログラムを選択します。

ASP.NET CoreによるWebアプリケーションの作成は、「**ASP.NET Core Webアプリケーション**」という項目を選択して次に進みます。

▌図1-27

❸ 新しいプロジェクトの構成

作成するプロジェクトに関する設定を入力していきます。今回は次のように設定しておきましょう。そのほかの項目は、デフォルトのままにしておいて下さい。

入力したら、「**作成**」ボタンをクリックします。

プロジェクト名	「SampleEmptyApp」としておきます。
場所	デフォルトのままにしておきます。
ソリューション名	プロジェクトと同じく「SampleEmptyApp」とします。

図1-28

❹ アプリケーション・テンプレートの選択

作成するアプリケーションのテンプレート一覧が表示されます。ここから作成するものを選びます。今回は、「**空**」を選んでおきましょう。これは名前の通り、空のアプリケーションを作ります。「**空**」といっても、全くなにもないわけではありません。特に表示するページなどが作られていないだけで、アプリケーションの基本部分はすべて用意されています。

項目を選択したら、「**作成**」ボタンをクリックすると、表示されていたパネルが消え、プロジェクトがVisual Studio Communityで開かれます。

図1-29

Visual Studio Community for Macで作成

macOSでのプロジェクト作成の場合、Windowsとはプロジェクト作成の表示が若干異なります。

❶ プロジェクトの選択

起動すると、まず編集するプロジェクトを選ぶためのパネル状のウインドウ(スタートウインドウ)が現れます。ここで「**新規**」項目をクリックします。

▎図1-30

❷ プロジェクトのテンプレート選択

作成するプロジェクトのテンプレートが一覧表示されます。Webアプリケーションを作成する場合、左側のリストから「**.NET Core**」内の「**アプリ**」を選択し、右側に現れるリストから「**空**」を選択して次に進みます。この「**空**」が、空の.NET CoreによるWebアプリケーションプロジェクトのテンプレートになります。

▌図1-31

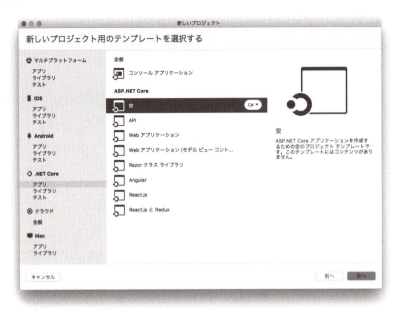

❸ フレームワーク選択
　ターゲットフレームワークの選択画面になります。「**対象のフレームワーク**」から「**.NET Core 3.0**」を選び、次に進みます。

▌図1-32

❹ プロジェクトの構成

　プロジェクトとソリューションの名前、保存場所等を次のように設定します。そのほかの項目はデフォルトのままにしておきます。

プロジェクト名	「SampleEmptyApp」としておきます。
ソリューション名	プロジェクトと同じ「SampleEmptyApp」とします。
場所	デフォルトのままにしておきます。

　入力して「**作成**」ボタンを押せば、プロジェクトを作成してVisual Studio Communityで開きます。

▌図1-33

Visual Studio Code/コマンド入力で作成

　Visual Studio Codeでプロジェクトを作成する場合、コマンドの入力を行う「**ターミナル**」というウインドウを使い、コマンドによりプロジェクトを作成していきます。

　このコマンドは、Visual Studio Codeに特有ではなく、普通にコマンドプロンプトやmacOSのターミナルで実行できます。従って、Visual Studio Codeを使わずほかのツールやエディタで開発をしたい、という場合も、このコマンドを利用すればプロジェクトを作成できます。

　では、Visual Studio Codeの「**表示**」メニューから「**ターミナル**」を選んで下さい。これでウインドウの下部にターミナルが現れます。

図1-34：「ターミナル」メニューで、ターミナルのウインドウを開く。

dotnet new コマンドの実行

開いたら、コマンドを実行します。.NET Coreのプロジェクト作成は、「**dotnet new**」コマンドを使います。これは次のように実行します。

```
dotnet new プロジェクトの種類 -o プロジェクト名
```

プロジェクトの種類は、作成するプロジェクトのテンプレートごとに付けられている名前を使って指定します。ここでは「**空のプロジェクト**」を作成します。これは「**web**」と種類を指定します。-oというオプションは出力先を指定するもので、作成するプロジェクトの名前を指定します。

では、次のようにコマンドを実行してみましょう。

```
dotnet new web -o SampleEmptyApp
```

▎図1-35：dotnet newでプロジェクトを作成する。

これで、ターミナルのカレントディレクトリに「**SampleEmptyApp**」というフォルダを作成し、そこにプロジェクトのファイル類をコピーします。作られた「**SampleEmptyApp**」フォルダをVisual Studio Codeのウインドウにドラッグ＆ドロップすれば、フォルダが開かれ編集できるようになります。

なお、既にVisual Studio Codeで別のフォルダなどが開かれている場合は、「**ファイル**」メニューから「**フォルダを開く**」を選び、「**SampleEmptyApp**」フォルダを選択して下さい。これで開かれます。

▎図1-36：Visual Studio Communityでプロジェクトが開かれた。

プロジェクトの構成

プロジェクトが開かれると、初期状態ではプロジェクトの概要が表示されます。そのほか、プロジェクト内のファイルやフォルダ類を階層的に表示している小さなエリアが見えるでしょう（Windowsでは右側に、macOSでは左側にあります）。

これは、「**ソリューションエクスプローラー**」です。ここに、編集中のプロジェクトの内容が整理されて表示されます。ここから使いたいファイルをダブルクリックして開くと、そのファイルを編集するエディタ画面が現れるようになっています。

図1-37：ソリューションエクスプローラー。ここからファイルを開いて編集する。

ウインドウまたはパッドは入れ替えできる

　Visual Studio Communityでは、ソリューションエクスプローラーのような特定の表示を行う区画がいくつもウインドウ内に組み合わせられています。これらは、Windows版では「**ウインドウ**」、macOS版では「**パッド**」と呼ばれています。

　これらのウインドウやパッドは、タイトルバーの部分をドラッグすることで配置場所を入れ替えることができます。ドラッグ中は、ウインドウ内に配置できる場所が四角いエリアとして表示されるので、それを見ながらドロップする場所を決めるとよいでしょう。

　また、表示されていないウインドウやパッド類は、「**表示**」メニューの「**ウインドウ**」または「**パッド**」メニュー内にまとめられています。ここから使いたいウインドウやパッドを選べば、それが開かれます。

　現時点では、ソリューションエクスプローラー以外は特に使いませんが、Visual Studio Communityには多くの機能が用意されていますので、必要に応じてこれらウインドウやパッド類を使っていくことになるでしょう。

図1-38：macOS版のVisual Studio Communityのパッド配置をWindows版と同じように変更したところ。

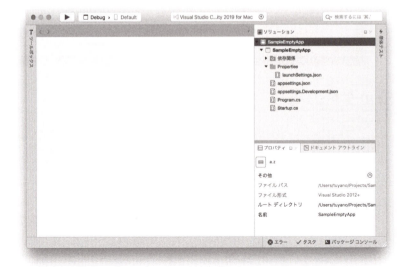

Visual Studio Code も基本は同じ

Visual Studio Codeを利用している場合も、プロジェクトの基本的な扱い方は同じです。Visual Studio Codeではウインドウの左側に「**エクスプローラー**」と呼ばれる階層リスト表示の部分があります。ここで、開いているフォルダ内のファイル・フォルダ類を階層的に表示します。ここから編集したいファイルを選択すれば、エディタでファイルが開かれます。

図1-39：Visual Studio Codeの画面。左側にエクスプローラーがあり、ここからファイルを開く。

プロジェクトに用意されているもの

では、作成されたプロジェクトにどのようなものが用意されているのか見てみましょう。プロジェクト内には以下のようなものが標準で用意されています（なお、.NET Coreや開発ツールのアップデート等により用意されるファイル類が変わる場合もあります）。

■関連情報

Connected Services	Visual Studio Communityで表示されます。接続サービスに関する設定項目を表示します。
依存関係	Visual Studio Communityで表示されます。プロジェクトと依存関係にあるライブラリやSDKの情報などがまとめられています。

■フォルダ

「bin」フォルダ	Visual Studio Communityでは表示されません。プロジェクトで使うコマンドプログラム類がまとめてあります。
「obj」フォルダ	Visual Studio Communityでは表示されません。プロジェクトの生成物がまとめられるところです。
「properties」フォルダ	設定情報を記述したJSONファイルなどが保管されます。
「.vscode」フォルダ	Visual Studio Codeで開発を行うと生成されます。Visual Studio Codeの設定などが記録されます。

Chapter 1 ASP.NET Core の環境構築

■ファイル

SampleEmptyApp.csproj	Visual Studio Communityが作成するプロジェクトファイルです。
SampleEmptyApp.sln	Visual Studio Communityが作成するソリューションファイルです。
appsettings.json	アプリケーションの設定情報を記述したJSONファイルです。
appsettings.Development.json	アプリケーションの開発版の設定を記述したJSONファイルです。
Program.cs	プロジェクトのメインプログラムです。これが最初に実行されます。
Startup.cs	アプリケーションの起動処理を記述したプログラムです。

Visual Studio Communityで開発する場合に注意したいのは、「**ソリューションエクスプローラーに表示される内容と、実際のプロジェクトの内容は同じではない**」という点でしょう。ソリューションエクスプローラーは、プロジェクト（およびソリューション）の開発がしやすいように、内容を整理して表示します。このため、特に使わないフォルダ類は表示されませんし、「**依存関係**」のように本来フォルダ内にはない項目も追加表示されます。

プロジェクトを実行する

では、実際にプロジェクトを実行してみましょう。「**デバッグ**」メニューから、以下のいずれかのメニューを選んで実行します。

デバッグ開始	デバッグモードでプロジェクトを実行します。
デバッグなしで開始	デバッグモードでなく、直接プロジェクトを実行します。

Webブラウザが開かれ、**https://localhost:ポート番号/**にアクセスして「**Hello World!**」というテキストが表示されます。これが、空のプロジェクトに用意されているWebアプリケーションの表示です。

デバッグモードで実行中は、ツールバーの部分に操作のアイコンが表示され、そこでステップ実行したり終了したりできます。

> **Note**
>
> 使用されるポート番号は、状況によって変わります。Visual Studio Community利用の場合は実行時に自動的にWebブラウザが開かれるので、ポート番号を意識することはないでしょう。

30

図1-40：https://localhost:ポート番号/にアクセスすると、「Hello World!」と表示される。

Visual Studio Code の証明書発行について

Visual Sudio Code（もしくはdotnetコマンドによる開発）を利用している場合、httpsで起動するためにセキュリティ証明書を事前に作成しておく必要があります。

```
dotnet dev-certs https —trust
```

これを実行すると、セキュリティ証明書作成に関するウインドウが現れるので、「はい(Y)」を選択して下さい。これで開発用に証明書が生成されます。

図1-41：ウインドウで「はい」または「Yes」ボタンを押すと証明書を作成する。

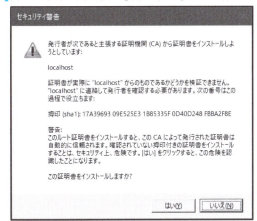

dotnet コマンドでの実行

コマンドプロンプトあるいはターミナルからdotnetコマンドで作業する場合は、プロジェクトのフォルダ内にカレントディレクトリを移動後、次のように実行します。

```
dotnet run
```

これでアプリケーションが実行されます。公開アドレスはその後に表示されるので、Webブラウザでそのアドレスにアクセスして表示を確認して下さい。
また、デバッグモードと非デバッグモードの実行は「-c」オプションを使って切り替えることができます。

■デバッグモードで実行
```
dotnet run -c Debug
```

■非デバッグモードで実行
```
dotnet run -c Release
```

終了の際は、Ctrlキー＋「**C**」キーで強制的に動作を中断して下さい。

診断ツールについて

Visual Studio Communityでデバッグモードで実行すると、ウインドウ内に「**診断ツール**」というウインドウが自動的に表示されます。これは実行中のアプリケーションの状態を表示するもので、使用メモリやCPU、発生イベントなどの情報をリアルタイムに表示します。

■図1-42：診断ツール。

ブレークポイントの設定

デバッグモードで実行する場合、ソースコード内に「**ブレークポイント**」を設定しておくことができます。これは、デバッグに入るためのポイントです。プログラムの実行がブレークポイントの地点に到達すると、そこでプログラムが停止し、必要に応じて1文ずつ実行していけるようになります。またそのときの変数の状態なども確認できます。

ブレークポイントの設定は、次のように行います。

■Visual Studio Communityの場合

ソースコードを開いて設定したい行を選択し、「**デバッグ**」メニューから「**ブレークポイントの設定/解除**」を選ぶ。あるいは、エディタの行番号の左側をクリックする。

■Visual Studio Codeの場合

ソースコードを開いて設定したい行を選択して右クリックし、「**デバッグ**」メニューから「**ブレークポイントの切り替え**」を選ぶ。あるいは、エディタの行番号の左側をクリックする。

これで、選択した行にブレークポイントが設定されます。この状態で、デバッグモードで実行すると、ブレークポイントが設定されたところまで処理が進むと自動的に停止します。同時に、ウインドウ内に変数の内容などをリスト表示したウインドウが現れ、その時のプログラムの状態を確認できます。

ツールバーにはデバッグ状態での処理の実行を行うアイコンが表示され、そこでステップ実行（1文ずつの実行）ができます。また、停止から復帰したり、処理を中断したりするのもツールバーから行えます。

■**図1-43**：ブレークポイントで動作が停止した状態。下部左側に変数の内容などが表示される。

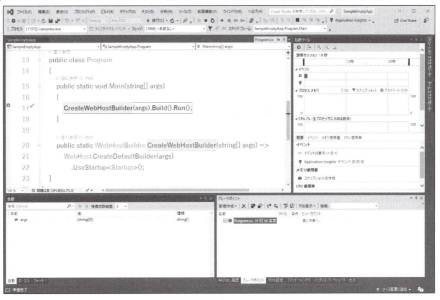

■**図1-44**：Visual Studio Community/Codeでツールバーに表示される、デバッグ操作用のアイコン類。

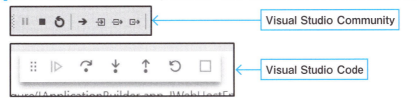

Chapter **1** ASP.NET Core の環境構築

1.3 プロジェクトの基本を理解する

Program.csについて

では、プロジェクト内に用意されているプログラムについて見ていきましょう。プロジェクトには、標準で2つのC#ファイルが用意されています。「**Program.cs**」と「**Startup. cs**」です。

まずは、Program.csからです。これは、デフォルトで次のように記述されています。

リスト1-1

```
using System;
using System.Collections.Generic;
using System.Linq;
using System.Threading.Tasks;
using Microsoft.AspNetCore.Hosting;
using Microsoft.Extensions.Configuration;
using Microsoft.Extensions.Hosting;
using Microsoft.Extensions.Logging;

namespace SampleEmptyApp
{
    public class Program
    {
        public static void Main(string[] args)
        {
            CreateHostBuilder(args).Build().Run();
        }

        public static IHostBuilder CreateHostBuilder(string[] args) =>
            Host.CreateDefaultBuilder(args)
                .ConfigureWebHostDefaults(webBuilder =>
                {
                    webBuilder.UseStartup<Startup>();
                });
    }
}
```

プロジェクト名のSampleEmptyApp名前空間に「**Program**」というクラスが用意されています。ここでは、Mainメソッドと、CreateHostBuilderメソッドという2つの静的メソッドが用意されています。

Main メソッドについて

Mainメソッドは、C#プログラマにはおなじみですね。これは、C#アプリケーションのエントリーポイントとなるメソッドです。クラスを起動プログラムとして実行すると、そのクラス内にあるMain静的メソッドが自動的に検索され実行されます。

ここで実行されている処理は、次の一文だけです。

```
CreateHostBuilder(args).Build().Run();
```

CreateHostBuilderは、その後にある静的メソッドですね。このメソッドの戻り値からBuildメソッドを呼び出し、更にRunメソッドを呼び出しています。これ以上は、CreateHostBuilderメソッドの働きがわからないと理解できないでしょう。

CreateHostBuilder メソッドについて

CreateHostBuilderメソッドは、引数の後にアロー演算子(=>)が付いています。つまりこれはラムダ式です。戻り値はIHostBuilderと指定されていますが、これはインターフェイスです。実装はHostBuilderクラスになります。

このHostBuilderクラスは、Webホスト(Webサーバ。クラス名にあわせ、ここでは「**ホスト**」と表現します)プログラムを作成するためのビルダクラスです。HostBuilderは、汎用的なホスト機能(Webホスト)を作成するためのものと考えて下さい。

このWebホストの機能は、具体的には「**IHost**」というインターフェイスとして定義されています。これはインターフェイスですから、具体的な処理などは含みません。具体的な実装がされているクラスは**Host**というクラスになります。このHostクラスが、実質的な「**Webホストの機能**」といってよいでしょう。

HostBuilderクラスには「**Build**」というメソッドがあり、これによりHostクラスのインスタンスを生成します。Hostクラスには「**Run**」メソッドがあり、これによりWebホストの機能が実行されます。

つまり、Mainで実行していたのは「**CreateHostBuilderメソッドでHostBuilderインスタンスを取得し、そのBuildを呼び出してHostインスタンスを生成し、そのRunメソッドを呼び出してWebホストを起動する**」という処理だった、というわけです。

Host インスタンスの生成

CreateHostBuilderの内容に入る前に、行っていることがだいたいわかってしまいましたが、ラムダ式で実行している内容も説明しておきましょう。

```
Host.CreateDefaultBuilder(args)
    .ConfigureWebHostDefaults(webBuilder =>
    {
        webBuilder.UseStartup<Startup>();
    });
```

Hostクラスの「**CreateDefaultBuilder**」というメソッドを呼び出していますね。これは、デフォルトのHostBuilderインスタンスを生成するものです。

その後の「**ConfigureWebHostDefaults**」というメソッドは、Hostをデフォルトで生成するものです。この引数には更にラムダ式が書かれており、このラムダ式の引数（webBuilder）には「**IWebHostBuilder**」というインターフェイス（実際には、このインターフェイスの実装クラスであるWebHostBuilderクラスのインスタンス）が渡されます。

そのラムダ式の中でUseStartupメソッドが呼び出されています。これは、Startupクラスを使ってスタートアップ処理が行われるように設定されたIHostBuilderインスタンスを返す働きをします。要するに、別途用意してあるStartupでホスト起動時の初期化処理を行うようにしていたのです。

これが、Programクラスで行っていること全てです。端的にいえば、「**Startupで初期化処理を行う形でHostインスタンスを用意し、実行する**」ということを行っていたのですね。

Startup.csについて

続いて、もう1つのC#ファイル「**Startup.cs**」についてです。ここで、Webホスト起動時の処理を用意していることがわかりました。この中身はどうなっているのか見てみましょう（コメントは省略しています）。

リスト1-2

```csharp
using System;
using System.Collections.Generic;
using System.Linq;
using System.Threading.Tasks;
using Microsoft.AspNetCore.Builder;
using Microsoft.AspNetCore.Hosting;
using Microsoft.AspNetCore.Http;
using Microsoft.Extensions.DependencyInjection;
using Microsoft.Extensions.Hosting;

namespace SampleEmptyApp
{
    public class Startup
    {
        public void ConfigureServices(IServiceCollection services)
        {
        }

        public void Configure(IApplicationBuilder app,
                IWebHostEnvironment env)
        {
            if (env.IsDevelopment())
            {
                app.UseDeveloperExceptionPage();
            }
```

```
            app.UseRouting();

            app.UseEndpoints(endpoints =>
            {
                endpoints.MapGet("/", async context =>
                {
                    await context.Response.WriteAsync("Hello World!");
                });
            });
        }
    }
}
```

ConfigureServices メソッドについて

SampleEmptyApp名前空間に「**Startup**」というクラスが定義されています。ここには、「**ConfigureServices**」と「**Configure**」という2つのメソッドのみが用意されています。

ConfigureServicesは、「**サービスの登録**」を行います。ASP.NET Coreでは、「**サービス**」と呼ばれる形でプログラムを組み込み機能拡張をしていくことができるようになっていますが、そのサービスの登録をここで行います。ただし、デフォルトでは何も組み込んでいないため、空のメソッドになっています。

ここでは、**IServiceCollection**という引数が用意されていますね。これはインターフェイスで、実装クラスは**ServiceCollection**になります。名前から想像がつくように、これはサービスをまとめるコレクションです。

Configure メソッドについて

もう1つのConfigureメソッドは、「**ミドルウェアの登録**」を行います。ASP.NET Coreでは、アプリケーションがHTTPで呼び出されてからレスポンスを返すまでの応答を、ミドルウェアと呼ばれるプログラムを組み込むことで機能拡張します。

このメソッドでは次の2つの引数が用意されています。

IApplicationBuilder	ApplicationBuilderが実装クラスです。これは「パイプライン」(後述)と呼ばれる、クライアントからアクセスがあってから最終的にクライアントへと結果を返送するまでの処理の流れを扱います。
IWebHostEnvironment	WebHostEnvironmentが実装クラスです。Webホストの実行環境に関するクラスです。

ここでは、簡単な処理が実装されています。まず開発モードかどうかをチェックして処理を行い、その後にApplicationBuilderでパイプライン(後述)の設定をしています。

Chapter 1 ASP.NET Core の環境構築

■開発モードでの例外ページ設定

```
if (env.IsDevelopment())
{
    app.UseDeveloperExceptionPage();
}
```

IWebHostEnvironmentのIsDevelopmentは、開発モードかリリースモードかを確認するメソッドです。これがTrueなら、開発モードになっています。

開発モードの場合には、IApplicationBuilderの「**UseDeveloperExceptionPage**」というメソッドを呼び出して、開発用の例外ページを使うようにしています。

■ルーティングの設定

```
app.UseRouting();
```

その後にある**UseRouting**は、ルーティング機能をONにします。**ルーティング**は、特定のアドレスにアクセスした際に特定の処理を実行させる、という「**アクセスしたパスと処理の関連付け**」を行う仕組みです。

これをONにするとどういうことができるのか？　というと、次のような処理が行えるのです。

```
app.UseEndpoints(endpoints =>
{
    endpoints.MapGet("/", async context =>
    {
        await context.Response.WriteAsync("Hello World!");
    });
});
```

UseEndpointsは、エンドポイントを設定します。「**エンドポイント**」は、パイプラインの最後に呼び出すものです。このUseEndpointsでは、引数にラムダ式を指定し、そこで**MapGet**というメソッドを呼び出しています。これは、第1引数のパスにアクセスすると、第2引数のラムダ式の処理を実行するように処理を割り当てます。

ここでは、**context.Response.WriteAsync**というメソッドを使って、テキストをレスポンスに書き出しています。細かな役割はわからないでしょうが、ここでは「**MapGetの引数にパスを指定して、その中でcontext.Response.WriteAsyncで書き出せばそれが表示される**」ということがわかれば十分でしょう。

Column 「パイプライン」とは？

Startupの処理を理解するには、「**パイプライン**」という考え方を知っておかないといけません。ASP.NET Coreでは、HTTPのアクセスがあるとそれがASP.NET Coreのシステムまでたどり着き、そこで必要な処理をして再びクライアントへと返されます。このHTTPアクセスの流れの中で、必要に応じて様々な処理を組み込み実行するようになっています(これが「**ミドルウェア**」と呼ばれるプログラムです)。

1.3 プロジェクトの基本を理解する

> そのために、あるミドルウェアがHTTPリクエストを受け取ると、処理をした後に次のミドルウェアに渡し、次のミドルウェアは処理をした後に3番目のミドルウェアに渡し……というように、HTTPのアクセスが次々とミドルウェアの間で受け渡されていくようになっています。これが「**パイプライン**」です。
>   Startupでは、「**Use○○**」というメソッドがいくつも登場しました。これが、ミドルウェアを組み込んでいるところです。組み込んだ順にパイプラインでHTTPの処理が渡されていきます。そして最後にエンドポイントのミドルウェアまで来たら、そこでパイプラインは終わりとなるわけです。

HTMLを表示する

以上のように、ASP.NET CoreのWebアプリケーションでは、Startupクラスの Configureメソッドの中で、HTTP要求があった際の処理を用意しています。デフォルトでは、UseEndpointsメソッドを記述して、そこでテキストを出力するようにしていました。

ということは、この「**UseEndpointsでアクセス時の処理を割り当てる**」という部分を変更すれば、クライアントへの出力も変更できるはずですね。では、やってみましょう。

Configureメソッドに記述されているapp.UseEndpointsメソッドの部分を次のように書き換えてみて下さい。

リスト1-3

```
app.UseEndpoints(endpoints =>
{
    endpoints.MapGet("/", async context =>
    {
        context.Response.ContentType = "text/html";
        await context.Response.WriteAsync("<html><title>Hello</title></head>");
        await context.Response.WriteAsync(" <body><h1>Hello!</h1>");
        await context.Response.WriteAsync("<p>This is sample page.</p>");
        await context.Response.WriteAsync("</body></html>");
    });
});
```

図1-45：実行すると簡単なHTMLページが表示される。

プロジェクトを実行すると、Webブラウザにごく簡単なHTMLページが表示されます。ここでは、WriteAsyncを使い、HTMLのコードを出力しています。が、それだけではなくて、事前に次の作業をしています。

```
context.Response.ContentType = "text/html";
```

HttpResponseには、レスポンスに関する各種のプロパティが用意されています。ContentTypeは、出力するコンテンツの種類を示します。これを"text/html"に変更することで、出力したテキストをHTMLのコードと認識するようになります。

ウェルカムページを表示する

HTTP要求を処理するためのミドルウェアを組み込むメソッドは、UseEndpointsだけしかないわけではありません。そのほかにも様々なメソッドが用意されています。
一例として、「**UseWelcomePage**」というメソッドを使ってみましょう。これは「**ウェルカムページ**」と呼ばれるページを表示するミドルウェアを組み込みます。
Configureメソッドに記述してあるapp.UseEndpointsの記述部分をコメントアウトするか削除して下さい。そしてその場所に、以下の文を記述しておきましょう。

リスト1-4
```
app.UseWelcomePage();
```

図1-46：Webブラウザでアクセスすると、ウェルカムページが表示される。

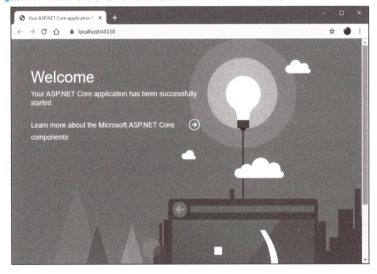

実行し、Webブラウザでアクセスすると、「**Welcome**」と表示されたカラフルなページが現れます。これがウェルカムページです。このページはASP.NET Coreに用意されているものです。実際のWebページを開発中、とりあえずダミーとしてページを表示させておきたい、というような場合には重宝するでしょう。

ファイルを読み込んで表示する

更に一歩踏み込んで、テキストではなく、テキストファイルを読み込んで表示する、というサンプルを考えてみましょう。

ASP.NET Coreは、.NET Coreの上に構築されています。この.NET Coreには、PCでプログラムを作成する上で必要となる機能が一通り用意されています。それらを利用することで、PCの機能を使ったプログラムも作成できます。

ごく簡単な例として、「**ファイルを読み込んで表示する**」というサンプルを作ってみましょう。Startup.csに記述してあるConfigureメソッドを次のように書き換えて下さい。なお、冒頭に using System.IO; を追記して下さい。

リスト1-5

```
// using System.IO; //追記

public void Configure(IApplicationBuilder app, IWebHostEnvironment env)
{
    if (env.IsDevelopment())
    {
        app.UseDeveloperExceptionPage();
    }

    app.UseRouting();

    app.UseEndpoints(endpoints =>
    {
        endpoints.MapGet("/", async context =>
        {
            context.Response.ContentType = "text/plain";
            using (FileStream stream = File.Open(@"./Startup.cs",
                FileMode.Open))
            {
                int num = (int)stream.Length;
                byte[] bytes = new byte[num];
                stream.Read(bytes, 0, num);
                string result = System.Text.Encoding.UTF8.
                    GetString(bytes);
                await context.Response.WriteAsync(result);
            }
        });
    });
}
```

図1-47：Startup.csの内容が表示される。

実行すると、WebブラウザにStartup.csのソースコードが表示されます。ここでは、Startup.csファイルを読み込んで表示していたのです。

FileとFileStream

今回は、**File**と**FileStream**というクラスを使ってファイルの内容を読み込んでいます。これらは、ファイルアクセスの基本となるクラスですので、ここで基本的な使い方を覚えておくと良いでしょう。

では、Configureメソッドで行っている処理を順に説明していきましょう。

■コンテンツタイプの設定

```
context.Response.ContentType = "text/plain";
```

最初に、HttpResponseのContentTypeを"text/plain"に変更します。これは、テキストが送られることを示すコンテンツタイプです。

■FileからFileStreamを得る

```
using (FileStream stream = File.Open(@"./Startup.cs", FileMode.Open))
{
    ……streamの操作……
}
```

その後には、このような形で処理が記述されています。これは、FileStreamというク

ラスのインスタンスを取得し、それを利用して実行する処理を作成します。

　ここでは「**using**」という文を使って、引数に指定したオブジェクトを利用します。usingの特徴は、構文を抜ける際にオブジェクトを自動的に開放する、という点です。ファイルのように、使用後にリソースを開放する必要があるオブジェクトなどは、usingを利用し、その中で処理を行うようにすると、必ずオブジェクトが専有するリソースが開放されます。

■FileStreamの取得

　FileStreamは、Fileクラスの「**Open**」メソッドを使って取得することができます。これは次のように記述します。

```
変数 = File.Open( ファイルパス , モード );
```

　第1引数にはファイルのパスをテキストで指定します。第2引数はアクセスモードの指定で、これはFileModeというEnumで指定します。ここでは**FileMode.Open**を指定しています。これはファイルがあればそれを開き、ない場合は例外を発生させます。

■ファイルサイズの取得

```
int num = (int)stream.Length;
```

　FileStreamには「**Length**」というプロパティがあります。これはファイルサイズ(データのバイト数)を示すRead専用の値です。これを変数に取り出しておきます。

■byte配列の用意

```
byte[] bytes = new byte[num];
```

　byte配列を作成します。要素数は、先ほど取り出したファイルサイズの値を指定します。これにより、ファイルサイズと同じ大きさのbyte配列が用意できました。

■ストリームからデータを読み込む

```
stream.Read(bytes, 0, num);
```

　FileStreamからデータを読み込みます。第1引数にはbye配列、第2引数にはオフセット(読み込み開始位置)、第3引数には終了位置をそれぞれ指定します。ここでは開始位置をゼロ、終了位置をnumにして、ファイルの最初から最後までを読み込むようにしています。

　Readは、ストリームからデータを読み込み、第1引数のbyte配列に書き出します。これで、ファイルの内容がbyte配列に書き写された状態になります。

■byte配列からテキストを生成

```
string result = System.Text.Encoding.UTF8.GetString(bytes);
```

　byte配列を元にテキストを生成するには、**System.Text.Encoding**クラスのプロパティを使います。ここでは、UTF8というプロパティを利用していますね。これは、UTF-8の

エンコードを扱うEncodingインスタンスが設定されています。

このUTF8から「**GetString**」メソッドを呼び出します。引数にはbyte配列を指定します。これで、そのbyte配列を元にstringが生成されます。

■テキストを書き出す

```
await context.Response.WriteAsync(result);
```

後は、取り出したテキストをそのままHttpResponseのWriteAsyncで書き出すだけです。テキストさえ用意できれば、後はだいたい同じですね。

StartupだけでWebページは作れる？

いくつかのサンプルを作成して、なんとなく「**Startupによるレスポンスへの出力**」がどういうものかわかってきたことと思います。とりあえず、テキストを用意してHttpResponseで出力すればなんとかなる、ということはわかったでしょう。

ただし、Program.csとStartup.csは、「**空のプロジェクト**」にある、もっとも基本的なC#ファイルである、という点を忘れないで下さい。実際のプロジェクトでは、このほかにも多数のファイルが作成されています。ここでの説明は、あくまで「**アプリケーションの最も基本的な部分の仕組み**」に過ぎません。実際のWebページ作成は、更に多くの機能を使って行うのが一般的です。

では、次章から、より本格的なWebアプリケーション開発のプロジェクトを作成し、説明していくことにしましょう。

Chapter 2

MVCアプリケーションの 作成

MVCアプリケーションは、ASP.NET Coreのもっとも
基本的なアプリケーション形態です。ここでは、その中の
ControllerとViewを中心に、MVCアプリケーションの基本
的な作り方を説明していきます。

C#フレームワークASP.NET Core 3入門

Chapter 2 MVC アプリケーションの作成

2.1 MVCアプリケーションの基本

MVCアプリケーションとは？

ASP.NET Coreでは、いくつかのWebアプリケーションのテンプレートを用意しています。それらの中で、一番の基本ともいえるのが「**MVCアプリケーション**」です。

MVCアプリケーションは、アプリケーションを「**Model**」「**View**」「**Controller**」という3つの機能に分けて構築するという考え方のアーキテクチャーです。これはおそらく、Webアプリケーションフレームワークの中でもっとも広く使われている考え方でしょう。

ASP.NET CoreのMVCアプリケーションは、ASP.NET Coreの前身であるASP.NETの時代からある技術です。それは.NETの進化とともにアップデートされ、現在のASP.NET Coreに受け継がれています。これまでASP.NETで開発されてきた多くのWebアプリケーションは、このMVCアプリケーションとして作られています。多くのASP.NETに関する情報も、ほとんどがMVCアプリケーションを前提として用意されているのです。

MVCでは、プログラムは次のような形で構成されます。

モデル(Model)	データ管理を担当する。データベースやそのほかのデータを扱う。C#のクラス。
ビュー(View)	画面表示を担当する。基本的にHTMLをベースとした技術。
コントローラー(Controller)	プログラムの制御を担当する。C#のクラス。

クライアントからアクセスがあると、コントローラーにある機能が呼び出されます。コントローラーはその中で、必要に応じてモデルからデータを受け取り、処理を行い、ビューを使ってクライアントへ出力する表示内容を作成して返送します。

アプリケーションのプログラムをこれらの部品として構築していくことが、MVCアプリケーションの開発の基本だ、と考えていいでしょう。

46

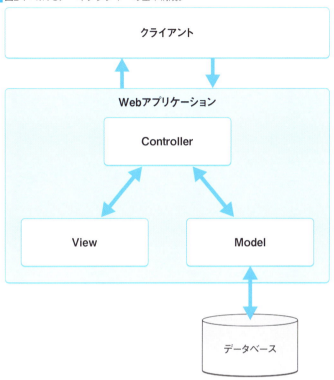

図2-1：MVCアーキテクチャーの基本構成。

MVCアプリケーションプロジェクトの作成

　では、実際にプロジェクトを作成し、それをベースに説明をしていきましょう。プロジェクトの作成は次のように行います。

Visual Studio Community for Windows の場合

　前章で作成したソリューション(SampleEmptyApp)が開かれている場合は、「**ファイル**」メニューの「**ソリューションを閉じる**」を選んで閉じて下さい。画面にスタートウインドウが現れます。もし表示されない場合は、「**ファイル**」メニューの「**スタートウインドウ**」を選んで下さい。

❶ 作業の開始
　スタートウインドウが現れたら、画面の項目から、「**新しいプロジェクトの作成**」を選択します。

図2-2

❷ プロジェクトのテンプレート
　　作成するプロジェクトの種類（テンプレート）を選びます。ここでは「**ASP.NET Core Webアプリケーション**」を選びます。

図2-3

❸ プロジェクト名と保存場所
　　プロジェクトとソリューションの名前、保存場所を設定します。プロジェクトとソリューションの名前は「**SampleMVCApp**」としておきましょう。これでソリューショ

ン名も同じ名前が自動設定されます。
　保存場所は特に理由がなければデフォルトのままにしておきます。そのほかの項目もデフォルトのままにしておきましょう。

■図2-4

❹ 作成アプリケーションの種類
　プロジェクトで作成するアプリケーションの種類を選びます。ここでは「**Webアプリケーション（モデル ビュー コントローラー）**」を選んで下さい。これで「**作成**」ボタンをクリックすれば、プロジェクトが生成されます。

■図2-5

Visual Studio Community for Mac の場合

「**ファイル**」メニューの「**ソリューションを閉じる**」で、現在表示しているソリューションを閉じます。これでスタートウインドウが現れます。もし表示されない場合は、「**ウインドウ**」メニューから「**スタートウインドウ**」を選んで下さい。

現れたスタートウインドウから「**新規**」を選びます。

❶ プロジェクトテンプレート

作成するプロジェクトのテンプレートを選択します。ここでは左側のリストから「**.NET Core**」内の「**アプリ**」を選び、右側の表示から「**Webアプリケーション（モデル ビュー コントローラー）**」を選んで次に進みます。

図2-6

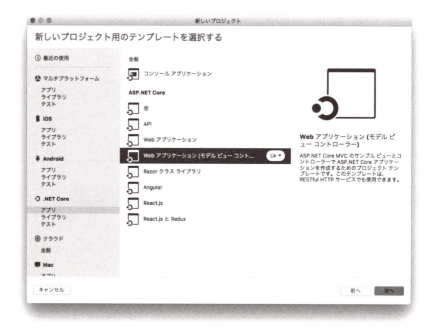

❷ 対象フレームワーク

プロジェクトで使用するフレームワークを選びます。「**.NET Core 3.0**」を選択し、次に進みます。

図2-7

❸ プロジェクト名と保存場所

　プロジェクトとソリューションの名前を「**SampleMVCApp**」と入力します（プロジェクト名を入力すると、ソリューション名も自動設定されます）。保存場所およびそのほかの項目はデフォルトのままでOKです。「**作成**」ボタンを押せば、プロジェクトが作成されます。

図2-8

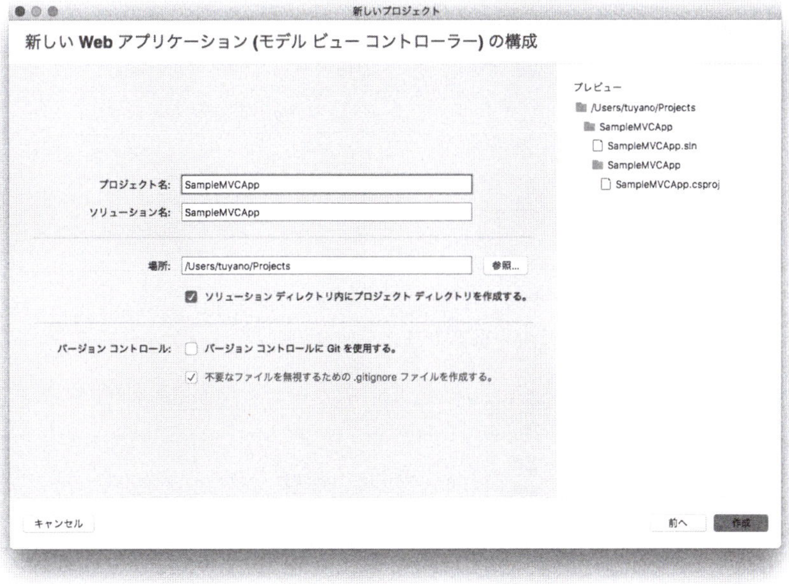

Visual Studio Code/dotnet コマンドの場合

Visual Studio Codeの場合は、「**表示**」メニューから「**ターミナル**」を選んでターミナルを呼び出して下さい。またコマンドプロンプトあるいはmacOSのターミナルからコマンド入力で作成したい場合は、これらを起動した後、cdコマンドでプロジェクトを配置する場所に移動します。

準備が整ったら、次のコマンドを実行します。

```
dotnet new mvc -o SampleMVCApp
```

これで、「**SampleMVCApp**」というフォルダが作成され、その中にプロジェクト関係のファイル類が出力されます。作成されたら、cd SampleMVCAppでカレントディレクトリを移動しておきましょう。

実行後、証明書の作成を行っておきましょう。以下を実行します。

```
dotnet dev-certs https --trust
```

画面にセキュリティ警告のアラートが表示されるので、「**はい (Yes)**」を選んで証明書をインストールします。コマンドを実行した際、「**A valid HTTPS certificate is already present.**」と表示された場合は、既に証明書は発行済ですので作業は不要です。

MVCアプリケーションの構成

では、作成されたプロジェクトを見てみましょう。この中には、前章で作成した空のプロジェクトにはなかったものが色々と追加されています。

「Controllers」フォルダ	コントローラーのC#ファイルが配置されます。
「Models」フォルダ	モデルのC#ファイルが配置されます。
「Views」フォルダ	ビューで使うcshtmlファイルが配置されます。
「wwwroot」フォルダ	アプリケーションで使うリソース類(JavaScriptファイル、CSSファイル、イメージファイルなど)がまとめられています。

これら4つのフォルダが、MVCアプリケーションの基本部分といえるでしょう。これらにあるファイルを編集することでアプリケーションを作成していきます。

Startupクラスを確認する

これらをファイルについて説明する前に、プロジェクトの基本プログラムをチェックしておきましょう。Program.csは、前章の空のプロジェクトと何ら違いはありません。が、Startup.csは違います。MVCアプリケーションのために修正がされています。ではファイルの内容を見てみましょう(コメント類は省略しています)。

2.1 MVC アプリケーションの基本

リスト2-1

```
using System;
using System.Collections.Generic;
using System.Linq;
using System.Threading.Tasks;
using Microsoft.AspNetCore.Builder;
using Microsoft.AspNetCore.Hosting;
using Microsoft.AspNetCore.HttpsPolicy;
using Microsoft.Extensions.Configuration;
using Microsoft.Extensions.DependencyInjection;
using Microsoft.Extensions.Hosting;

namespace SampleMVCApp
{
    public class Startup
    {
        public Startup(IConfiguration configuration)
        {
            Configuration = configuration;
        }

        public IConfiguration Configuration { get; }

        public void ConfigureServices(IServiceCollection services)
        {
            services.AddControllersWithViews();
        }

        public void Configure(IApplicationBuilder app,
            IWebHostEnvironment env)
        {
            if (env.IsDevelopment())
            {
                app.UseDeveloperExceptionPage();
            }
            else
            {
                app.UseExceptionHandler("/Home/Error");
                app.UseHsts();
            }
            app.UseHttpsRedirection();
            app.UseStaticFiles();

            app.UseRouting();
```

53

Chapter 2　MVC アプリケーションの作成

```
            app.UseAuthorization();

            app.UseEndpoints(endpoints =>
            {
                endpoints.MapControllerRoute(
                    name: "default",
                    pattern: "{controller=Home}/{action=Index}/{id?}");
            });
        }
    }
}
```

Startupコンストラクタ

　では、内容を見ていきましょう。Startupクラスでは、コンストラクタが追加されています。このようなものですね。

```
public Startup(IConfiguration configuration)
{
    Configuration = configuration;
}
```

　ここでは、引数に**IConfiguration**という値が渡されています。これはインターフェイスで、実装はConfigurationというクラスとして用意されています。このクラスは、アプリケーションの設定情報を管理します。
　Startupクラスでは、次のようにプロパティが用意されています。

```
public IConfiguration Configuration { get; }
```

　この**Configuration**プロパティに、コンストラクタの引数で渡された値を設定しています。これで、クラス内のどこからでも設定情報にアクセスできるようになります。ただし、デフォルトで生成されるコードでは、このConfigurationプロパティは使われていません。今後の開発で使うことを前提に、あらかじめ用意しておいた、というわけです。

ConfigureServicesメソッドについて

　MVCアプリケーションでは**ConfigureServices**メソッドに処理が追記されています。ここでは、引数で**IServiceCollection**（実装はServiceCollectionクラス）が渡されます。このインスタンスから、**AddControllersWithViews**メソッドを呼び出しています。

AddControllersWithViews メソッドの呼び出し

```
services.AddControllersWithViews();
```

54

メソッド名の通り、「Viewを使ったControllerを追加」します。これにより、サービスにビューとコントローラーによる処理の仕組みが組み込まれます。MVCアプリケーションでは、これによってMVCの基本的な仕組みが実装されます。

Configureメソッドについて

Configureメソッドを見てみましょう。**第1章**の空のプロジェクトではenv.IsDevelopment()による例外ページの設定と、app.UseEndpointsによるルーティングが用意されていました。これもMVCアプリケーションではだいぶ変わっています。

▌開発モードかどうかをチェック

```
if (env.IsDevelopment())
{
    app.UseDeveloperExceptionPage();
}
```

env.IsDevelopment()で開発モードで実行しているかどうかをチェックし、開発モードだった場合はUseDeveloperExceptionPageで開発用の例外ページを設定しています。これは、空のプロジェクトでもあった処理ですね。

ただし、MVCアプリケーションではその後があります。

```
else
{
    app.UseExceptionHandler("/Home/Error");
    app.UseHsts();
}
```

そうでない場合(つまりリリースモードの場合)、**UseExceptionHandler**というメソッドを使い、/Home/Errorをエラーページとしてハンドリングしています。そして**UseHsts**というメソッドで、**STS**使用のためのミドルウェアを追加します。

このミドルウェアは、HTTPで**Strict-Transport-Security**ヘッダーを追加するもので、これによりWebブラウザーに**HTTPS**を用いて通信を行うよう指示するようになります。つまり、クライアントがアクセスしたら極力HTTPSでアクセスするようにしているのですね。

▌諸ミドルウェアの組み込み

```
app.UseHttpsRedirection();
app.UseStaticFiles();
app.UseRouting();
app.UseAuthorization();
```

アプリケーションで必要とするミドルウェアを組み込みます。これらの文ではそれぞれ次のような機能を実現するミドルウェアを組み込んでいます。

UseHttpsRedirection	HTTPをHTTPSにリダイレクトする
UseStaticFiles	静的ファイルの利用を可能にする
UseRouting	ルーティングの機能を使う
UseAuthorization	認証機能を使う

これらは、MVCアプリケーションを作成する際に必要となるものと考えて下さい。これらでミドルウェアを一通り設定した後、最後にもう1つ、最も重要なミドルウェアの設定を行っています。

エンドポイントの設定

```
app.UseEndpoints(endpoints =>
{
    ……ルーティング……
});
```

UseEndpointsは、前章で既に登場しましたね（**リスト1-2**参照）。エンドポイントの設定を行い、引数のラムダ式の中でルートの設定をしていました。

エンドポイントというのは、「**最後に呼び出すもの**」です。ミドルウェアを次々と呼び出していき、最後にUseEndpointsでエンドポイントを設定します。この後に、ミドルウェアの読み込み処理を記述しても、もうそれは読み込まれません。エンドポイントで「**これで読み込みは終わり**」と設定されたので、その後にあるものは読み込まれないのです。そういう「**これで読み込み完了**」という最後の読み込み処理を行うのがエンドポイントです。

ルートの設定

```
endpoints.MapControllerRoute(
    name: "default",
    pattern: "{controller=Home}/{action=Index}/{id?}");
```

MapControllerRouteは、MVCコントローラーを利用したルート設定を行うためのメソッドです。これにより、MVCの基本的なコントローラーを利用したルートを組み込みます。

ここでは、nameとpatternという値が用意されていますね。nameが**ルートの名前**で、patternが**テンプレート**です。ここでは、次のように記述されていますね。

```
"{controller=Home}/{action=Index}/{id?}"
```

これは、URLのパスを次のような要素に分解することを表しています。

{controller=Home}	コントローラー名。省略された際はデフォルト値にHomeを指定。
{action=Index}	アクション名。省略された場合はデフォルトでIndexを指定。
{id?}	ID値。省略可。

例えば、「**/abc/xyz/123**」とアクセスされた場合は、「**abcコントローラーのxyzアクションに123というIDを付けて呼び出す**」ということになります。こんな具合に、アクセスしたときのアドレス（パス）とコントローラーを関連付けていたのです。

これで、Startupでどのような処理が行われていたかがわかりました。では、いよいよMVCの内容を見ていきましょう。

2.2 コントローラーとビューの基本

HomeControllerについて

では、デフォルトで生成されているMVCの内容を見ていきましょう。「**Controllers**」フォルダの中には、デフォルトで「**HomeController.cs**」というファイルが1つだけ用意されています。これがコントローラーのプログラムです。

MVCアプリケーションでは、コントローラーは「**名前Controller**」というクラスとして作成されます。つまりこのファイルは、「**Homeというコントローラー**」を記述したものだったというわけです。

では、その中身を確認しましょう（コメント類は省略しています）。

リスト2-2

```
using System;
using System.Collections.Generic;
using System.Diagnostics;
using System.Linq;
using System.Threading.Tasks;
using Microsoft.AspNetCore.Mvc;
using Microsoft.Extensions.Logging;
using SampleMVCApp.Models;

namespace SampleMVCApp.Controllers
{
    public class HomeController : Controller
    {
        private readonly ILogger<HomeController> _logger;

        public HomeController(ILogger<HomeController> logger)
```

```
        {
            _logger = logger;
        }

        public IActionResult Index()
        {
            return View();
        }

        public IActionResult Privacy()
        {
            return View();
        }


        [ResponseCache(Duration = 0, Location =
            ResponseCacheLocation.None, NoStore = true)]
        public IActionResult Error()
        {
            return View(new ErrorViewModel { RequestId =
                Activity.Current?.Id ?? HttpContext.TraceIdentifier });
        }
    }
}
```

コントローラークラスの基本形

　では、コントローラーがどのように定義されているのか見てみましょう。ここでは次のような形でコントローラークラスが用意されています。

```
namespace SampleMVCApp.Controllers
{
    public class HomeController : Controller
    {
        ……略……
    }
}
```

　コントローラークラスは、「**プロジェクト.Controllers**」という名前空間に配置されます。そしてクラスは、先に述べたように「**名前Controller**」というクラス名になります。

　このクラスは、**Microsoft.AspNetCore.Mvc**名前空間にある「**Controller**」クラスを継承して作成されます。Controllerクラスは、コントローラーに関する機能を実装した、コントローラーのベースとなるものです。すべてのコントローラーは、このControllerを継承して作成されます。

コンストラクタと ILogger の組み込み

このHomeControllerでは、コンストラクタが用意されています。ここで、**ILogger**といういうインスタンスを**_logger**フィールドに代入する処理を行っています。

```
private readonly ILogger<HomeController> _logger;

public HomeController(ILogger<HomeController> logger)
{
    _logger = logger;
}
```

このILoggerは、ログ出力のためのクラスです(正確には、これはインターフェイスで、実装はLoggerになります)。これを用意することで、いつでもログ出力が行えるようにしています。コントローラーの処理とは直接関係ない部分ですが、「**ログ機能の用意**」はこうやっているのですね。

コントローラーのアクションについて

では、HomeControllerクラスのメソッドについて確認していきましょう。コントローラーには、「**アクション**」と呼ばれるメソッドがいくつか用意されます。

アクションは、あらかじめ設定されたアドレスにクライアントがアクセスをしたときに呼び出されるメソッドです。

アクションメソッドの定義

```
public IActionResult 名前 ()
{
    ……内容……
}
```

アクションとして用意されるメソッドでは、「**IActionResult**」というインターフェイス(実装はActionResult)を戻り値として指定します。これはアクションの結果を表すクラスです。MVCアプリケーションでは、この戻されたActionResultを元にクライアントへの出力内容を生成します。

Index と Privacy アクション

では、用意されているアクションを見ていきましょう。まずは、非常に単純な「**Index**」と「**Privacy**」アクションを見てみましょう。それぞれ次のようになっています。

Indexアクション

```
public IActionResult Index()
{
    return View();
}
```

Chapter **2** MVC アプリケーションの作成

■Privacyアクション

```
public IActionResult Privacy()
{
    return View();
}
```

いずれも、「**View**」をreturnしているだけのシンプルな内容です。

このViewは、Controllerクラスにあるメソッドで、「**ViewResult**」というクラスのインスタンスを返します。ViewResultは、ActionResultの派生クラスで、用意されたビューを元にクライアントへの返送内容を生成します。

「**用意されたビュー**」というのは、「**Views**」フォルダ内に用意されている**cshtml**ファイルのことです。これは一種の**テンプレート**になっており、このファイルの内容を元に実際のページの表示が生成されます。

Viewメソッドでは、コントローラー名とアクション名をもとに、自動的に「**どのテンプレートファイルを利用するか**」を判断するようになっています。「**Views**」フォルダ内にある「**コントローラー名**」フォルダから、「**アクション名.cshtml**」というファイルを読み込むようになっているのです。

このIndexとPrivacyでは、それぞれ「**Views**」フォルダ内の「**Home**」フォルダから、**Index.cshtml**と**Privacy.cshtml**が読み込まれ、それをビューとして扱うViewResultが生成されてreturnされていたのです。

Error メソッドについて

その後には、Errorというメソッドが用意されています。これもアクションのためのメソッドなのですが、Indexなどと違い、メソッドに次のような属性が用意されています。

■ResponseCache属性の指定

```
[ResponseCache(Duration = 0, Location = ResponseCacheLocation.None,
    NoStore = true)]
```

ここでは、「**ResponseCache**」という属性が用意されています。これは、レスポンスで返される出力内容のキャッシュに関する属性です。ここではキャッシュを使わずに表示を行うように設定しています。引数の値はそれぞれ次のようなものです。

```
Duration = 0
```

遅延時間の設定。ゼロに設定します。

```
Location = ResponseCacheLocation.None
```

キャッシュファイルの保存場所の設定。保存場所なしに設定します。

60

```
NoStore = true
```

キャッシュをストアしない(保存しない)ための設定。保存をしないように設定します。

■Errorメソッドの内容
```
return View(new ErrorViewModel { RequestId =
        Activity.Current?.Id ?? HttpContext.TraceIdentifier });
```

　Errorアクションで行っているのは、Indexなどと同様にViewメソッドの戻り値を
returnするという文だけです。ただし、今回はViewメソッドに引数が指定されています。
「**ErrorViewModel**」というクラスで、これは後ほどモデルの説明のところで触れますが、
例外処理のためのモデルクラスです。これを引数に指定することで、ErrorViewModelを
値として用意したViewResultが作成されreturnされます。

　このErrorViewModelの初期化子には、**RequestId**という値が設定されています。こ
れでErrorViewModelで使用する例外のIDを用意します。すでに述べたように、この
ErrorViewModelを引数にViewを呼び出すことで、指定のエラーを表示するページが生
成されるようになるのですね。

ビューテンプレートを確認する

　続いて、ビュー関係を見ていきましょう。ビューは「**Views**」フォルダの中にファイル
類がまとめられています。このフォルダ内を見ると、かなり多くのファイルが用意され
ていることがわかります。

■「Views」フォルダ内にあるもの

「Home」フォルダ	Homeコントローラーで使うファイル。各アクションに各ファイルが対応する
「Shared」フォルダ	コントローラー類で共有されているファイル。レイアウトファイルやエラーページのファイルなどが保管される
_ViewImports.cshtml	ヘルパーをインポートする
_ViewStart.cshtml	使用するレイアウトファイルを指定する

　ここに用意されているファイル類は、「**cshtml**」という拡張子のファイルです。同じ
cshtmlファイルといっても、役割の異なるものがまとめられていることがわかるでしょ
う。大きく整理すれば、cshtmlには「**設定ファイル**」「**共用ファイル**」「**各ページのテンプ
レートファイル**」から構成されています。

設定ファイル	_ViewStart.cshtml、_ViewImports.cshtml
共用ファイル	「Shared」フォルダ内のもの
各ページのテンプレートファイル	「Home」フォルダ内のもの

Chapter **2** MVCアプリケーションの作成

　　各ページのテンプレートファイルは「**Home**」フォルダにまとめてありますが、これは
デフォルトで用意されているコントローラーがHomeであったからです。コントローラー
を作成すれば、その名前のフォルダが「**Views**」内にも用意され、そこにテンプレートファ
イルがまとめられていきます。

_ViewStart.cshtmlファイルについて

　　「**Views**」フォルダ内にそのまま保管されている2つのファイルについて見ていきま
しょう。これらは、ビューに関連する設定を行います。
　　まずは「**_ViewStart.cshtml**」から見てみましょう。

リスト2-3
```
@{
    Layout = "_Layout";
}
```

▌コードブロック

　　この_ViewStart.cshtmlは、その名の通り、ビューテンプレートを読み込む際に最初に
処理されるファイルです。ここには、**@{……}**という形の記述があります。これは「**コー
ドブロック**」と呼ばれ、テンプレートで@の後に**{ }**を付けた形で記述されます。
　　コードブロックは、{}の中にC#のコードを記述することができます。今回は、Layout
という変数に"_Layout"という値を設定する文が書かれていた、というわけです。

　　Layoutと い う 変 数 は、Microsoft.AspNetCoreMvc.Razor名 前 空 間 に あ る
RazorPageBaseクラスのプロパティです。このクラス自体はコントローラーなどから
直接利用するわけではなく、ビューテンプレートを利用する際にMVCアプリケーション
のフレームワーク内で動いているもの、と理解して下さい。
　　Layoutプロパティは、テンプレートを元にページを生成する際、ページ全体のレイア
ウトとして利用するテンプレートファイル名を示します。これに"_Layout"と指定するこ
とで、_Layout.cshtmlがレイアウト用のテンプレートファイルとして設定されます。

　　ということは、もし独自にレイアウトファイルを作成して利用したい場合は、ここで
のLayoutの値を書き換えれば、プロジェクト全体で使用するレイアウトを変更できます。
便利ですね！

_ViewImport.cshtmlファイルについて

　　続いて、_ViewImport.cshtmlです。これは、_ViewStart.cshtmlと同様、テンプレート
を読み込んでページを生成する際、各ページ用のテンプレートよりも前に読み込まれて
処理されるファイルです。

62

リスト2-4

```
@using SampleMVCApp
@using SampleMVCApp.Models
@addTagHelper *, Microsoft.AspNetCore.Mvc.TagHelpers
```

▌Razor ディレクティブ

これらは、すべて「**@○○**」というように@記号の後にキーワードが付けられています。これらは、「**Razorディレクティブ**」です。**Razor**というのは、この次の章で登場する新しいページ管理の技術です。その機能の一部であるRazorディレクティブがMVCのテンプレートでも使われています。

ここでは、まず「**@using**」という文が見えますね。これは「**usingディレクティブ**」と呼ばれ、テンプレートにusing文を追記する働きをします。テンプレートではコードブロックによりC#のコードを記述できますが、この@usingにより、あらかじめ使う**名前空間**をusingしておくことができます。ここでは、プロジェクト名のSampleMVCApp名前空間と、SampleMVCApp.Models名前空間（モデルが用意されている場所）をusingしています。

最後の@addTagHelperというのは、テンプレートで利用する「**タグヘルパー**」と呼ばれる機能に関するディレクティブです。**ヘルパー**というのは、テンプレート内で利用できる、テンプレート作成を補助してくれる機能です。タグヘルパーはテンプレートで使うタグに関するヘルパー機能で、これを利用することで、複雑な処理をタグだけで記述できるようになります（タグヘルパーについては改めて説明します）。

ここでは、usingとタグヘルパーを設定することで、テンプレートの作成やコードブロックでのコードの記述を行いやすくなるようにしていたのです。

＿Layout.cshtmlによるレイアウトについて

続いて、レイアウト用のテンプレートである「**Shared**」フォルダ内の「**_Layout.cshtml**」を見てみましょう。このファイルでは、ライブラリの読み込みなどが多数用意されています（テンプレートの働きと直接関係のないタグについては一部省略しています）。

リスト2-5

```
<!DOCTYPE html>
<html lang="en">
<head>
    <meta charset="utf-8" />
    <meta name="viewport"
        content="width=device-width, initial-scale=1.0" />
    <title>@ViewData["Title"] - SampleMVCApp</title>
    <link rel="stylesheet"
        href="~/lib/bootstrap/dist/css/bootstrap.min.css" />
    <link rel="stylesheet" href="~/css/site.css" />
```

```
    </head>
    <body>
        <header>
            <nav class="navbar ……略……">
                <div class="container">
                    <a class="navbar-brand" asp-area=""
                        asp-controller="Home" asp-action="Index">
                        SampleMVCApp</a>
                    <button class="navbar-toggler" type="button"
                        data-toggle="collapse"
                            data-target=".navbar-collapse"
                        aria-controls="navbarSupportedContent"
                        aria-expanded="false"
                            aria-label="Toggle navigation">
                        <span class="navbar-toggler-icon"></span>
                    </button>
                    <div class="navbar-collapse ……略……">
                        <ul class="navbar-nav flex-grow-1">
                            <li class="nav-item">
                                <a class="nav-link text-dark" asp-area=""
                                    asp-controller="Home"
                                        asp-action="Index">
                                    Home</a>
                            </li>
                            <li class="nav-item">
                                <a class="nav-link text-dark" asp-area=""
                                    asp-controller="Home"
                                        asp-action="Privacy">
                                    Privacy</a>
                            </li>
                        </ul>
                    </div>
                </div>
            </nav>
        </header>
        <div class="container">
            <main role="main" class="pb-3">
                @RenderBody()
            </main>
        </div>

        <footer class="border-top footer text-muted">
            <div class="container">
                &copy; 2019 - SampleMVCApp - <a asp-area=""
```

```
                asp-controller="Home" asp-action="Privacy">
                Privacy</a>
            </div>
        </footer>
        <script src="~/lib/jquery/dist/jquery.min.js"></script>
        <script src="~/lib/bootstrap/dist/js/bootstrap.bundle.min.js"></script>
        <script src="~/js/site.js" asp-append-version="true"></script>
        @RenderSection("Scripts", required: false)
    </body>
</html>
```

　よく役割のわからないタグが多数出てきているので戸惑うかもしれませんが、そう複雑なことをしているわけではありません。<body>の内容を整理すると次のようになるでしょう。

■ヘッダー部分

```
<header>
    <nav class="navbar ……">
        <div class="container">
            ……ナビゲーションバーの内容……
        </div>
    </nav>
</header>
```

■ページのコンテンツ部分

```
<div class="container">
    <main role="main" class="pb-3">
        @RenderBody()
    </main>
</div>
```

■フッター部分

```
<footer class="border-top footer text-muted">
    <div class="container">
        ……フッターの表示……
    </div>
</footer>
```

■スクリプトの読み込み

```
<script src="~/lib/jquery/dist/jquery.min.js"></script>
<script src="~/lib/bootstrap/dist/js/bootstrap.bundle.min.js"></script>
<script src="~/js/site.js" asp-append-version="true"></script>
@RenderSection("Scripts", required: false)
```

Chapter **2** MVC アプリケーションの作成

■ @ による実行コードの記述

レイアウトでの表示に関する部分は、基本的にHTMLタグをそのまま記述して作っています。ヘッダーやフッターのタグは、すべてのページで同じように表示されるように作成してあります。これらは、特に難しいことをしているわけではありません。ただのHTMLタグですからよく読めば内容はわかるでしょう。

レイアウトテンプレートの最大のポイントは、**@で始まるC#のコードを記述した文**でしょう。ここでは3箇所でその記述が見られます。

■ タイトルの表示

```
<title>@ViewData["Title"] - SampleMVCApp</title>
```

ここでは、**ViewData["Title"]** という値を<title>の内容として表示しています。各ページのテンプレート側でこのViewData["Title"]の値を用意しておけば、それがタイトルとして設定されるようになっているのですね。

■ コンテンツの表示

```
<main role="main" class="pb-3">
    @RenderBody()
</main>
```

このページに表示するコンテンツは、**<main>** タグに記述されています。ここでは、「**RenderBody**」というメソッドを実行しています。これこそが、このページで表示するコンテンツをレンダリングして出力している部分なのです。

MVCアプリケーションでは、アクセスしたアドレスごとにそのページ用のビューテンプレートを読み込んで表示します。この「**読み込まれたテンプレートの内容をレンダリングして出力する**」という作業を行っているのが、このRenderBodyなのです。

■ 指定した名前のセクションをレンダリング

```
@RenderSection("Scripts", required: false)
```

最後にある「**RenderSection**」は、引数に指定したセクションをレンダリングするものです。これは、各ページのテンプレートにJavaScriptのスクリプトを用意して組み込めるようにするための仕組みです。各ページのテンプレートに、**@section scripts{……}** というようにしてJavaScriptのスクリプトを用意すれば、それが自動的にレンダリングされたページに組み込まれるようになります。

これら3つの@文は、「**必ずこの通りに記述しておく**」と考えて下さい。勝手に書き換えたりすると、正しくページがレンダリングできなくなることもあります。

Index.cshtmlについて

では、各ページで実際にコンテンツとして表示する内容を記述したテンプレートを確認しましょう。例として、「**Home**」フォルダ内にある「**Index.cshtml**」を見てみます。こ

こでは次のような内容が記述されています。

リスト2-6

```
@{
    ViewData["Title"] = "Home Page";
}


<div class="text-center">
    <h1 class="display-4">Welcome</h1>
    <p>Learn about <a href="https://docs.microsoft.com/aspnet/core">
        building Web apps with ASP.NET Core</a>.</p>
</div>
```

　見ればわかるように、これらは<html>タグを使って記述する通常のHTMLページとは大きく異なります。<head>も<body>もなく、ただページに表示したい内容だけを記述してあります。

@ で ViewData を設定する

　最初に、**@{……}**というコードブロックが書かれています。この中で実行しているのは、**ViewData["Title"]**に値を設定する文です。

```
ViewData["Title"] = "Home Page";
```

　先ほどの_Layout.cshtmlでは、<title>内に、@ViewData["Title"]というようにタイトルを出力していましたね。この値は、ここで設定されていたのです。
　_Layout.cshtmlを利用する場合は、この値を用意しておけば、自動的に<title>に設定される、というわけです。

コンテンツの内容

　表示されるコンテンツは、**<div class="text-center">**というタグの中に<h1>タグと<p>タグを記述しています。これらは、特に説明が必要なものでは全くないでしょう。
　このコンテンツは、_Layout.cshtmlの**@RenderBody()**によりレンダリングされて出力されます。

コントローラーからの利用

　各ページのテンプレートは、すべてこのファイルのように「**表示したいHTMLタグだけを記述する**」という形になっています。
　これらのビューテンプレートは、基本的にコントローラーから呼び出されて使われます。先に、HomeController.csをチェックしたとき、Indexメソッドに「**return View();**」と記述されていたのを覚えているでしょう。これにより「**Home**」フォルダ内のIndex.cshtmlが読み込まれ、内容をレンダリングして表示を作る、ということを行っているのです。

Chapter 2 MVC アプリケーションの作成

コントローラーを作る

コントローラーとビューの基本的な仕組みはだいたい頭に入りました。では、それらの知識を活用し、実際にコントローラーとビューを作成してみることにしましょう。実際にイチから作ってみれば、これらの働きが更に良く理解できるようになります。

では、コントローラーから作成していきます。

Visual Studio Community for Windows の場合

「**Controllers**」フォルダを右クリックし、ポップアップメニューを呼び出します。その中の「**追加**」メニューから「**コントローラー**」を選んで下さい。

■**図2-9**：「Controllers」を右クリックし、「追加」「コントローラー」を選ぶ。

現れたウインドウから、「**MVCコントローラー -空-**」を選んで「**追加**」ボタンを押します。これが、空のコントローラーを作成するテンプレートです。

■**図2-10**：「MVCコントローラー -空-」を選ぶ。

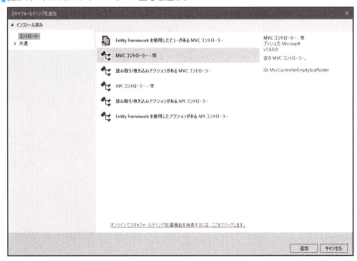

コントローラー名を入力するダイアログが現れるので、ここで「**HelloController**」と入力し、追加して下さい。コントローラーが作成されます。

▌図2-11：コントローラー名を「HelloController」と入力する。

Visual Studio Community for Mac の場合

「**Controllers**」フォルダを右クリックし、ポップアップメニューを呼び出します。その中の「**追加**」メニューから「**新しいファイル**」を選んで下さい。

▌図2-12：「Controllers」を右クリックし「新しいファイル」を選ぶ。

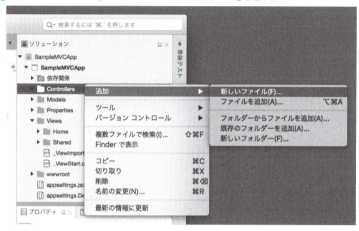

　画面にダイアログが現れます。ここで一番左のリストから「**ASP.NET Core**」という項目を選び、その右隣りのリストから「**MVCコントローラークラス**」を選びます。下にある「**名前**」には「**HelloController**」と入力をします。
　「**新規**」ボタンを押せば、コントローラーが作成されます。

図2-13：ダイアログで「MVCコントローラークラス」を選び、「HelloController」と名前を入力する。

dotnet コマンド利用の場合

　dotnetコマンドでプロジェクトを作成している場合、コントローラーを作成するコマンドというのは用意されていません。手作業で「**Controllers**」フォルダ内に「HelloController.cs」というファイルを作成し、この後に掲載するリストを記述して下さい。

HelloController.csのデフォルトコード

　これで、「**Controllers**」フォルダの中に「**HelloController.cs**」というファイルが作成されました。このファイルがどのようになっているのか見てみましょう。

リスト2-7
```cs
using System;
using System.Collections.Generic;
using System.Linq;
using System.Threading.Tasks;
using Microsoft.AspNetCore.Mvc;

namespace SampleMVCApp.Controllers
{
    public class HelloController : Controller
    {
        public IActionResult Index()
        {
            return View();
        }
    }
}
```

デフォルトで生成されるのは、SampleMVCApp.Controllers名前空間にあるHelloControllerクラスです。クラスはControllerを継承し、Indexというアクションを1つだけ持っています。コントローラークラスの必要最小限のコードだけが用意されていることがわかります。

Hello/Index.cshtmlを用意する

では、コントローラーはこのままにしておき、ビューを用意しましょう。今回のサンプルでは、HelloControllerというクラスにIndexアクションメソッドが用意されています。ということは、「**Views**」フォルダ内にコントローラ名の「**Hello**」というフォルダを用意し、その中にアクション名の「**Index.cshtml**」というファイルを用意すればいいことがわかります。

実際に作成していきましょう。まずはフォルダからです。これはVisual Studio Communityの場合、WindowsもmacOSもほぼ同じやり方です。dotnetコマンドを使う場合は、手作業でフォルダを作成して下さい。

Visual Studio Communityの場合は、「**Views**」フォルダを右クリックし、「**追加**」メニューから「**新しいフォルダー**」を選びます。これでフォルダが作成されるので、そのまま名前を「**Hello**」と入力します。

図2-14：「Views」を右クリックし、「新しいフォルダー」メニューを選ぶ。

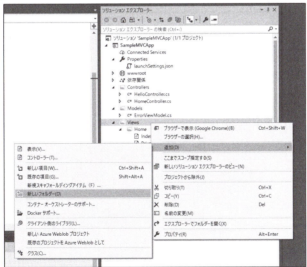

Index.cshtml を作成する

続いて、テンプレートファイル「**Index.cshtml**」を作成します。dotnetコマンドを利用している場合は、手作業でファイルを作成して下さい。

Visual Studio Community for Windowsの場合は、作成した「**Hello**」フォルダを右クリックし、「**追加**」メニューから「**表示**」を選びます。そして現れたダイアログで、次のように設定を行い、「**追加**」ボタンを押します。

ビュー名	Index
テンプレート	Empty（モデルなし）
モデルクラス	（空）
部分ビューとして作成	OFF
スクリプトライブラリの参照	OFF
レイアウトページを使用する	ON（下のファイルを選択する部分は空のままにしておく）

■**図2-15**：「表示」の作成ダイアログ。ビュー名は「Index」とし、「レイアウトページを使用する」はONにしておく。

Visual Studio Community for Macの場合は、「**Hello**」フォルダを右クリックし、「**追加**」メニューから「**新しいファイル**」を選びます。そして現れたダイアログで、「**ASP.NET Core**」の「**MVCビューページ**」を選び、名前を「**Index**」と記入して「**新規**」ボタンを押します。

■**図2-16**：「新しいファイル」のダイアログで「MVCビューページ」を作成する。

Index.cshtml のソースコード

これで新しい「**Index.cshtml**」というファイルが「**Hello**」フォルダの中に作成されました。ここにデフォルトで生成されるコードは、WindowsとmacOSで少し異なります。次のように内容を修正しましょう。

リスト2-8
```
@{
    ViewData["Title"] = "Index/Hello";
}


<div class="text-center">
    <h1>Index</h1>
    <p>This is sample page.</p>
</div>
```

非常に単純な内容ですね。コードブロックに、**ViewData["Title"]**の値を用意しているだけで、後は簡単なタイトルとメッセージを表示するだけのものです。

では、プロジェクトを実行し、動作を確かめましょう。Webブラウザが起動し、トップページが表示されたら、アドレスバーから/helloへとアクセスしてみて下さい。

図2-17：作成したHelloのIndexアクションの表示。

これで、HelloControllerのIndexアクションが呼び出され、「**Views**」内の「**Hello**」フォルダ内にあるIndex.cshtmlが表示されます。ごく単純ですが、HelloControllerと「**Hello**」フォルダ内のテンプレートが連動して表示が動いていることがわかるでしょう。

コントローラーから値を渡す

コントローラーとビューは非常に密接な関係にあります。コントローラー側で、そのアクションに必要な処理を行い、表示はすべて対応するビューに任せます。ということは、コントローラー側で処理をした結果などを表示するためには、コントローラーからビューへと値を渡す方法を知らないといけません。

これは、実は既に使っています。ビューテンプレートには、タイトルを表示するのに

ViewData["Title"]という値を設定していました。このViewDataという値は、そのままコントローラーにもプロパティとして用意されています。ここに必要な値を入れておくことで、その値をビュー側で取り出し、利用することができるのです。

では、実際にやってみましょう。まず、HelloControllerクラスのIndexアクションメソッドを次のように修正して下さい。

リスト2-9
```
public IActionResult Index()
{
    ViewData["Message"] = "Hello! this is sample message!";
    return View();
}
```

ここでは、**ViewData["Message"]**にメッセージの値を代入しています。では、これをそのままテンプレート側で表示してみましょう。

「**Views**」内の「**Hello**」フォルダ内に作成したIndex.cshtmlのHTMLタグ部分(コードブロックの下にある部分)を次のように修正して下さい。

リスト2-10
```
<div class="text-center">
    <h1>Index</h1>
    <p>@ViewData["Message"]</p>
</div>
```

図2-18：/helloにアクセスすると、コントローラー側で用意したメッセージが表示される。

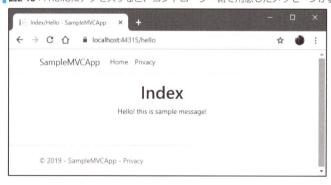

/helloにアクセスすると、Indexの下にメッセージが表示されます。

これは、HelloControllerクラスのIndexメソッド(以後、**HelloController@Index**という形で表記します)でViewData["Message"]に用意した値がそのまま、テンプレート側の@ViewData["Message"]で表示できてしまうのです。値の受け渡しは、このように非常に簡単です。

2.3 フォームの利用

フォームの送信

多くのWebアプリでは、クライアントから何らかの情報を入力してもらう場合には「**フォーム**」を利用します。簡単なフォームを設置し、そこに必要な情報を記入して送信する。その送信先のアクションで、フォームの値を取り出して処理するわけです。

フォームの送信処理は、どのように実装するのでしょうか。実際にサンプルを作りながら説明しましょう。

まずビュー側から作成します。「**Views**」内の「**Hello**」内にあるIndex.cshtmlを開き、HTMLタグ部分を次のように修正します。

リスト2-11

```
<div class="text-left">
    <h1 class="display-3">Index</h1>
    <p class="h4 mb-4">@ViewData["Message"]</p>
    <form method="post" asp-controller="Hello" asp-action="Form">
        <div class="form-group">
            <label for="msg">Message</label>
            <input type="text" name="msg" id="msg"
                class="form-control" />
        </div>
        <div class="form-group">
            <input type="submit" class="btn btn-primary" />
        </div>
    </form>
</div>
```

■フォームヘルパーによる属性

ここでは、**<input type="text">**が1つと**<input type="submit">**があるだけのシンプルなフォームを用意しています。一見したところ、ごく普通のHTMLタグのようですが、よく見ると**<form>**タグに次のような属性が用意されていることがわかります。

asp-controller	送信先のコントローラー名を指定します。
asp-action	送信先のアクション名を指定します。

これらは、ASP.NET Coreに用意されている「**フォームヘルパー**」が提供する属性です。これはテンプレートの作成を支援する「**タグヘルパー**」と呼ばれる機能の一つです。

<form>は通常、action属性で送信先を指定します。が、これはディレクトリの構成な

75

Chapter 2　MVC アプリケーションの作成

どが変わったりするだけで送信できなくなるものです。開発環境とリリース環境によっ
ても変わることがあるでしょう。

　そこでASP.NET Coreでは、テキストで送信先を指定するのではなく、**送り先のコント
ローラーとアクション**を指定することで自動的にそのアドレスが設定されるようにして
あります。そのための属性が、**asp-controller**と**asp-action**なのです。

　これらは、<form>タグだけでなく、**<a>**タグでもリンク先の指定として使うことがで
きます。例えば、こんな具合です。

```
<a asp-controller="Hello" asp-action="Index">
```

　このようにすることで、HelloController@Indexへのリンクを生成することができます。

　ASP.NET Coreに用意されているタグヘルパーでは、これらのようにタグに独自の属性
を追加するものがあります。そうしたものは、基本的に「**asp-○○**」といった名前が使わ
れています。asp-で始まる属性があったらそれはタグヘルパーによって拡張されたもの
だと考えていいでしょう。

コントローラーでフォームを受け取る

　では、フォームの送受信処理を行うようにコントローラーを修正しましょう。
HelloController.csを開き、HelloControllerクラスを次のように修正して下さい。

リスト2-12
```
public class HelloController : Controller
{
    public IActionResult Index()
    {
        ViewData["Message"] = "Hello! this is sample message!";
        return View();
    }

    [HttpPost]
    public IActionResult Form()
    {
        ViewData["Message"] = Request.Form["msg"];
        return View("Index");
    }
}
```

2.3 フォームの利用

■図2-19：入力フィールドにテキストを書いて送信すると、それがメッセージとして表示される。

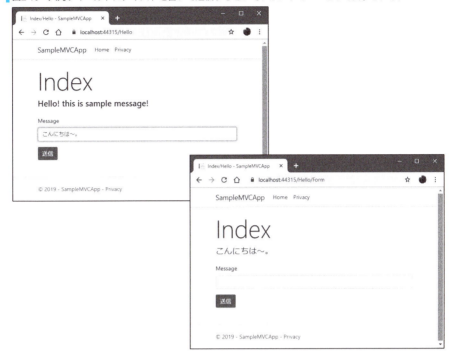

修正したら、/Helloにアクセスして動作を確認しましょう。入力フィールドにテキストを書いて送信すると、記入したテキストがメッセージとして表示されます。

Formアクションについて

では、コントローラーを見てみましょう。Indexアクションは、これまでと同じですから説明は不要ですね。問題は、フォームの送信を受け取るFormアクションです。

ここでは、次のような形でメソッドが宣言されています。

```
[HttpPost]
public IActionResult Form()
```

メソッド名の前に、**[HttpPost]**という属性が付けられています。これは、このアクションがHTTPのPOSTメソッドを受け取るものであることを示します。POSTを受け取るには、この属性を用意する必要があります。

同様のものに、GETメソッドを受け取る[HttpGet]といった属性も用意されています。ただし通常、アクションはデフォルトでGETメソッドを受け取るようになっていますので、わざわざ記入する必要はないでしょう。

もし、1つのアクションでGET/POSTの両方を受け取って処理したければ、次のように属性を用意することもできます。

```
[HttpGet, HttpPost]
```

　複数の属性を指定することで、両方のメソッドを受け取れるようになります。GETを明示的に指定するのは、このように「**複数のメソッドを処理する**」というような場合に限られるでしょう。

送信されたフォームの値

　このFormアクションでは、送信されたフォームに用意されているコントロールの値を、次のようにして取り出しています。

```
ViewData["Message"] = Request.Form["msg"];
```

　Requestは、クライアントから送られくるリクエストに関する情報を管理するクラスです。前章で、クライアント側に直接テキストを書き出すのに**Response**というクラスのメソッドを利用しましたが、覚えていますか。

　Responseはホストからクライアントへ送られるものであるのに対し、Requestは、クライアントからホストに送られる情報を管理します。フォームの情報も、クライアントからホストへと送られるものですから、このRequestに保管されているのです。

　フォームの値は、Requestの「**Form**」という**プロパティ**にまとめられています。これは連想配列になっており、**IFormCollection**というインターフェイス（実装はFormCollectionクラス）のインスタンスとして値が保管されています。これはコレクションであり、送信されたフォームの各コントロールのnameをキーとする形で保管されています。例えば、**name="msg"**のコントロールの値であれば、**Form["msg"]**として取り出せるわけです。

使用テンプレートを指定する

　最後にViewの戻り値をreturnしていますが、Indexアクションなどとは使い方が少し違っていますね。

```
return View("Index");
```

　引数に、**"Index"**と指定してあります。これは、使用するテンプレートのアクション名です。ここで"Index"と指定することで、Indexアクション用のテンプレート（つまり、「**Hello**」内のIndex.cshtml）をテンプレートとして使うようになります。

　この例のように、複数のアクションで同じテンプレートを利用するような場合は、同じアクション名を引数に指定すればいいのです。

フォームを引数で受け取る

これでフォームの値を受け取る基本がわかりました。が、実をいえば、フォームの値はもっと簡単なやり方で得ることもできるのです。それは、アクションメソッドの「**引数**」を使った方法です。

先ほどのサンプルで、送信されたフォームを受け取るFormアクションメソッドを次のように書き換えてみましょう。

リスト2-13
```
[HttpPost]
public IActionResult Form(string msg)
{
    ViewData["Message"] = msg;
    return View("Index");
}
```

これでも、全く問題なくフォームの値を受け取ることができます。ここでは、msgという名前の引数を用意し、それを利用しています。

ASP.NET Coreでは、POSTを受け取るメソッドに送信するフォーム内のコントロールのnameと同じ名前の変数を引数として用意しておくと、自動的に値が渡されるようになっています。

フォームの送信内容が複雑になると引数が多くなり煩雑な感じになってしまいますが、ちょっとしたフォーム送信であれば、引数を使った方法がずっと手軽に値を利用できるようになります。

フォームを記憶する

フォームの送信を行う場合、考えておきたいのが「**送信後のフォームの状態**」です。通常、フォームを送信すると、フォームの内容は空になってしまいます。これを「**送信したフォームの内容を保持したままにする**」ということを考えてみましょう。

普通に考えれば、送信された値をそのまま保管しておき、それをフォームのvalueに設定すればいいだろう、ということが思い浮かぶでしょう。これはそのとおりなのですが、ASP.NET Coreの場合、少しだけ便利になっているのです。

では、やってみましょう。まず、コントローラー側を修正します。HelloControllerクラスを次のように書き換えて下さい。

Chapter 2 MVC アプリケーションの作成

リスト2-14
```
public class HelloController : Controller
{

    public IActionResult Index()
    {
        ViewData["message"] = "Input your data:";
        ViewData["name"] = "";
        ViewData["mail"] = "";
        ViewData["tel"] = "";
        return View();
    }


    [HttpPost]
    public IActionResult Form()
    {
        ViewData["name"] = Request.Form["name"];
        ViewData["mail"] = Request.Form["mail"];
        ViewData["tel"] = Request.Form["tel"];
        ViewData["message"] = ViewData["name"] + ", " +
                ViewData["mail"] + ",  " + ViewData["tel"];
        return View("Index");
    }
}
```

リスト2-15——※Formの引数を利用する場合
```
[HttpPost]
public IActionResult Form(string name, string mail, string tel)
{
    ViewData["name"] = name;
    ViewData["mail"] = mail;
    ViewData["tel"] = tel;
    ViewData["message"] = ViewData["name"] + ", " +
            ViewData["mail"] + ",  " + ViewData["tel"];
    return View("Index");
}
```

　ここでは、ViewDataに"message"、"name"、"mail"、"tel"といった値を用意してありま
す。message以外の3つが、フォームの値を保管します。Request.Formを使った方法と、
引数を利用するやり方の両方を掲載しておきました。

　そして、送信後の処理を行うFormアクションでは、Request.Formから同名の値を
取り出し、ViewDataに保管しています。これで、送信されたフォームの値がそのまま
ViewDataに移されました。

テンプレートのフォーム処理

　では、テンプレート側の修正を行いましょう。「**Hello**」内のIndex.cshtmlの内容を次の
ように修正します。

リスト2-16

```
@{
    ViewData["Title"] = "Index/Hello";
    var name = ViewData["name"];
    var mail = ViewData["mail"];
    var tel = ViewData["tel"];
}


<div class="text-left">
    <h1 class="display-3">Index</h1>
    <p class="h4 mb-4">@ViewData["message"]</p>
    <form method="post" asp-controller="Hello" asp-action="Form">
        <div class="form-group">
            <label asp-for="@name" class="h5">@name</label>
            <input asp-for="@name" class="form-control">
        </div>
        <div class="form-group">
            <label asp-for="@mail" class="h5">@mail</label>
            <input asp-for="@mail" class="form-control">
        </div>
        <div class="form-group">
            <label asp-for="@tel" class="h5">@tel</label>
            <input asp-for="@tel" class="form-control">
        </div>
        <div class="form-group">
            <input type="submit" class="btn btn-primary" />
        </div>
    </form>
</div>
```

図2-20：フォームに記入し送信すると、その内容をメッセージで表示する。フォームの各項目には入力した値が残っている。

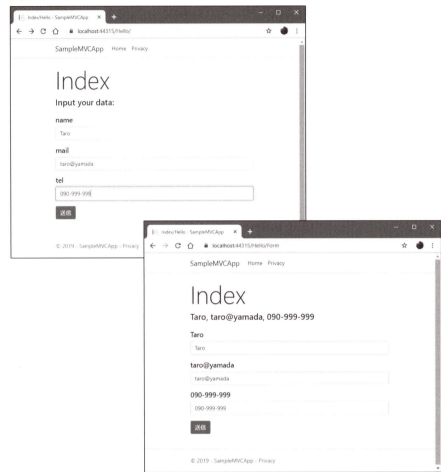

　修正できたら、/Helloにアクセスしてフォームを送信してみましょう。送信された内容がメッセージに表示されますが、送った後もフォームの値は各コントロールに保持された状態になっているのがわかるでしょう。

フォームの生成

　では、フォームをどのように作成しているのか、見てみましょう。まず最初のコードブロック内で、ViewDataの値をそれぞれ変数に保管しておきます。

```
var name = ViewData["name"];
var mail = ViewData["mail"];
var tel = ViewData["tel"];
```

これで、name、mail、telの各コントロールの値が変数に取り出せました。後は、これを利用してコントロールのタグを記述していきます。

例として、nameのコントロールがどのように書かれているか見てみましょう。

```
<div class="form-group">
    <label asp-for="@name" class="h5">@name</label>
    <input type="text" asp-for="@name" class="form-control">
</div>
```

<label>と**<input>**には、それぞれ「**asp-for**」という属性が用意されています。これも、ASP.NET Coreのタグヘルパーです。これで、先ほどの変数を値に設定しています。

見ればわかるように、これらのタグにはidやnameに関する属性がありません。もちろん、値を示すvalue属性もありません。

asp-forは、指定された変数名をidおよびnameの値に設定し、変数に保管されている値をvalueに設定します。つまり、asp-forに変数を設定するだけで、id、name、valueといったものをすべて自動生成してくれるのです。

asp-forを使うことで、入力関係のタグの記述が圧倒的に楽になります。また、<label>のように、入力以外のタグでもasp-forが使えるものはあります。<label>では、forの指定をasp-forで行ってくれます。

選択リストの項目

フォームのコントロールで、作成が面倒なのが「**選択リスト**」でしょう。リストは、<select>タグ内に<option>を使ってリストの項目を設定します。Webアプリケーションでは、この「**選択リストに表示する項目**」を配列などの値として用意しておき、ダイナミックに生成させる、といったことをよく行います。そのような場合、どうやってリストの項目を作るかを考えておく必要があるでしょう。

コードブロックを使い、ViewDataに用意した配列などの値から<option>タグを書き出していく、というやり方も、もちろん考えられます。というより、普通に考えればそのようなやり方を思いつくことでしょう。が、ASP.NET Coreには、**<select>に表示するリスト項目をまとめて扱うヘルパー**が用意されているのです。これを利用すれば、非常にシンプルに<select>タグを書くことができます。

■リストの項目を指定する

```
<select asp-items="《List》"></select>
```

<select>タグに「**asp-items**」というヘルパーの属性を用意することで、自動的にリスト項目を設定することができます。値には、あらかじめ用意しておいたListインスタンスを設定しておきます。

Listには、「**SelectListItem**」というクラスのインスタンスとして項目を用意しておきます。これは選択リストの項目を扱うための専用クラスで、次のような形でインスタンスを作成します。

Chapter 2 MVC アプリケーションの作成

> **Note**
>
> これ以降、あるクラス（例えばList）のインスタンスを表す場合は、《List》のように表記します。

■SelectListItemインスタンス生成

```
new SelectListItem { Value = 値 , Text = 表示テキスト }
```

Valueには、その項目を選択したときの値、Textには項目として表示されるテキストをそれぞれ指定してやります。こうして作ったインスタンスをListにまとめ、asp-itemsに設定すれば、それを元に選択リストの項目が自動生成されるのです。

▌HelloController を修正する

では、実際に利用例を挙げましょう。まずはコントローラー側の修正です。HelloControllerクラスを次のように書き換えて下さい。

リスト2-17
```
public class HelloController : Controller
{
    public List<string> list;

    public HelloController()
    {
        list = new List<string>();
        list.Add("Japan");
        list.Add("USA");
        list.Add("UK");
    }
    public IActionResult Index()
    {
        ViewData["message"] = "Select item:";
        ViewData["list"] = "";
        ViewData["listdata"] = list;
        return View();
    }

    [HttpPost]
    public IActionResult Form()
    {
        ViewData["message"] = '"' + Request.Form["list"] + '"'
            + " selected.";
        ViewData["list"] = Request.Form["list"];
        ViewData["listdata"] = list;
        return View("Index");
    }
}
```

ここでは、**list**というプロパティを用意し、これを**ViewData**で**テンプレート側に渡して**利用することにします。この list は、値を扱いやすいようにテキストを保管するようにしてあります。コンストラクタで項目名のテキストを list に用意しています。これは、**ViewData["listdata"]**に保管してテンプレートに渡します。

　また、テンプレート側で表示されるリストの値として、ViewData に**"list"**という値も用意しておきました。これは選択リストの値、すなわち「**選択された項目の値**」です。Form アクションでは、**Request.Form["list"]**を代入し、送られてきた list の値をそのまま設定しています。これで、選択した name="list"の<select>の値をそのまま ViewData["list"]に渡して送るようになりました。

　この"list"と"listdata"という2つの ViewData の値を元に、選択リストを生成するようにテンプレートを作成します。

Index.cshtml を修正する

　では、テンプレートを修正しましょう。「**Hello**」内の Index.cshtml を開いて内容を次のように書き換えて下さい。

リスト2-18

```
@{
    ViewData["Title"] = "Index/Hello";
    var list = ViewData["list"];

    List<string> data = (List<string>)ViewData["listdata"];
    List<SelectListItem> listdata = new List<SelectListItem>();
    foreach (string item in data)
    {
        listdata.Add(new SelectListItem { Value = item, Text = item });
    }
}


<div class="text-left">
    <h1 class="display-3">Index</h1>
    <p class="h4 mb-4">@ViewData["message"]</p>
    <form method="post" asp-controller="Hello" asp-action="Form">
        <div class="form-group">
            <select asp-for="@list" asp-items="@listdata"
                class="form-control"></select>
        </div>
        <div class="form-group">
            <input type="submit" class="btn btn-primary" />
        </div>
    </form>
</div>
```

▌図2-21：フォームからリスト項目を選んで送信すると、選んだ項目名が表示される。

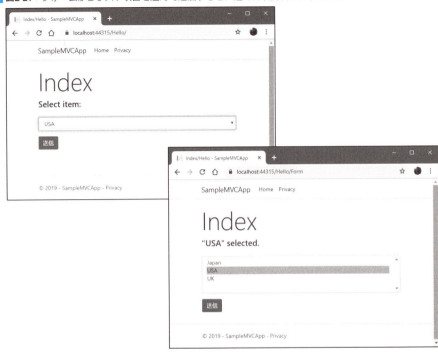

　修正できたら、/Helloにアクセスをしてみましょう。フォームには「**Japan**」「**USA**」「**UK**」といった項目が表示されます。ここで項目を選んで送信すると、選んだ項目名がメッセージに表示されます。

選択リストの作成

　では、テンプレートを見てみましょう。ここでは最初のコードブロックで、リストに必要な値を用意しています。

▌list、dataの用意

```
var list = ViewData["list"];
List<string> data = (List<string>)ViewData["listdata"];
```

　変数listは、**ViewData["list"]**の値をそのまま代入しておきます。変数dataは、**ViewData["listdata"]**の値を代入します。このViewData["listdata"]には、コントローラー側でstringのリストが設定されていましたね(HelloControllerクラスのViewData["listdata"] = list;)。これをList<string>にキャストして変数に取り出しておきます。

```
List<SelectListItem> listdata = new List<SelectListItem>();
```

　変数listdataに、Listインスタンスを代入します。これはSelectListItemの値が代入されます。こうして用意したlistdataに、先ほどのdataから順に値を取り出し、SelectListItemを作って組み込んでいきます。

```
foreach (string item in data)
{
    listdata.Add(new SelectListItem { Value = item, Text = item });
}
```

　foreachでdataから順に値を取り出し、AddでSelectListItemをlistdataに組み込んでいきます。ValueとTextには、どちらもdataから取り出したテキストを指定してあります。

　これで、SelectListItemのListが用意できました。後はこれを**asp-for**に指定して**<select>**を用意するだけです。

```
<select asp-for="@list" asp-items="@listdata" class="form-control"></select>
```

　asp-for="@list"で変数listをもとにid、name、valueが設定され、更に**asp-items="@listdata"**を元に**<option>**タグの生成が行われます。面倒な<select>が、ごく簡単な属性を2つ用意するだけで生成できるようになるのです。

複数項目を選択するときは？

　この<select>は、同時に複数の項目を選択することもできます。<select>タグに「**multiple**」という属性を追記するだけで、複数の項目を選択できるようになります。

　この場合、注意したいのは、送られてくる値です。Request.Formで得られる値は、選択した項目名の**string配列**になります。ですから、取り出した値を更にforeachなどで順に値を取り出して利用する処理が必要となるでしょう。

　では、実際にやってみましょう。Index.cshtmlの修正は不要です。HelloControllerクラスのIndex/Formアクションメソッドを次のように修正して下さい。

リスト2-19
```
public IActionResult Index()
{
    ViewData["message"] = "Select item:";
    ViewData["list"] = new string[] {};   // ●
    ViewData["listdata"] = list;
    return View();
}


[HttpPost]
public IActionResult Form()
{
    string[] res = (string[])Request.Form["list"];
    string msg = "※";
    foreach(var item in res)
    {
        msg += "「" + item + "」";
```

```
        }
        ViewData["message"] = msg + " selected.";
        ViewData["list"] = Request.Form["list"];
        ViewData["listdata"] = list;
        return View("Index");
    }
```

図2-22：複数項目を選択する。

/Helloにアクセスし、選択リストから複数の項目を選んで送信してみましょう。すると、選択した項目がすべてメッセージにまとめて表示されます。

ここでは、まずIndexの◉マークの部分を修正しています。

```
ViewData["list"] = new string[] {};
```

複数項目を受け取るため、選択リストの値を示すViewData["list"]にはstring配列を値に用意しておきます。**<select>**で**asp-for="@list"**に配列の値が渡されることで、自動的にこの<select>が複数項目選択可能（multiple）であると判断されます。

続いて、Formメソッドです。ここでは、フォームから送信された値をstring配列として変数に取り出しておきます。

```
string[] res = (string[])Request.Form["list"];
```

そして、ここから順に値を取り出して変数に結果をまとめていきます。

```
string msg = "※";
foreach(var item in res)
{
    msg += "「" + item + "」";
}
```

2.4 そのほかのコントローラーとビューの機能

これで、選択したすべての項目を変数msgにまとめることができました。Request. Formから値を取り出す際にstring配列にキャストしておく、という点さえ押さえておけば、処理は自然と作成できるようになるでしょう。

2.4 そのほかのコントローラーとビューの機能

クエリから値を受け渡す

フォーム以外にも、クライアントからホストへと値を渡す方法はあります。その1つが「**クエリ文字列**」を使った方法です。クエリ文字列というのは、クライアントがアクセスする際のアドレス（URL）の末尾に付けられる文字列のことです。GoogleなどのWebサイトでは、アドレスの末尾に○○?xx=xx&yy=yy&……といった記号のようなテキストが延々と付けられていることがありますが、あれがクエリ文字列です。

ASP.NET Coreでも、クエリ文字列を利用して値を受け取ることができます。実際にやってみましょう。まず、「**Hello**」内のIndex.cshtmlの内容を修正しておきます。

リスト2-20

```
@{
    ViewData["Title"] = "Index/Hello";
}


<div class="text-left">
    <h1 class="display-3">Index</h1>
    <p class="h4 mb-4">@ViewData["message"]</p>
</div>
```

ここでは、ViewData["message"]を表示するだけのシンプルなものに戻しておきました。では、クエリ文字列を使って渡した値をメッセージとして表示するようにコントローラーを修正しましょう。

HelloController@Indexアクションメソッドを次のように修正して下さい。

リスト2-21

```
[Route("Hello/{id?}/{name?}")]
public IActionResult Index(int id, string name)
{
    ViewData["message"] = "id = " + id + ", name = " + name;
    return View();
}
```

/Helloの後にID番号と名前をスラッシュでつなげて記述しアクセスしてみましょう。例えば、/Hello/123/hanakoとアクセスをすると、「**id = 123, name = hanako**」とメッセージが表示されます。アドレスに付け足した値が取り出され、メッセージとして表示されていることがわかるでしょう。

図2-23：/Hello/123/hanakoとアクセスすると、「id = 123, name = hanako」と表示される。

Route 属性について

ここでは、Indexアクションメソッドに、**Index(int id, string name)** というように引数が用意されています。これが、クエリ文字列から取り出されたIDと名前の値が渡されるものです。では、なぜURLのアドレスからIDと名前の値だけが取り出され、これらの引数に渡されるのか。それは、メソッドの手前にある「**Route**」という属性の働きによるものです。

```
[Route("Hello/{id?}/{name?}")]
```

Routeの後の( )内に、アクセスするパスが設定されています。そこにある**{id?}** と **{name?}** は、ここに当てはまる値がそのままid、nameといった値として取り出されることを意味します。これら取り出された値が、そのままIndexメソッドの引数に渡されていたのです。

{id?}の**?**は、これが与えられない場合があることを示します。{id}とすると、この値は必須項目になります。ここではどちらの値も?が付いていますから省略できます。

ルート設定の属性について

このRoute属性は、その後にあるメソッドにルート情報を割り当てる働きをします。ルートの設定は、**リスト2-1**のStartup.csでroutes.MapControllerRouteというメソッドで設定されていました。が、このメソッドでは、"**{controller=Home}/{action=Index}/{id?}**" というごく基本的な形式のテンプレートを設定しているだけでした。ですから、このテンプレートから外れる形式のアドレスにアクセスした処理は別途用意する必要があります。それを行っているのが、このRoute属性なのです。

ルート設定に関する属性は、ほかにも用意されています。Routeは指定のパスを割り当てるだけですが、特定のHTTPメソッドでのアクセスを割り当てるためのものもあります。

HttpGet	GETメソッドによるアクセスに割り当てる。
HttpPost	POSTメソッドによるアクセスに割り当てる。

　これらの使い方はRouteと同様で、( )内に割り当てるテンプレートをテキストとして記述します。例えば、先ほどのRoute属性は、次のように書き換えても同様に機能します。

```
[HttpGet("Hello/{id?}/{name?}")]
```

　フォームでPOST送信するような場合は、送り先はRouteよりもHttpPostを使ったほうが良いでしょう。GETもPOSTもアクセスするような場合は、Routeが適しています。どのようなHTTPメソッドでアクセスするかによって使い分けると良いでしょう。

セッションを利用する

　Webアプリケーションでは、クライアントに関する情報を保管しておくのに「**セッション**」と呼ばれる機能を利用します。セッションは、クライアントとホストの間の接続を維持する仕組みです。アクセスする各クライアントごとにセッションは作成され、それぞれのセッションに値を保管することができます。

　あるクライアントとの接続を示すセッションに保管された値は、ほかのクライアント（ほかのセッション）からアクセスすることはできません。セッションに保管される値は、常にそのセッションを利用するクライアントの間でのみ利用可能です。

　セッションは、ASP.NET Coreでは「**サービス**」として提供されています。利用するには、**Sessionサービス**を追加する必要があります。
　プロジェクトのStartup.csを開いて下さい。ここには、Startupというクラスが用意されていました。この**Startupクラスのメソッドに、Sessionサービスを組み込む処理**を追記します。

■ConfigureServicesメソッド

　サービスの設定を行うためのメソッドでした。このメソッドの適当なところ（services.AddControllersWithViewsの手前辺り）に、次の文を追記します。

```
services.AddSession();
```

■Configureメソッド

　アプリケーションの設定に関するメソッドでしたね。このメソッドの適当なところ（app.UseEndpointsの手前辺り）に、次の文を追記しましょう。

```
app.UseSession();
```

　これで、アプリケーションでSession機能が使えるようになりました。後はコントローラー側でセッションを利用する処理を作成するだけです。

テンプレートの修正

では、実際にセッションを利用してみましょう。

まずは、テンプレートの修正をしておきます。「**Hello**」内のIndex.cshtmlを次のように書き換えておきましょう。

リスト2-22

```
@{
    ViewData["Title"] = "Index/Hello";
}


<div class="text-left">
    <h1 class="display-3">Index</h1>
    <p class="h4 mb-4">@ViewData["message"]</p>
    <ul class="h5">
        <li>@ViewData["id"]</li>
        <li>@ViewData["name"]</li>
    </ul>
</div>
```

ここでは、ViewDataのidとnameの値をそのまま<li>にリストとして表示させています。コントローラー側でセッションの値をこれらに設定してやれば、その値が表示されることになります。

コントローラーからセッションを利用する

では、コントローラーを修正しましょう。今回は、**セッションを保管するアクション**と、**保管されたセッションを表示するアクション**を用意することにします。HelloController.csを開き、HelloControllerクラスを次のように修正して下さい。

リスト2-23

```
// using Microsoft.AspNetCore.Http; 追記する


public class HelloController : Controller
{

    [HttpGet("Hello/{id?}/{name?}")]
    public IActionResult Index(int id, string name)
    {
        ViewData["message"] = "※セッションにIDとNameを保存しました。";
        HttpContext.Session.SetInt32("id", id);
        HttpContext.Session.SetString("name", name);
        return View();
    }
```

```
    [HttpGet]
    public IActionResult Other()
    {
        ViewData["id"] = HttpContext.Session.GetInt32("id");
        ViewData["name"] = HttpContext.Session.GetString("name");
        ViewData["message"] = "保存されたセッションの値を表示します。";
        return View("Index");
    }
}
```

では、先のサンプルと同様に、/Helloの後にID番号と名前を付けてアクセスをしてみて下さい（/Hello/123/hanakoといった具合）。これで、IDと名前がセッションに保管されます。続いて、/Hello/otherにアクセスをしてみましょう。セッションに保管されたIDと名前が表示されます。

図2-24：/Hello/番号/名前 とアクセスすると、番号と名前をセッションに保管する。/Hello/otherにアクセスすると、保管されたセッションの値を表示する。

複数のブラウザがある場合は、それぞれのブラウザからアクセスし、セッションに異なる値を保管してみて下さい。ブラウザごとに値が保管され、ほかのブラウザでは表示されないことがわかるでしょう。

セッションへの値の読み書き

では、コントローラーでのセッション処理を行っている部分を見てみましょう。ここでは、Indexアクションでセッションへの値の保存を行い、Otherアクションではセッションから値の読み込みを行っています。

■Index/セッションへの保存

```
HttpContext.Session.SetInt32("id", id);
HttpContext.Session.SetString("name", name);
```

■Other/セッションの値の取得

```
ViewData["id"] = HttpContext.Session.GetInt32("id");
ViewData["name"] = HttpContext.Session.GetString("name");
```

セッションは、**HttpContext.Session**という値を使います。これは**ISession**インター
フェイス（実装はSessionクラス）のインスタンスで、ここに用意されているメソッド
を呼び出してセッションを操作します。今回は、整数とテキストの値を保管するのに
「**SetInt32**」「**SetString**」、またこれらの値を取り出すのに「**GetInt32**」「**GetString**」といっ
たメソッドを利用しています。

セッション利用のメソッド

Sessionに用意されているセッション利用のためのメソッドは、このほかにも「**Get**」
「**Set**」があります。これらについて簡単にまとめておきましょう。

■セッションの値を取得する

```
変数 = HttpContext.Session.Get( 名前 );
変数 = HttpContext.Session.GetInt32( 名前 );
変数 = HttpContext.Session.GetString( 名前 );
```

セッションから値を取得します。引数には、取り出す値のキーをテキストで指定しま
す。得られる値は、Getはbyte配列、GetInt32はint値、getStringはstring値になります。

■セッションに値を保管する

```
変数 = HttpContext.Session.Set( 名前 , 値 );
変数 = HttpContext.Session.SetInt32( 名前 , 値 );
変数 = HttpContext.Session.SetString( 名前 , 値 );
```

セッションに値を設定します。引数には、割り当てるキー（名前、string値）と、そのキー
に保管する値を指定します。Setはbyte配列、SetInt32はint値、SetStringはstring値をそ
れぞれ第2引数に指定します。

セッションの設定について

セッションを扱うSessionサービスには、いくつかの設定が用意されています。
StartupクラスでSessionサービスを追加する際、それらの設定を追加することができま
す。

ConfigureServicesメソッドでservices.AddSessionする際、次のように記述することで
オプション設定を用意できます。

■オプションを指定してSessionサービスを組み込む

```
services.AddSession(options =>
{
    options.Cookie.Name = クッキーの名前 ;
    options.IdleTimeout = タイムアウトまでの長さ;
    options.Cookie.IsEssential = クッキーを必須とするか;
});
```

options.Cookie.Nameは、セッションで使用するクッキー（セッションIDを保管するもの）の名前を指定します。**options.IdleTimeout**は、セッションが切れるまでの時間を指定します。**options.Cookie.IsEssential**は、セッションクッキーを必須にするかどうかを真偽値で指定します。

TimeSpan の値について

これらの中でわかりにくいのは、options.IdleTimeoutでしょう。これは、**TimeSpan**という構造体にあるメソッドを使って設定します。

■TimeSpanの主なメソッド

FromDays	日数を指定する
FromHours	時数を指定する
FromMinutes	分数を指定する
FromSeconds	秒数を指定する

これらは、すべて引数にint値を付けて指定します。例えば、次のようにオプションを用意すれば、1週間セッションクッキーを保持する（つまり1週間セッションが切れない）ようになります。

```
options.IdleTimeout = TimeSpan.FromDays(7)
```

オブジェクトをセッションに保存する

セッションでは、テキストと整数値はメソッドで簡単に保管できますが、それ以外の値は保管できません。特に**オブジェクトが保管できない**のは非常に問題でしょう。

が、セッションにはbyte配列を読み書きするメソッドがあります。オブジェクトをbyte配列に**シリアライズ**すれば、値を保管することができるようになります。ただし、そのためにはオブジェクトとbyte配列の間で相互にコンバートする処理を用意することになるでしょう。

では、実際にサンプルを作成してみましょう。まずテンプレートを修正しておきます。「**Hello**」内のIndex.cshtmlを次のように修正しましょう。

Chapter **2** MVC アプリケーションの作成

リスト2-24

```
@{
    ViewData["Title"] = "Index/Hello";
}


<div class="text-left">
    <h1 class="display-3">Index</h1>
    <p class="h4 mb-4">@ViewData["message"]</p>
    <pre class="h5">Value = @ViewData["object"]</pre>
</div>
```

ここでは、**@ViewData["object"]**というようにしてobjectの値を出力するようにしています。セッションにオブジェクトを保存し、それを取り出してViewDataに保管する処理を用意すれば、オブジェクトを表示できるようになるはずですね。

コントローラーを修正する

では、コントローラーを修正しましょう。HelloControllerクラスを次のように書き換えます。なお、HelloControllerの後に**MyData**というクラスも用意していますが、これも忘れずに記述して下さい。

リスト2-25

```
// using System.IO; // 追加
// using System.Runtime.Serialization.Formatters.Binary; //追加


public class HelloController : Controller
{


    [HttpGet("Hello/{id?}/{name?}")]
    public IActionResult Index(int id, string name)
    {
        ViewData["message"] = "※セッションにIDとNameを保存しました。";
        MyData ob = new MyData(id, name);
        HttpContext.Session.Set("object", ObjectToBytes(ob));
        ViewData["object"] = ob;
        return View();
    }


    [HttpGet]
    public IActionResult Other()
    {
        ViewData["message"] = "保存されたセッションの値を表示します。";
        byte[] ob = HttpContext.Session.Get("object");
        ViewData["object"] = BytesToObject(ob);
        return View("Index");
```

96

```
        }

        // convert object to byte[].
        private byte[] ObjectToBytes(Object ob)
        {
            BinaryFormatter bf = new BinaryFormatter();
            MemoryStream ms = new MemoryStream();
            bf.Serialize(ms, ob);
            return ms.ToArray();
        }

        // convert byte[] to object.
        private Object BytesToObject(byte[] arr)
        {
            MemoryStream ms = new MemoryStream();
            BinaryFormatter bf = new BinaryFormatter();
            ms.Write(arr, 0, arr.Length);
            ms.Seek(0, SeekOrigin.Begin);
            return (Object)bf.Deserialize(ms);
        }
    }


[Serializable]
class MyData
{
    public int Id = 0;
    public string Name = "";

    public MyData(int id, string name)
    {
        this.Id = id;
        this.Name = name;
    }

    override public string ToString()
    {
        return "<" + Id + ": " + Name + ">";
    }
}
```

　先ほどと同じように、/Hello/番号/名前 というようにアドレスを指定してアクセスを
して下さい。これで、クエリ文字列で渡された値を元にMyDataインスタンスが作成され、
セッションに保管されます。

その後、/Hello/otherにアクセスをすると、保存されたMyDataを出力します。Value = <番号: 名前 > というように表示されているのがMyDataの出力部分です。

図2-25：/Hello/番号/名前 とアクセスし、/Hello/otherに移動すると、セッションに保存されたMyDataの内容が表示される。

ここでは、データを保管するMyDataクラスを用意し、このクラスのインスタンスとして値をセッションに保管しています。MyDataは、IdとNameというフィールドがあるだけのシンプルなクラスです。**[Serializable]**属性を用意し、シリアライズ可能であることを示しています。また、テキストとして取り出した際の出力を**ToString**メソッドで用意してあります。

オブジェクトとbyte配列の相互変換

ここでは、HelloControllerクラスに、オブジェクトとbyte配列を相互に変換するメソッドを用意しています。これらを利用することで、オブジェクトをbyte配列としてセッションに保存していたのです。

この作業は、**BinaryFormatter**と**MemoryStream**というクラスを利用して行っています。

■オブジェクトをbyte配列に変換する

```
private byte[] ObjectToBytes(Object ob)
{
    BinaryFormatter bf = new BinaryFormatter();
    MemoryStream ms = new MemoryStream();
    bf.Serialize(ms, ob);
    return ms.ToArray();
}
```

オブジェクトをbyte配列に変換するには、BinaryFormatterとMemoryStreamを用意します。そしてBinaryFormatterの**Serialize**メソッドを使い、オブジェクトをMemoryStreamにシリアライズして書き出します。

後は、MemoryStreamの**ToArray**を使ってbyte配列として書き出されたデータを取り出すだけです。

■byte配列をオブジェクトに変換する

```
private Object BytesToObject(byte[] arr)
{
    MemoryStream ms = new MemoryStream();
    BinaryFormatter bf = new BinaryFormatter();
    ms.Write(arr, 0, arr.Length);
    return (Object)bf.Deserialize(ms);
}
```

　byte配列からオブジェクトに変化する場合も、やはりBinaryFormatterと MemoryStreamを用意します。今度はMemoryStreamの**Write**メソッドを使い、引数の byte配列をMemoryStreamに出力します。これでMemoryStreamにbyte配列のデータが 書き込まれます。

　後は、BinaryFormatterの**Deserialize**を使い、MemoryStreamを**デシリアライズ**する（シ リアライズから元に戻す）だけです。

MyDataをセッションに保管する

　では、これらのメソッドを使ってMyDataインスタンスをどのように保管しているの か見てみましょう。まずは、Indexアクションからです。

■Indexアクション

```
MyData ob = new MyData(id, name);
HttpContext.Session.Set("object", ObjectToBytes(ob));
```

　Indexでは、idとnameの値を引数で受け取ります。これを元にMyDataインスタンスを 作成し、**ObjectToBytes**でbyte配列に変換したデータをセッションにSetで保管します。

■Otherアクション

```
byte[] ob = HttpContext.Session.Get("object");
ViewData["object"] = BytesToObject(ob);
```

　Otherでは、セッションから保管しているbyte配列データを取り出し、それを **BytesToObject**でオブジェクトにデシリアライズし、ViewDataに設定します。後は、テ ンプレート側でViewDataから値を取り出して表示するだけです。

　ここで作成したObjectToByteArrayとBytesToObjectは、シリアライズ可能なクラスの インスタンスであれば、どのようなオブジェクトでもbyte配列に変換できます。オブジェ クトのシリアライズ用汎用メソッドとしていろいろな利用が可能でしょう。

Chapter 2 MVCアプリケーションの作成

部分ビューの利用

　最後に、ビューをパーツ化する「**部分ビュー**」について触れておきましょう。MVCアプリケーションでは、ビューは**レイアウト**となるテンプレートと、各ページの**コンテンツ**となるテンプレートを組み合わせて作成されます。が、汎用的な表示は更に細かく**パーツ化**して再利用できればずいぶんとページデザインも楽になりますね。このような場合に用いられるのが「**部分ビュー**」です。

　部分ビューの利用は非常に簡単です。「**Views**」フォルダ内に表示内容を記述したcshtmlファイルを用意し、使いたいテンプレートの部分に次のようなタグを記述するだけです。

■部分ビューのタグヘルパー

```
<partial name="テンプレート名">
```

　これだけで指定のテンプレートが表示されます。テンプレートは、「**Views**」内の同じフォルダ内(HelloControllerのアクションならば「**Hello**」フォルダ)にあるならば、ファイル名を指定すれば認識します。ほかの場所にある場合は相対パスとして記述しておきます。

テーブルを表示する

　では、実際に簡単な部分ビューを作ってみましょう。例として、配列データを渡し、それをテーブルにまとめて表示する部分ビューを作ってみましょう。

　まず、コントローラーを修正しておきます。HelloControllerのIndexアクションメソッドを次のように修正します。

リスト2-26

```
[HttpGet]
public IActionResult Index()
{
    ViewData["message"] = "※テーブルの表示";
    ViewData["header"] = new string[] { "id", "name", "mail"};
    ViewData["data"] = new string[][]{
        new string[]{ "1", "Taro", "taro@yamada"},
        new string[]{ "2", "Hanako", "hanako@flower"},
        new string[]{ "3", "Sachiko", "sachiko@happy"}
    };
    return View();
}
```

Note

Otherアクションは削除しておきます。

100

ここでは、ViewDataに**"header"**と**"data"**という値を用意してあります。headerは項目名を配列にまとめたもの、dataは表示データを2次元配列にまとめたものを用意しておきます。これらの値を利用してテーブルを表示させます。

_table.cshtml 部分ビューを作る

では、テーブルを表示する部分ビューを作りましょう。「**Views**」内の「**Hello**」フォルダの中に、「**_table.cshtml**」という名前でファイルを作成して下さい。Visual Studio Communityでは「**Hello**」フォルダを右クリックして現れるメニューから「**追加**」メニューを利用して作成しましょう。dotnetコマンドベースで作成している人は、手作業でテキストファイルを作成して下さい。

用意ができたら、その中に次のように記述をします。

リスト2-27

```
@{
    string[] header = (string[])ViewData["header"];
    string[][] data = (string[][])ViewData["data"];
}


<table class="table">
    <tr>
    @foreach(string item in header)
    {
        <th>@item</th>
    }
    </tr>
    @foreach(var row in data)
    {
        <tr>
        @foreach(var item in row)
        {
            <td>@item</td>
        }
        </tr>
    }
</table>
```

<table>を使ったテーブルの表示を行うだけのビューです。あらかじめViewDataからヘッダーの配列とデータの二次元配列を取り出しておきます。これらはforeachで繰り返し処理するので、明示的に**string[ ]**あるいは**string[ ][ ]**にキャストして取り出しておきます。これは重要です。

```
var header = ViewData["header"];
var data = ViewData["data"];
```

Chapter 2 MVC アプリケーションの作成

例えば、こんな具合にして値を取り出して使おうとすると、foreach部分でエラーになります。取り出された値がコレクションとしてforeach可能であるであると認識できないためです。もちろん、ViewDataの値を直接foreachで利用しても同様にエラーになります。ViewDataの値は、場合によってはこのように**明示的なキャストが必要なケースもある**、ということを忘れないで下さい。

@foreach について

ここでは、**@foreach**という記述が何ヶ所かありますね。これは、**Razor構文**の一つで、テンプレート内に繰り返し処理を用意するのに利用されます。

■@foreach構文

```
@foreach ( 変数 in 配列など )
{
    ……出力内容……
}
```

見ればわかるように、C#の基本的なforeach文とほぼ同じです。ただしC#のforeachと異なるのが、「**{}のブロック内に記述するのが、HTMLなどによるテンプレート文である**」という点でしょう。{ }のブロック内には、C#のコードは書かれません。あくまでHTMLタグによる表示内容を記述するのです。

ただし、書かれるのはテンプレートの文であり、表示の際には**レンダリング処理**されます。従って、この内部に**@によるマークアップやコードブロック**を書くことは可能です。実際、サンプルでは@foreach内に更に@itemを記述するなどしていますね。

こうしたRazor構文は、ほかにも色々と用意されています（これらの詳細は、「**3-4 Razor構文**」で改めて説明します）。

_table.cshtml を利用する

では、用意した_table.cshtmlを利用しましょう。「**Hello**」内のIndex.cshtmlを開き、次のように修正して下さい。

リスト2-28

```
@{
    ViewData["Title"] = "Index/Hello";
}

<div class="text-left">
    <h1 class="display-3">Index</h1>
    <p class="h4 mb-4">@ViewData["message"]</p>
    <partial name="_table.cshtml">
</div>
```

102

図2-26：/Helloにアクセスすると、_table.cshtmlを使ってデータをテーブル表示する。

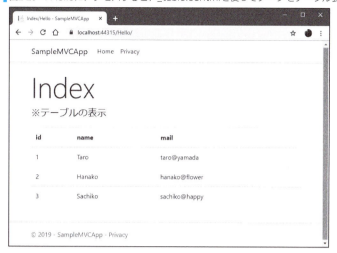

修正ができたら、/Helloにアクセスしましょう。すると、あらかじめ用意したデータを元にテーブルを表示します。このテーブルの部分が、_table.cshtmlによるものです。

ここでは、次のように部分ビューを埋め込んでいますね。

```
<partial name="_table.cshtml">
```

nameで_table.cshtmlを指定しています。必要なのはこのタグ1つだけです。コントローラー側で値を用意する場合も、部分ビューは通常のビューと同様にViewDataが使えるため、特別な仕掛けを用意する必要がありません。コントローラーのアクションでは、今まで通りViewDataに値を一通り用意しておくだけです。

部分ビューが使えると、例えばヘッダーやフッター、メニュー、フォームなどさまざまな表示をパーツ化し、必要に応じて組み合わせ画面を作成できるようになります。アプリケーション全体の統一感も高くなりますし、開発にかかるコストも軽減できるでしょう。

Chapter 3

Razorページ
アプリケーションの作成

Razorページアプリケーションは、テンプレートである
「ページファイル」と、それに対応する「ページモデル」と呼ば
れるC#コードで、ページを構成します。この新しいタイプ
のアプリケーションの仕組みと、そこで用いられる「Razor」
というビューの機能について説明しましょう。

C#フレームワークASP.NET Core 3入門

3.1 Razorページアプリケーションの基本

Razorページアプリケーションとは？

前章で、MVCアプリケーションの作成について一通り説明をしました。MVCアプリケーションの最大の特徴は、「**コードと表示の分離**」にあります。

アプリケーションのプログラムはコントローラー単位で作成され、コントローラーには複数のアクションが用意できます。そしてそれらアクションはすべて1つのコントローラー内にメソッドとして実装されます。アクションで表示されるビューは「**Views**」フォルダにcshtmlファイルとして用意されます。これもコントローラーごとにフォルダ分けしてまとめられます。

つまり、アプリケーションの中で実行されるプログラム（コントローラー）と表示テンプレート（ビュー）は明確に分けられ、プログラム関係は1つのコントローラーにまとめられ、その中ですべて処理を行うようになっているわけですね。

これは、コントローラーだけですべての処理を集中管理できるというメリットはありますが、逆にいえば「**ページ単位で整理しにくい**」ということにもつながります。

最近では、**SPA**（Single Page Application）のように、1枚のページやあるいは数枚のページ程度であらゆる処理を行うようなWebアプリケーションが増えてきています。そのような場合、「**多数のページを1つのコントローラーで集中管理できる**」というのはあまりメリットになりません。むしろ、ページ単位で処理と表示を密接に扱えるようなやり方のほうが集中してページ開発が行えるでしょう。

こうした「**ページコーディング**」（ページの作成）を重視した開発スタイルもASP.NET Coreでは用意されています。それが「**Razorページアプリケーション**」と呼ばれるものです。

Razor ページはページ単位で開発する

Razorページアプリケーションは、ページ単位での開発を重視したアプリケーションです。アプリケーションでは、「**Razorページ**」と呼ばれるページを作成していきます。これは画面に表示されるテンプレートとバックエンドのコーディング部分がセットになったもので、MVCのように複数のページが1つのコントローラーにまとまっているのではなく、ページ単位で開発を行います。ページが異なればバックエンドのコード部分も全く別のものになるため、**複数ページでデータなどを共用して作業するようなやり方には向きません**。

逆に、1枚のページで何もかも済ませるようなタイプのWebアプリケーションでは、Razorページのほうがはるかに開発しやすいでしょう。

3.1 Razorページアプリケーションの基本

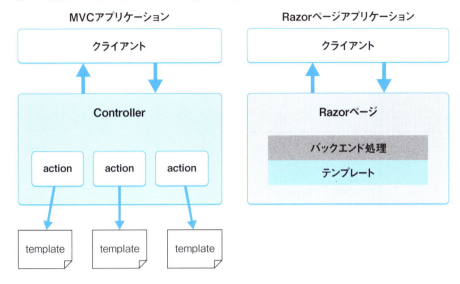

図3-1：MVCアプリケーションはコントローラーに複数のアクションがあり、それぞれにテンプレートを持つ。Razorページアプリケーションは1枚のページ用のバックエンドとテンプレートで構成される。

Razorページプロジェクトを作成する

Razorページアプリケーションは、MVCアプリケーションとはアプリケーションの構成も異なります。このため、専用のプロジェクトテンプレートが用意されており、それを利用してプロジェクトを作成します。

では、実際にプロジェクトを作成してみましょう。それぞれの環境ごとに手順をまとめておきます。

Visual Studio Community for Windows の場合

現在開いているソリューションを閉じましょう。「**ファイル**」メニューから「**ソリューションを閉じる**」を選んで下さい。

❶ 新しいプロジェクトの作成

ソリューションが閉じられると、画面にスタートウインドウが現れます。もし表示されない場合は、「**ファイル**」メニューから「**スタートウインドウ**」を選んで下さい。

現れたスタートウインドウから、「**新しいプロジェクトの作成**」を選択します。

107

▌図3-2：「新しいプロジェクトの作成」を選ぶ。

❷ プロジェクトテンプレートの選択
　　プロジェクトのテンプレートを選択する画面になります。「**ASP.NET Core Web アプリケーション**」を選択して下さい。

▌図3-3：「ASP.NET Core Webアプリケーション」を選ぶ。

❸ 名前と保存場所の指定
　　プロジェクトとソリューションの名と保存場所を指定します。名前は「**SampleRazorApp**」としておきましょう。プロジェクト名に入力するとソリューショ

3.1 Razor ページアプリケーションの基本

ン名も自動設定されます。保存場所はデフォルトのままでOKです。入力後、「**作成**」ボタンをクリックします。

図3-4：プロジェクト名を「SampleRazorApp」と入力する。

❹ アプリケーションの種類を選択

　新しいWebアプリケーションを作成するためのテンプレートを選びます。ここでは「**Webアプリケーション**」を選んで「**作成**」ボタンをクリックします。そのほかの設定項目はデフォルトのままにしておきます。

図3-5：「Webアプリケーション」を選んで作成する。

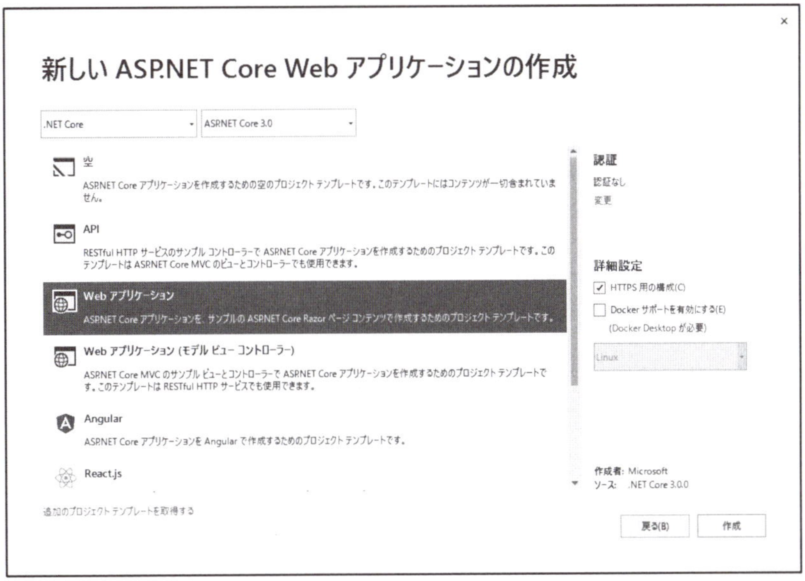

Visual Studio Community for Mac の場合

現在開いているソリューションを閉じて下さい。「**ファイル**」メニューから「**ソリューションを閉じる**」を選びます。

ソリューションが閉じられると、画面にスタートウインドウが現れます。もし表示されない場合は、「**ウインドウ**」メニューから「**スタートウインドウを表示する**」を選んで下さい。

現れたスタートウインドウから、「**新規**」を選択します。

❶ テンプレートの選択

作成するプロジェクトのテンプレートを選ぶ画面になります。左側のリストから「**.NET Core**」内にある「**アプリ**」を選んで下さい。右側にテンプレートのリストが表示されるので、そこから「**Webアプリケーション**」を選び、次に進みます。

図3-6：「Webアプリケーション」テンプレートを選ぶ。

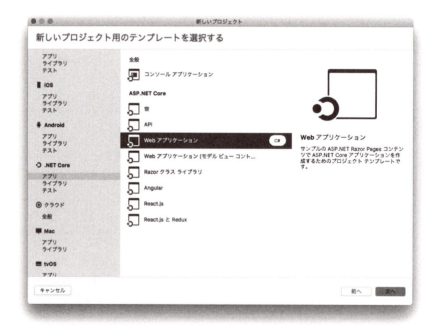

❷ フレームワークの選択

対象のフレームワークを選びます。ここでは「**.NET Core 3.0**」を選択しておきます。

3.1 Razorページアプリケーションの基本

■図3-7：「.NET Core 3.0」を選ぶ。

❸ 名前と保存場所の指定
　プロジェクト名、ソリューション名、場所などを入力する画面になります。プロジェクト名には「**SampleRazorApp**」と入力します（ソリューション名も同じ名前に自動設定されます）。保存場所やそのほかの設定項目はデフォルトのままにして「**作成**」ボタンを押します。

■図3-8：プロジェクトの名前を「SampleRazorApp」とする。

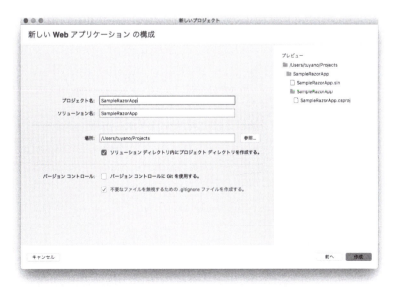

111

Visual Studio Code/dotnet コマンドの場合

Visual Studio Codeの場合は、「**表示**」メニューから「**ターミナル**」を選んでターミナルを呼び出します。dotnetコマンドで作成する場合は、コマンドプロンプトなどを起動した後、cdコマンドでプロジェクトを配置する場所に移動します。

準備が整ったら、次のコマンドを実行して下さい。

```
dotnet new webapp -o SampleRazorApp
```

これでカレントディレクトリに「**SampleRazorApp**」というフォルダが作成され、その中にプロジェクト関係のファイル類が出力されます。

実行後、証明書の作成を行いましょう。次のコマンドを実行して下さい。

```
dotnet dev-certs https --trust
```

画面にセキュリティ警告のアラートが表示されるので、「**はい (Yes)**」を選んで証明書をインストールします。もし、「**A valid HTTPS certificate is already present.**」と表示されたら、証明書作成の作業は不要です。

これでプロジェクト開発の準備が完了しました。

プロジェクトを実行する

作成できたら、さっそくプロジェクトを実行して動作を確認しておきましょう。Visual Studio Communityの場合は、「**デバッグ**」または「**実行**」メニューから「**デバッグの開始**」を選んで実行しましょう。

dotnetコマンドを使っている場合は、カレントディレクトリをプロジェクトのフォルダ内に移動してから次のように実行します。

```
dotnet run
```

実行すると、Webアプリケーションのトップページが Webブラウザで開かれます。MVCアプリケーションのサンプルとほとんど同じ画面が表示されたことでしょう。サンプルとして用意されているページはだいたい同じものなのです。

図3-9：実行されたプロジェクトのトップページ。MVCアプリとほぼ同じもの。

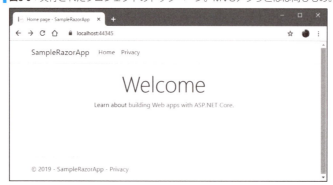

Razorページアプリケーションの構成

では、作成されたプロジェクトの内容を見てみましょう。Razorページアプリケーションも、MVCアプリケーションと同様に「**Webアプリケーションのプロジェクト**」ですから、プロジェクトの基本部分は大体同じです。

これまでに見てきた空のプロジェクトでなく、Razorページアプリケーションのために新たに用意されているのは、次のフォルダです。

「Pages」フォルダ	Razorページによるページ関連のファイルがまとめられています。
「wwwroot」フォルダ	アプリケーションで使うリソース類（JavaScriptファイル、CSSファイル、イメージファイルなど）がまとめられています。

基本的に、「**Pages**」フォルダ内にあるものの使い方がわかれば、Razorページの開発は行えるようになる、と考えていいでしょう。MVCよりもプロジェクトの構成はだいぶすっきりしていますね。

Program.cs と Startup.cs について

プロジェクトの基本部分となるプログラムは、やはり**Program.cs**と**Startup.cs**に記述されています。これらの内容をチェックすると、実はMVCアプリケーションの内容に非常に近いものであることがわかります。

Program.csは、基本的に全く同じです。またStartup.csについては、次のような内容が記述されているでしょう。

リスト3-1

```
using System;
using System.Collections.Generic;
using System.Linq;
using System.Threading.Tasks;
using Microsoft.AspNetCore.Builder;
using Microsoft.AspNetCore.Hosting;
using Microsoft.AspNetCore.HttpsPolicy;
using Microsoft.Extensions.Configuration;
using Microsoft.Extensions.DependencyInjection;
using Microsoft.Extensions.Hosting;
using Microsoft.EntityFrameworkCore;
using SampleRazorApp.Models;

namespace SampleRazorApp
{
    public class Startup
    {
        public Startup(IConfiguration configuration)
        {
```

```
            Configuration = configuration;
        }

        public IConfiguration Configuration { get; }

        public void ConfigureServices(IServiceCollection services)
        {
            services.AddRazorPages();  // ◉
        }

        public void Configure(IApplicationBuilder app,
            IWebHostEnvironment env)
        {
            if (env.IsDevelopment())
            {
                app.UseDeveloperExceptionPage();
            }
            else
            {
                app.UseExceptionHandler("/Error");
                app.UseHsts();
            }

            app.UseHttpsRedirection();
            app.UseStaticFiles();

            app.UseRouting();

            app.UseAuthorization();

            app.UseEndpoints(endpoints => // ◉
            {
                endpoints.MapRazorPages();
            });
        }
    }
}
```

　基本的な部分は、MVCアプリのStartup.csとほぼ同じです。違っているのは、◉マークの部分だけです。そこだけを頭に入れておけば良いのです。

■ConfigureServicesメソッド

```
services.AddRazorPages();
```

AddRazorPagesは、Razorページのためのサービスを組み込みます。MVCアプリケーションでは、**AddControllersWithViews**が用意されていましたね。ここで、MVCかRazorページかが、分かれていたのですね。

■Configureメソッド

```
app.UseEndpoints(endpoints =>
{
    endpoints.MapRazorPages();
});
```

ここでは、エンドポイントの設定部分で「**MapRazorPages**」というメソッドが用意されています。MVCアプリケーションでは「**AddMvc**」が用意されていました。これで、Razorページ用のルーティング設定が使われるようになります。

RazorページもMVCも、プログラムの基本部分は同じです。その上に乗っている「**実際のページを作って管理する部分**」が入れ替わっているだけ、ということがこれでわかるでしょう。

「Pages」フォルダについて

では、Razorページアプリの中心部分である「**Pages**」フォルダを見てみましょう。ここにはどのようなファイルやフォルダがまとめられているのでしょうか。

■「Pages」フォルダの内容

「Shared」フォルダ	コントローラー類で共有されているファイル。レイアウトファイルやエラーページのファイルなどが保管される
_ViewImports.cshtml	ヘルパーをインポートする
_ViewStart.cshtml	使用するレイアウトファイルを指定する
Errors.cshtml	エラー表示のためのページ
Index.cshtml	Webアプリのトップページ
Privacy.cshtml	プライバシーポリシーのページ

見覚えのあるものがけっこうありますね。「**Shared**」フォルダは、MVCアプリにもありました。この中に、_Layout.cshtmlなどのレイアウト用テンプレートが用意されているのも同じです。また、**_View○○.cshtml**といったファイル類も全く同じものが用意されています。

Razorページ特有のものは、「**Erros.cshtml**」「**Index.cshtml**」「**Privacy.cshtml**」といったファイル類だけ、と考えていいでしょう。これらが、Razorページの**ページファイル**になるのです。

ページファイルとページモデル

「**Pages**」フォルダ内に用意されている**Index.cshtml**に注目して下さい。Visual Studio Community for Windowsのソリューションエクスプローラーでこのファイルを見ると、ファイル名の左端に▽マークが表示されているのがわかるでしょう。これを展開すると、更にその中に「**Index.cshtml.cs**」というファイルが現れます。

> **Note**
>
> macOS版や、Visual Studio Codeで開発をしている場合は、「Index.cshtml」と「Index.cshtml.cs」の両方が表示されているので、ファイルが2つあることはすぐにわかったことでしょう。

図3-10：Index.cshtmlの▽をクリックすると、更にその中に「Index.cshtml.cs」というファイルが現れる。

これらは「**Razorページ**」と呼ばれ、Razorページアプリケーションではページを構成する基本単位となります。Razorページアプリケーションでは、表示するページはすべてこのRazorページとして用意されます。

Razorページでは、ページはすべて2つのファイルで構成されます。

ページファイル	cshtmlファイル。画面に表示される内容を記述したテンプレートファイル
ページモデル	cshtml.csファイル。そのページで扱うデータ（値）や処理などをまとめて実装するC#のソースファイル

Razorページによるページは、画面に表示されるテンプレート（**ページファイル**）と、バックエンドで動作するC#ソースコード（**ページモデル**）で構成されています。cshtml拡張子のファイルがテンプレートであり、cshtml.cs拡張子がそのページのバックエンドで動作するC#ソースコードです。

ページファイルの内容について

では、順に見ていきましょう。まずは、Razorページのページファイル（Index.cshtml）からです。これが、実際に画面に表示される内容になります。このファイルには初期状態で次のような内容が記述されています。

リスト3-2

```
@page
@model IndexModel
@{
    ViewData["Title"] = "Home page";
}


<div class="text-center">
    <h1 class="display-4">Welcome</h1>
    <p>Learn about <a href="https://docs.microsoft.com/aspnet/core">
        building Web apps with ASP.NET Core</a>.</p>
</div>
```

前章で、MVCアプリケーションで、「**Views**」フォルダ内にデフォルトで用意されていたIndex.cshtmlの内容をチェックしました。あれを思い出しましょう。非常に似てはいますが、微妙な違いがあります。

@page について

冒頭にある**@page**は、このページがRazorページであることを示します。これは「**Razorディレクティブ**」と呼ばれるものの一つです。これがあることで、ASP.NET Coreのシステムは、そのページをRazorページとして処理します。

@pageディレクティブは、テンプレートの最初に記述する必要があります。

@model について

その次には、**@model**という記述があります。これは、**ページモデル**を指定するためのディレクティブです。

Razorページは、テンプレート部分（**ページファイル**）とバックエンドで動作する**ページモデル**で構成されている、と説明しました。このページモデルを指定しているのが、@modelです。これは次のように記述します。

■ページモデルの指定

```
@model  モデルクラス
```

これにより、指定のモデルクラスがページモデルとして設定されます。以後、設定されたモデルクラスのインスタンスは、テンプレート内で**@Model**として扱えるようになります。

ViewData について

その後には、**@によるコードブロック**が記述されています。ここでは、次のような文が実行されていますね。

```
@{
    ViewData["Title"] = "Home page";
}
```

これは、見覚えがありますね。そう、MVCアプリケーションのテンプレートにも同じものがありました。Razorページでも、やっていることは同じなのです。

ViewDataは、**コード側からテンプレート側へ値を渡す場合に用いられるプロパティ**でした。ここに、必要な値を保管し、テンプレートで利用できます。

Titleは、レイアウト用のテンプレートで**<title>**として使われている値で、これに設定された値がページのタイトルとして表示されます。

ページモデルの内容について

続いて、Index.cshtmlのページモデルである「**Index.cshtml.cs**」の内容を見てみましょう。デフォルトでは次のような内容が記述されています。

リスト3-3

```
using System;
using System.Collections.Generic;
using System.Linq;
using System.Threading.Tasks;
using Microsoft.AspNetCore.Mvc;
using Microsoft.AspNetCore.Mvc.RazorPages;
using Microsoft.Extensions.Logging;

namespace SampleRazorApp.Pages
{
    public class IndexModel : PageModel
    {
        private readonly ILogger<IndexModel> _logger;

        public IndexModel(ILogger<IndexModel> logger)
        {
            _logger = logger;
        }

        public void OnGet()
        {
```

```
                }
            }
        }
```

ページモデルは、アプリケーション名の名前空間にある「**Pages**」名前空間に配置されます。これは「**PageModel**」というクラスを継承して作られます。クラス名は、「**アクションModel**」というように、アクション名の後にModelを付けた名前が一般に利用されます。

ILoggerのフィールドが1つあり、コンストラクタでインスタンスを設定しています。これは、空のプロジェクトで作成したサンプルと同じですね。

OnGet について

ここでは、**OnGet**というメソッドが1つだけ用意されています。これは引数も戻り値もない、ごくシンプルなメソッドですね。メソッドには何も処理らしいものはありません。

このOnGetは、「**このページにGETアクセスしたときに呼び出される**」役割を持ちます。アクセス時に何らかの処理を行いたい場合は、ここに記述すればいいのです。

戻り値も何もないということは、レンダリングするテンプレートなどに関する記述もない、ということになります。Razorページアプリケーションでは、ページファイルとページモデルはセットで用意されます。これらは、特に設定や記述などをしなくとも、デフォルトで関連付けられています。

ですから、GETアクセスすれば、自動的に「**このページモデルに対応するページファイルをレンダリングして出力する**」という作業が行われるようになっています。このため、OnGetには何も処理を用意する必要がないのです。

Razorページの追加

これで、Razorページの基本的な内容についてはわかりました。最後に、「**新たにRazorページを作成する**」という手順について説明をしましょう。

Razorページアプリケーションは、1つのページの中で完結するプログラムを作るのに適しています。が、だからといって複数のページを作ってはいけないわけではありません。アプリケーション内にRazorページを追加していくこともできます。

Visual Studio Community for Windows の場合

ソリューションエクスプローラーから「**Pages**」フォルダを右クリックし、ポップアップして現れるメニューから「**追加**」内の「**Razorページ...**」を選びます。

画面に、作成するページのテンプレートを選ぶウインドウが現れます。ここで、「**Razorページ**」を選択し、「**追加**」ボタンをクリックします。

図3-11：Razorページのテンプレートを選んで追加する。

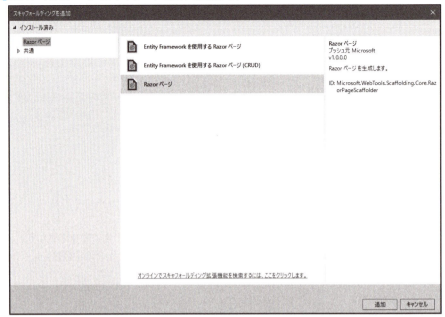

画面に「**Razorページの追加**」というウインドウが現れます。ここで、追加するページの設定を行います。今回は次のように設定して下さい。

Razorページ名	「Other」と入力
PageModelクラスの生成	ONにする
レイアウトページを使用する	ONにする（その後のレイアウトファイルの指定は空のまま）

そのほかの項目はデフォルトのままにしておき、「**追加**」ボタンをクリックします。これでOtherページが生成されます。

図3-12：ページ名に「Other」と入力し、ページを生成する。

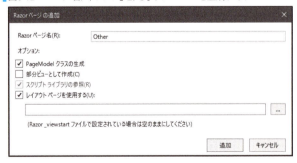

Visual Studio Community for Mac の場合

ソリューションエクスプローラーから「**Pages**」フォルダを右クリックし、現れたメニューから「**追加**」内の「**新しいファイル**」を選びます。

画面に新しいファイルのテンプレートを選択するウインドウが現れます。ここで、左端のリストから「**ASP.NET Core**」を選び、その右隣のリストから「**Razorページ（ページモデルあり）**」を選択します。下の「**名前**」欄には「**Other**」とページ名を入力し、「**新規**」ボタンをクリックします。これでページが生成されます。

図3-13：新しいRazorページを生成する。

dotnet コマンド利用の場合

Visual Studio Codeやdotnetコマンドを利用している場合は、コンソールでカレントディレクトリをプロジェクト内に移動し、次のコマンドを実行します。

```
dotnet new page -n Other -o Pages -na SampleRazorApp.Pages
```

これで、「**Pages**」フォルダ内に「**Other.cshtml**」「**Other.cshtml.cs**」ファイルが生成されます。

Razorページの作成は、dotnet new pageコマンドを使って行えます。これにはいくつかのオプションを用意しておく必要があります。

Razorページの生成

```
dotnet new page -n 名前 -o 場所 -na 名前空間
```

-nで、作成するページの名前を指定します。**-o**は作成場所で、これは通常、「**Pages**」を指定すればいいでしょう。**-na**は生成されるページモデルの名前空間で、通常は「**プロ**

ジェクト**.Pages**」という名前空間が指定されます。

dotnetコマンドを利用した場合、生成されるファイルの一部がVisual Studio Communityのものとは異なっています。Other.cshtmlが次のように空の状態になっているのです。

リスト3-4

```
@page
@model SampleRazorApp.Pages.OtherModel
@{
}
```

ViewDataのタイトル設定もないですし、何もHTMLタグがありません。これではページの表示がよくわからないので、次のように修正しておきましょう。

リスト3-5

```
@page
@model SampleRazorApp.Pages.OtherModel
@{
    ViewData["Title"] = "Other";
}


<h1>Other</h1>
```

/other でページを確認

無事にOtherファイルが作成できましたか？　正しく作成できると、「**Pages**」フォルダ内に「**Other.cshtml**」「**Other.cshtml.cs**」という2つのファイルが作成されるはずです。

ファイルができたら、プロジェクトを実行し、表示を確認しましょう。/otherにアクセスすると、タイトルに「**Other**」と表示されるだけのシンプルなページが表示されます。Razorページが作成され、ページ名のパスにアクセスすると表示されることが確認できました。Razorページアプリケーションでは、このようにしてページ単位で追加していくことができるのです。

3.2 Razorページの利用

ViewDataの利用

では、実際にサンプルを挙げながらRazorページの使い方を見ていくことにしましょう。まずは、テンプレート側への値の渡し方についてです。

MVCアプリケーションでは、コントローラーからビューに値を渡す場合は、**ViewData**というプロパティに値を格納していました。この機能は、Razorページでもそのまま引き継がれています。やってみましょう。

まず、Index.cshtml.cs側のIndexModelクラス内にあるOnGetメソッドを次のように修正します。

リスト3-6
```
public void OnGet()
{
    ViewData["message"] = "This is sample message!";
}
```

これで、ViewDataに"message"という値が用意できました。これを表示するように、Index.cshtmlのHTMLタグ部分(<div>〜</div>部分)を修正しましょう。

リスト3-7
```
<div>
    <h1 class="display-4">Welcome</h1>
    <p class="h4">@ViewData["message"]</p>
</div>
```

図3-14：アクセスするとmessageの値が表示される。

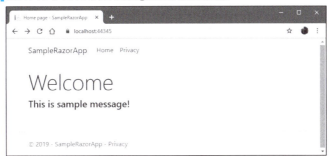

ViewData属性を使う

このようにViewDataプロパティに値を設定すれば、簡単に値を渡すことができます。ただ、毎回このようにViewData["message"]と書いていると、けっこうViewDataを使うのも面倒に感じるかもしれません。

実は、ViewDataにはより便利な使い方をするための仕組みが用意されているのです。IndexModelクラスを次のように書き換えてみましょう。なお、IndexModelクラスにはデフォルトでILoggerフィールドが用意されていましたが、特に使っていないので今回は省略してあります。

リスト3-8
```
public class IndexModel : PageModel
{
    [ViewData]
```

```
        public string Message { get; set; } = "sample message";

        public void OnGet()
        {
            Message = "これは新たに設定されたメッセージです!!";
        }
    }
```

図3-15：アクセスすると、OnGetで設定された値が表示される。

アクセスすると、「**これは新たに設定されたメッセージです!!**」とメッセージが表示されます。これは、OnGetメソッドに記述した文によるものです。が、見ればわかるように、ここではMessageプロパティに値を設定する処理しかしていません。

なぜ、これでViewData["message"]の値が変更されるのか。その秘密が、Messageプロパティの前にある次の属性です。

```
[ViewData]
```

クラスのフィールドにこの属性を指定することで、その値は自動的にViewData内の値を示すものとして認識されるようになります。[ViewData]でMessageフィールドを定義すれば、その値はViewData["Message"]の値として扱われるようになるのです。

[ViewData]は、Razorページモデルに限らず、MVCでも使うことができます。 コントローラーのプロパティに[ViewData]を付けることで、その値をViewDataに格納できるようになります。覚えておくと大変重宝する機能ですね！

モデルクラスの利用

　ViewDataを利用して簡単に値を渡せることがわかりましたが、実をいえばRazorページでは、ViewDataにこだわる必要はないのです。
　Razorページでは、バックエンドの処理はページモデルというクラスとして定義されています。このページモデルのインスタンスそのものが、まるごとページファイルの中で利用できるのです。
　実際にやってみましょう。IndexModelクラスを次のように修正して下さい。

リスト3-9
```
public class IndexModel : PageModel
{
    public string Message { get; set; } = "sample message";

    public void OnGet()
    {
        Message = "これはMessageプロパティの値です。";
    }
}
```

ここでは、Messageプロパティを用意し、OnGetでそれに値を設定しています。注目してほしいのは、「**Messageプロパティには[ViewData]がない**」という点です。これは、本当にタダのクラスのプロパティなのです。

では、ページファイル側を修正しましょう。Index.cshtmlの<div>タグ部分を次のように書き換えて下さい。

リスト3-10
```
<div>
    <h1 class="display-4">Welcome</h1>
    <p class="h4">@Model.Message</p>
</div>
```

図3-16：Messageプロパティが表示される。

アクセスすると、「**これはMessageプロパティの値です。**」とメッセージが表示されます。ページモデルのOnGetで設定したMessageプロパティがそのまま表示されていることがわかります。

では、その値はどのように表示されているのか？　見てみると、このように行っていることがわかります。

```
@Model.Message
```

@Modelは、このページに設定されているページモデルを表すディレクティブです。この@Modelディレクティブで得られるページモデルは、ページファイルの冒頭にある次の文で設定されています（**リスト3-2**参照）。

```
@model IndexModel
```

これにより、@Modelとすれば、自動的にIndexModelインスタンスが参照されるようになります。その中にあるプロパティなどもそのまま取り出して利用することができる、というわけです。

ページモデルのメソッドを呼び出す

ページモデルが使えるということは、ViewDataなどより高度なやり取りが行えるということです。単に値を表示するだけでなく、ページモデルに用意された**メソッド**を呼び出すことも可能になります。

実際に試してみましょう。IndexModelクラスを次のように書き換えておきます。

リスト3-11

```
public class IndexModel : PageModel
{
    public string Message { get; set; } = "sample message";
    private string Name = "no-name";
    private string Mail = "no-mail";

    public void OnGet()
    {
        Message = "これはMessageプロパティの値です。";
    }

    public string getData()
    {
        return "[名前:" + Name + ", メール:" + Mail + "]";
    }
}
```

ここではName、Mailといったフィールドを追加し、**getData**メソッドでそれらの内容を返すようにしています。では、これらを利用するようにIndex.cshtmlのHTMLタグ部分を修正しましょう。

リスト3-12

```
<div>
    <h1 class="display-4">Welcome</h1>
    <p class="h4">@Model.Message</p>
    <p class="h5">@Model.getData()</p>
</div>
```

図3-17：getDataメソッドを呼び出し、ページモデルのデータを出力する。

アクセスすると、getDataメソッドを呼び出してページモデルのnameとmailの値を出力しています。ここでは、**@Model.getData()**というようにメソッドを呼び出していますね。こんな具合に、ページモデルにあるメソッドを直接呼び出して表示させることもできるのです。

クエリ文字列でパラメータを渡す

メソッドがテンプレート内に埋め込めるとなると、表示に関するある程度の部分をテンプレート側に任せることができるようになります。例えば、引数を持つメソッドを埋め込んでおけば、ページモデル側では引数の値を設定するだけで望みの表示を行わせることができるようになります。実際にやってみましょう。

まず、IndexModelクラスを次のように修正して下さい。

リスト3-13
```
public class IndexModel : PageModel
{
    public string Message { get; set; } = "sample message";
    private string[][] data = new string[][] {
        new string[]{"Taro", "taro@yamada"},
        new string[]{"Hanako", "hanako@flower"},
        new string[]{"Sachiko", "sachiko@happy"}
    };

    [BindProperty(SupportsGet = true)]
    public int id { get; set;  }

    public void OnGet()
    {
        Message = "これはMessageプロパティの値です。";
    }

    public string getData(int id)
    {
```

```
            string[] target = data[id];
            return "[名前:" + target[0] + ", メール:" + target[1] + "]";
        }
    }
}
```

ここでは、dataフィールドに2次元配列のデータを格納しておき、getDataではインデックス番号を指定することでそのデータを出力するようにしてあります。

idプロパティに見慣れない属性がありますが、これは後で説明します。先にページファイル側も修正してしまいましょう。

リスト3-14
```
<div>
    <h1 class="display-4">Welcome</h1>
    <p class="h4">@Model.Message</p>
    <p class="h5">@Model.getData(Model.id)</p>
</div>
```

修正できたら、**/?id=1**というようにアドレスを指定してアクセスをしてみて下さい。すると、dataからインデックス番号1のデータを取り出して表示します。/?id=2とすればインデックス番号2のデータが表示されます。クエリパラメータでidの値を渡すことで、自動的に表示されるデータが設定されることがわかります。

図3-18：/?id=1とアクセスすると、インデックス番号1のデータが表示される。

クエリパラメータと BindProperty 属性

ここでのポイントは、「**クエリパラメータをページモデルにバインドする**」という処理部分でしょう。これは、IndexModelクラスにある、idプロパティで行っています。このプロパティは次のような形で定義されていますね。

```
[BindProperty(SupportsGet = true)]
public int id { get; set; }
```

この「**BindProperty**」という属性は、クエリパラメータの値をプロパティにバインドすることを示します。引数にある**SupportsGet = true**は、GETメソッドによるアクセスを許可することを示します。これにより、idプロパティは、そのままidという名前のクエ

リパラメータの値が格納されるようになります。

BindPropertyは、このようにクエリパラメータとプロパティを簡単に関連付けることができます。注意したいのは、関連付けが可能なのは「**プロパティのみ**」という点です。フィールドにはバインドすることができません。例えば、今の例も、**{ get; set; }**を削除すると動作しなくなります。

URLの一部として値を渡すには？

更に一歩進めて、/?id=1ではなく、**/1**とすれば1の値がidプロパティに渡されるようにしてみましょう。これは、ページファイル（Index.cshtml）側で設定します。最初に書かれている@pageディレクティブを次のように書き換えて下さい。

```
@page "{id?}"
```

これで、アドレスの「**/**」の後に番号を記入すると、その番号がidプロパティに渡されるようになります。/2とすればインデックス番号2のデータが表示されるのです。

図3-19：/2とアクセスすると、インデックス番号2のデータが表示されるようになった。

パスのテンプレートについて

この@pageに指定された値は、パスのテンプレートです。このページにアクセスするアドレスの後に記述されるパスを解析するためのものなのです。

ここでは、"**{id?}**"としていますので、「**/**」の後に記述された値がそのままidパラメータとして渡されるようになったのですね。例えば、"**{id?}/{name?}**"と記述すると、**/1/taro**とアクセスすれば**id=1&name=taro**にアクセスしたのと同じ働きをするようになります。

BindProperty属性と、@pageのパステンプレートの2つはセットで覚えておくと良いでしょう。

フォームの送信

続いて、フォームの送信を行ってみましょう。既にフォームの基本的な使い方は、**第2章**のMVCアプリケーションでやっていますから、復習のつもりで見ていきましょう。

では、簡単なフォームを用意し、送信するサンプルを作ってみます。ここでは、IndexからOtherに送信する処理を作ってみましょう。

Chapter 3 Razor ページアプリケーションの作成

まず、送信元となるIndexページからです。Index.cshtmlと、IndexModelクラスをそれぞれ次のように修正します。

リスト3-15——Index.cshtml

```
@page
@model IndexModel
@{
    ViewData["Title"] = "Home page";
}


<div>
    <h1 class="display-4 mb-4">Welcome</h1>
    <p class="h4">@Model.Message</p>
    <form asp-page="Other">
        <input type="text" name="msg" class="form-control" />
        <input type="submit" class="btn btn-primary" />
    </form>
</div>
```

リスト3-16——IndexModelクラス

```
public class IndexModel : PageModel
{
    public string Message { get; set; } = "sample message";

    public void OnGet()
    {
        Message = "何か書いて下さい。";
    }
}
```

ここでは、**name="msg"**という入力フィールドが1つあるシンプルなフォームを用意しています。**<form>**では、**asp-page="Other"**という属性を指定してあります。MVCアプリケーションの場合、asp-controllerとasp-actionを使ってフォームの設定を行っていましたが、Razorページの場合は**asp-page**で送信先のページを指定します。

送信されたフォームの処理

では、フォームが送信される側のOtherページを用意しましょう。まず、OtherModel.cshtml.csを開き、OtherModelクラスを修正しておきます。

リスト3-17

```
public class OtherModel : PageModel
{
    public string Message { get; set; }

    public void OnPost()
```

```
    {
        Message = "you typed: " + Request.Form["msg"];
    }
}
```

ここでは、フォームがPOST送信されたときにそれを受け取り、処理を行います。このOtherModelクラスに用意されているメソッドは、「**OnPost**」です。これが、POSTメソッドを受けったときの処理になります。

ここで、Request.Formから"msg"の値を取り出し、Messageに値を設定しています。このあたりの処理は、既にMVCアプリでおなじみのものですね。

では、ページファイル側の修正を行いましょう。Other.cshtmlの内容を次のように変更して下さい。

リスト3-18
```
@page
@model SampleRazorApp.Pages.OtherModel
@{
    ViewData["Title"] = "Other";
}

<div>
    <h1 class="display-4 mb-4">Other page</h1>
    <p class="h4">@Model.Message</p>
</div>
```

図3-20：フォームに記入し送信すると、送ったメッセージが表示される。

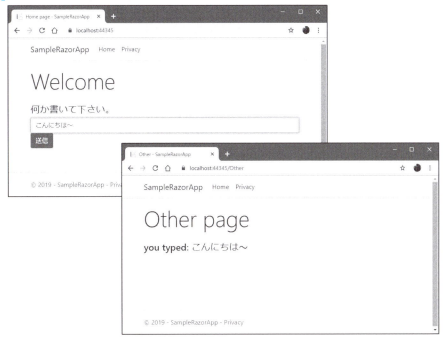

Chapter 3 Razor ページアプリケーションの作成

これで完成です。ここでは、**@Model.Message**としてMessageの値を表示するようにしてあります。トップページにアクセスし、入力フィールドにテキストを書いて送信してみましょう。記入したメッセージが「**you typed:○○**」という形で表示されます。

フォームとページモデルを関連付ける

ここまでは、ごく当たり前のフォーム送信処理です。が、せいぜいasp-pageでフォームにページを設定しているくらいで、そのほかはRazorページを利用している意味があまりないやり方をしています。もう少し、Razorページならではのフォーム処理はできないのでしょうか。

フォームのコントロールでは、**asp-for**を使って値を関連付けることができました。ページファイルでは、ページモデルを@Modelで関連付けて利用することができます。ということは、ページモデルのプロパティをasp-forで関連付ければ、フォームとページモデルの連携がスムーズに行えるのではないでしょうか。

実際にやってみましょう。まず、ページファイルから作成しましょう。Index.cshtmlを次のように修正します。

リスト3-19

```
@page
@model IndexModel
@{
    ViewData["Title"] = "Home page";
}


<div>
    <h1 class="display-4 mb-4">Welcome</h1>
    <p class="h4">@Model.Message</p>
    <form asp-page="Index">
        <div class="form-group">
            <label asp-for="@Model.Name">Name</label>
            <input asp-for="@Model.Name" class="form-control" />
        </div>
        <div class="form-group">
            <label asp-for="@Model.Password">Password</label>
            <input asp-for="@Model.Password" class="form-control" />
        </div>
        <div class="form-group">
            <label asp-for="@Model.Mail">Mail</label>
            <input asp-for="@Model.Mail" class="form-control" />
        </div>
        <div class="form-group">
            <label asp-for="@Model.Tel">Tel</label>
            <input asp-for="@Model.Tel" class="form-control" />
        </div>
```

132

3.2 Razor ページの利用

```
            <input type="submit" class="btn btn-primary" />
    </form>
</div>
```

asp-for による関連付け

　ここでは、Name、Password、Mailという3つの入力フィールドを持つフォームを作成しました。ここで用意されているコントロールのタグがどうなっているか見てみましょう。

```
<input asp-for="@Model.Name" class="form-control" />
```

　@Modelを使い、ページモデルのNameプロパティに関連付けを行っています。同様に、Password、Mailといったプロパティにも関連付けを行っています。後は、ページモデル側で、これらのプロパティを用意すればいいわけです。

ページモデル側の用意

　では、ページモデル側の修正を行いましょう。IndexModelクラスを次のように書き換えて下さい。

リスト3-20

```
// using System.ComponentModel.DataAnnotations;  追加

public class IndexModel : PageModel
{
    public string Message = "no message.";

    [DataType(DataType.Text)]
    public string Name { get; set; }

    [DataType(DataType.Password)]
    public string Password { get; set; }

    [DataType(DataType.EmailAddress)]
    public string Mail { get; set; }

    [DataType(DataType.PhoneNumber)]
    public string Tel { get; set; }

    public void OnGet()
    {
        Message = "入力して下さい。";
    }
```

133

```
    public void OnPost(string name, string password, string mail,
        string tel)
    {
        Message = "[Name: " + name + ", password:(" + password.Length
            + " chars), mail:" + mail + " <" + tel + ">]";
    }
}
```

今回は、IndexページからそのままIndexページへと送信するようにしてありますので、Otherは使いません。修正ができたら、トップページにアクセスしてみましょう。4つの入力フィールドが表示されるので、それぞれ記入して送信すると、フォームの内容がメッセージにまとめられて表示されます。

図3-21：フォームに記入して送信すると、その内容を整理して表示する。

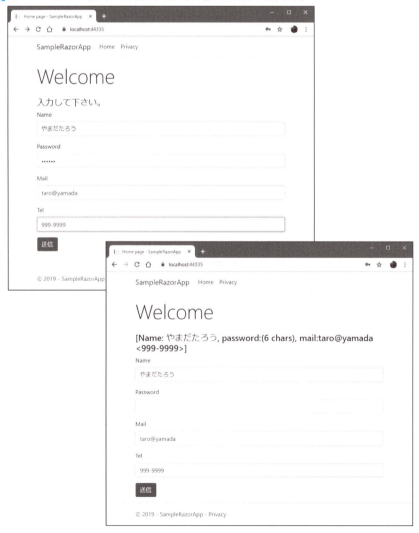

DataType 属性について

では、ページモデルに用意した、フォーム用のプロパティを見てみましょう。それぞれ次のような形で記述されています。

■<input type="text">に関連付ける

```
[DataType(DataType.Text)]
public string Name { get; set; }
```

■<input type="password">に関連付ける

```
[DataType(DataType.Password)]
public string Password { get; set; }
```

■<input type="email">に関連付ける

```
[DataType(DataType.EmailAddress)]
public string Mail { get; set; }
```

■<input type="phoneNumber">に関連付ける

```
[DataType(DataType.PhoneNumber)]
public string Tel { get; set; }
```

それぞれのプロパティの前には、[DataType]という属性が記述されています。これは、そのプロパティに設定される**データの種類**(わかりやすくいえば、**<input>タグのtypeの値**)を示します。これにより、自動的に<input>タグのtypeが設定されるようになります。

割り当てる値は、いずれも{ get; set; }で値の読み書き可能な形にしておきます。プロパティ名は、そのまま関連付けられたフォームコントロールのnameとidに使われます。また保管される値は、関連付けられたコントロールのvalueに設定され、送信後も値がフォームに保持されるようになります。

OnPost メソッドの引数について

今回の例では、引数を使ってフォームの値を受け取るようにしてみました。OnPostメソッドは次のようになっていますね。

```
public void OnPost(string name, string password, string mail, string tel)
```

引数に、name、password、mail、telといった値が用意されています。これらにより、フォーム送信されたName、Password、Mail、Telのフォームコントロールの値が渡されます。

OnPostでは、このように送信されたフォームの値をコントロールと同名の引数で受け取ることができました。これは、MVCだけでなく、Razorページでも全く同じように使うことができます。

Chapter **3** Razor ページアプリケーションの作成

3.3 Htmlヘルパーによるフォームの作成

@Html.Editorによるフィールド生成

フォームを作成する場合、ここまではHTMLのフォーム関連のタグの中にasp-forなどのタグヘルパーによる属性を追記していました。このやり方が、おそらくもっともわかりやすくHTMLとC#のコード（MVCのコントローラーやページモデル）を連携する方法でしょう。

が、このほかにもフォーム関連を作成する方法がASP.NET Coreには用意されています。それは、**Html**ヘルパーを使ったやり方です。これには、フォームの様々なコントロールに関する機能が用意されていますが、入力フィールド（<input>タグによるもの）に関して言えば、次のようなものがあります。

■指定の名前の入力フィールドを作る

```
@Html.Editor(名前, 属性 )
```

■指定のプロパティから入力フィールドを作る

```
@Html.EditorFor(model => model.プロパティ, 属性 )
```

■属性の値

```
new { htmlAttributes = new { ……辞書……} }
```

@Html.Editorは、名前をテキストで指定して**<input>**を生成します。**@Html.EditorFor**は、ページモデルのプロパティを指定して、その情報を元に**<input>**を生成します。ページモデルのプロパティには、DataTypeなどの属性を用意することができました。それらの情報を使って<input>が生成されるようになっているのです。

Editorのほうは、テキストで名前を指定しますが、EditorForは第1引数に**クロージャ**を用意します。このクロージャで、割り当てるプロパティを返すようにします。この「**クロージャを使って、割り当てるプロパティを指定する**」というやり方は独特ですので間違えないようにしましょう。

これらは、属性の指定が独特の形になっているため注意が必要です。**new { }**内に「**htmlAttributes**」というキーを用意し、その値に属性を辞書としてまとめたものを指定します。これにより、辞書に用意されたキーの属性に値が設定されます。

@Html.TextBox について

Editorは、<input>でテキストなどを入力するタイプのフィールドを生成しますが、**type="text"**については「**TextBox**」というメソッドも用意されています。

136

■<input type="text">を作る

```
@Html.TextBox(名前, 値, 属性 )
```

■指定のプロパティから<input type="text">を作る

```
@Html.TextBoxFor(model => model.プロパティ, 属性 )
```

■属性の値

```
new { ……辞書……}
```

TextBoxは、作成するフィールドの名前と値を指定するだけで<input type="text">が生成されます。TextBoxForは、モデルのプロパティを指定することで、そのプロパティの属性や値を元にタグを生成します。これもEditorForと同様、クロージャを使って割り当てるプロパティを設定します。

いずれも属性情報を引数に用意することができますが、この値は先ほどのEditorおよびEditorForの値とは異なっているので注意が必要です。TextBoxおよびTextBoxForでは、属性名をキーとする辞書を値として設定します。EditorおよびEditorForのhtmlAttributesキーに設定する値の部分だけを用意すればいいのです。

@Htmlで入力フィールドを作る

では、実際に@Htmlのメソッドを使って入力フィールドを作成してみましょう。ページモデルの部分はそのままでいいでしょう。ページファイル（Index.cshtml）のHTMLタグを記述した部分を次のように書き換えて下さい。

リスト3-21

```
<div>
    <h1 class="display-4 mb-4">Welcome</h1>
    <p class="h4">@Model.Message</p>
    <form asp-page="Index">
        <div class="form-group">
            @Html.DisplayName("Name")
            @Html.Editor("Name", new { htmlAttributes =
                new { @class = "form-control" } })
        </div>
        <div class="form-group">
            @Html.DisplayNameFor(model => model.Password)
            @Html.EditorFor(model => model.Password,
                new { htmlAttributes = new { @class = "form-control" } })
        </div>
        <div class="form-group">
            @Html.DisplayName("Mail")
            @Html.TextBox("Mail", @Model.Mail,
                new { @class = "form-control" })
```

```
            </div>
            <div class="form-group">
                @Html.DisplayName("Tel")
                @Html.TextBoxFor(model=>model.Tel,
                    new { @class = "form-control" })
            </div>
            <input type="submit" class="btn btn-primary" />
        </form>

    </div>
```

アクセスすると、先ほどと全く同じようにフォームが表示されます。もちろん送信すればフォームの内容が表示されます。またパスワード以外のフィールドは送信内容を保持したままになっているのがわかるでしょう。

テキストを出力する

ここでは、フィールド名を表示するのに、**@Html.DisplayName**というメソッドを使っています。こうしたテキストを出力するメソッドも@Htmlにはいくつか用意されています。まとめておきましょう。

■テキストを出力する

```
@Html.DisplayName( 名前 )
@Html.DisplayNameFor( model=>model.プロパティ )
```

■テキストを出力する

```
@Html.DisplayText( 名前 )
@Html.DisplayTextFor( model=>model.プロパティ )
```

どちらも似ていますが、DisplayNameForとDisplayTextForを比べるとその違いがよくわかるでしょう。DisplayNameForは、指定したプロパティの名前が出力されますが、DisplayTextForはそのプロパティに設定されているテキストが出力されます。つまり、「**入れ物の名前か、そこに入れてある値か**」の違いというわけです。

@Html による <input> タグの生成

では、@Htmlのメソッドを使ってどのように<input>タグを生成しているのか、ここで用意している4つの@Htmlメソッドの呼び出し部分を見てみましょう。

■Nameフィールド

```
@Html.Editor("Name", new { htmlAttributes = new { @class =
    "form-control" } })
```

■Passwordフィールド

```
@Html.EditorFor(model => model.Password, new { htmlAttributes =
    new { @class = "form-control" } })
```

■Mailフィールド

```
@Html.TextBox("Mail", @Model.Mail, new { @class = "form-control" })
```

■Telフィールド

```
@Html.TextBoxFor(model=>model.Tel, new { @class = "form-control" })
```

　それぞれのメソッドの呼び出し方の違いがよくわかりますね。一番使い勝手が良いのは、**@Html.EditorFor**でページモデルのプロパティを指定する方法でしょう。**○○For**という、ページモデルのプロパティに関連付けるやり方は、name、idや設定する値などのことまで考える必要がありません。ただプロパティを指定するだけで関連付けが行え、細かな表示内容はページモデルのプロパティ側で設定できます。

そのほかのフォームコントロール用メソッド

　<input>以外のコントロールについても、@Htmlにはメソッドが用意されています。次に基本的なメソッド類を整理しておきましょう。

■チェックボックス

```
@Html.CheckBox( 名前 , 状態 , 属性 )
@Html.CheckBoxFor(model=>model.プロパティ , 属性 )
```

■ラジオボタン

```
@Html.RadioButton( 名前 , 値 , 状態 , 属性 )
@Html.RadioButtonFor(model=>model.プロパティ, 値 , 属性 )
```

■ドロップダウンリスト

```
@Html.DropDownList( 名前 ,《SelectList》, 属性 )
@Html.DropDownListFor(model=>model.プロパティ ,《SelectList》, 属性 )
```

■リストボックス

```
@Html.ListBox( 名前 ,《MultiSelectList》, 属性 )
@Html.ListBoxFor(model=>model.プロパティ ,《SelectList》, 属性 )
```

　いずれも、名前や値をテキストで指定するタイプと、モデルのプロパティを参照するタイプ（名前の最後のForがつくもの）が用意されています。Forがつくタイプは、第1引数にクロージャを用意してプロパティを設定します。

　この中で注意しておきたいのが、**ラジオボタン**です。これは「**値**」と「**状態**」がありますね。値は、そのラジオボタンに割当てられる**value**で、状態は選択状態（**checked**）です。両者を間違えないようにしましょう。

　また、<select>に相当するものはドロップダウンリストとリストボックスが用意されています。前者は1行だけが表示されるメニュー方式のもので、後者は複数項目が表示されるリストになります。

Chapter 3 Razor ページアプリケーションの作成

チェックボックス、ラジオボタン、リストを作る

　では、これらの利用例を挙げておきましょう。ここでは、チェックボックス、2つの
ラジオボタン、ドロップダウンリスト、複数選択可能なリストボックスを表示するフォー
ムを作ってみます。

　前回、Indexページを使ったので、今度はOtherページを使ってみましょう。まずは、ペー
ジモデルから作成します。Other.cshtml.csファイルを開いて、namespace {}部分（using
より下の部分）を次のように書き換えて下さい。

リスト3-22

```
namespace SampleRazorApp.Pages
{
    public enum Gender
    {
        male,
        female
    }
    public enum Platform
    {
        Windows,
        macOS,
        Linux,
        ChromeOS,
        Android,
        iOS
    }
    public class OtherModel : PageModel
    {
        public string Message { get; set; }

        public bool check { get; set; }
        public Gender gender { get; set; }
        public Platform pc { get; set; }
        public Platform[] pc2 { get; set; }

        public void OnGet()
        {
            Message = "check & select it!";
        }

        public void OnPost(bool check, string gender, Platform pc,
            Platform[] pc2)
        {
            Message = "Result: " + check + "," + gender + "," + pc
```

140

```
                + ", " + pc2.Length;
            }
        }
    }
```

enum の利用

ここでは、GenderとPlatformという2つの**Enum**を用意しています。これらは何のためのものかというと、それぞれラジオボタンとリストの項目として扱うためのものなのです。

ラジオボタンやリストは、あらかじめ用意されている複数の項目を表示し、そこから項目を選びます。こうしたものでは、配列などを利用することもできますが、Enumを使うこともできるのです。

OtherModelクラスに用意してあるプロパティを見ると、次のようになっていますね。

```
public bool check { get; set; }
public Gender gender { get; set; }
public Platform pc { get; set; }
public Platform[] pc2 { get; set; }
```

チェックボックス用の値はboolですが、ラジオボタンとリストはそれぞれのEnumを指定しています（pc2は複数項目選択可能なリストなのでEnumの配列になっています）。このようにEnumを項目に指定する場合は、受け取る値もEnum値を指定します。

フォームを作成する

では、ページファイルにフォームを用意しましょう。Other.cshtmlを開き、HTMLタグの部分（@{}のコードブロックより下の部分）を次のように書き換えます。

リスト3-23
```
<div>
    <h1 class="display-4 mb-4">Other page</h1>
    <p class="h4 mb-4">@Model.Message</p>
    @using (Html.BeginForm())
    {
        <div class="form-group">
            <label class="form-label h5">
                @Html.CheckBox("check", true,
                    new { @class = "form-check-input" })
                @Html.DisplayName("Checkbox1")
            </label>
        </div>
        <div class="form-group">
            <label class="form-label h5">
                @Html.RadioButton("gender", Gender.male, true,
```

```
                                new { @class = "form-check-input" })
                        @Html.DisplayName("male")
                    </label>
                </div>
                <div class="form-group">
                    <label class="form-label h5">
                        @Html.RadioButton("gender", Gender.female, false,
                            new { @class = "form-check-input" })
                        @Html.DisplayName("female")
                    </label>
                </div>
                <div class="form-group">
                    <label class="form-label h5">
                        @Html.DisplayName("PC")
                        @Html.DropDownList("pc",
                            new SelectList(Enum.GetValues(typeof(Platform))),
                            new { @class = "form-control" })
                    </label>
                </div>
                <div class="form-group">
                    <label class="form-label h5">
                        @Html.DisplayName("PC2")
                        @Html.ListBox("pc2",
                            new MultiSelectList(Enum.GetValues(typeof
                                (Platform))),
                            new { @class = "form-control", size = 5 })
                    </label>
                </div>
                <div><input type="submit" /></div>
    }
</div>
```

図3-22：フォームを送信すると、入力した情報が表示される。

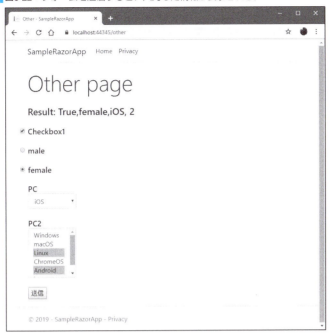

修正ができたら、/otherにアクセスしてフォームを使ってみましょう。送信すると、フォームの内容がメッセージにまとめて表示されます。ここでは、チェックボックスは真偽値、ラジオボタンは選択した項目名、ドロップダウンリストは選択した項目名、リストボックスは選択した項目数を表示させています。リストボックスに関しては、複数の項目を選択したものが配列として渡されていることがわかれば良いので項目数だけ表示しました。

まず、フォームの用意を行っている部分を見て下さい。

■フォームの生成

```
@using (Html.BeginForm())
{
        ……コントロール類……
}
```

こんな具合に記述されていることがわかりますね。**@using**は、C#のusing文と同じような働きをするものと考えると良いでしょう。C#では、外部リソースを扱うような場合、usingを使ってリソースを使用し、構文を抜けると自動的にリソース開放されるようにすることができました。

> **Note**
> Razorには、@usingディレクティブというのもありましたね。名前空間を使えるようにするものでしたが、この@usingは働きが違います（こちらは「@usingステートメント」と呼ばれます）。同じ@usingですが働きが違うので間違えないようにしましょう。

Chapter 3 Razor ページアプリケーションの作成

コントロール生成をチェックする

では、フォームのコントロールを生成している部分を見てみましょう。ここでは4つの@Htmlのメソッドを使っています。

チェックボックスの生成

```
@Html.CheckBox("check", true, new { @class = "form-check-input" })
```

チェックボックスはそう難しいことはないでしょう。名前を"check"とし、初期値をtrue(つまりONの状態)、属性にclassを指定しています。

ラジオボタンの生成

```
@Html.RadioButton("gender", Gender.male, true, new { @class =
    "form-check-input" })
@Html.RadioButton("gender", Gender.female, false, new { @class
    = "form-check-input" })
```

ラジオボタンは2つ用意しています。これらは1つのグループとして動くようにしますから、同じ名前(ここでは"gender")を指定する必要があります。値(value)は、Genderの値からmaleとfemaleをそれぞれ設定しています。これで、これらのラジオボタンが選択されるとmaleまたはfemaleが値として送られるようになります。

ドロップダウンリストの生成

```
@Html.DropDownList("pc", new SelectList(Enum.GetValues(typeof(Platform))),
    new { @class = "form-control" })
```

ドロップダウンリストは、表示項目をどのように用意するかがポイントです。ここでは、PlatformというEnumを用意していました。このEnumにあるすべての値をリストの項目として登録をします。

これには、**SelectList**というクラスを使います。次のようにインスタンスを作成します。

```
new SelectList( コレクション )
```

引数には、配列やリストなどのコレクションとして値をまとめたものを用意します。こうすることで、それらの値すべてを項目として用意したSelectListが作成されます。前章で、リストの項目に**SelectListItem**というクラスを使いましたね。このSelectListは、SelectListItemをひとまとめにして管理するクラスだ、と考えると良いでしょう。

なお、Enumの全値をコレクションとして取り出すには、**Enum.GetValues**というメソッドを使います。これはEnumにあるすべての値を配列として取り出します。引数にはEnumのタイプを指定する必要があるので、**typeof(《Enum》)**というように引数を用意すればいいでしょう。

リストボックスの生成

```
@Html.ListBox("pc2", new MultiSelectList(Enum.GetValues(typeof(Platform))),
    new { @class = "form-control", size = 5 })
```

リストボックスも、ドロップダウンリストと基本的には同じです。ここでは項目に
SelectListではなく、**MultiSelectList**を指定しています。これは複数項目選択可能なリス
トのクラスです。使い方はSelectListとほぼ同じです。

リストボックスの場合、表示する**項目数**を設定する必要があるでしょう。これは**size**
属性として第3引数に用意しておけばいいでしょう。

ページモデルのプロパティとコントロールを連携する

一通りコントロールが作れるようになったら、ページモデルのプロパティと連携する
方式（**○○For**というメソッド）でもフォームを作ってみましょう。Other.cshtmlのHTML
タグ部分を次のように書き換えて下さい。

リスト3-24

```
<div>
    <h1 class="display-4 mb-4">Other page</h1>
    <p class="h4 mb-4">@Model.Message</p>
    @using (Html.BeginForm())
    {
        <div class="form-group">
            <label class="form-label h5">
                @Html.CheckBoxFor(model => model.check,
                    new { @class = "form-check-input" })
                @Html.DisplayName("Checkbox1")
            </label>
        </div>
        <div class="form-group">
            <label class="form-check-label h5">
                @Html.RadioButtonFor(model => model.gender,
                    Gender.male, new { @class = "form-check-input" })
                @Html.DisplayName("male")
            </label>
        </div>
        <div class="form-group">
            <label class="form-check-label h5">
                @Html.RadioButtonFor(model => model.gender,
                    Gender.female, new { @class = "form-check-input" })
                @Html.DisplayName("female")
            </label>
        </div>
        <div class="form-group">
            <label class="form-label h5">
                @Html.DisplayName("PC")
                @Html.DropDownListFor(model => model.pc,
                    new SelectList(Enum.GetValues(typeof(Platform))),
```

```
                                new { @class = "form-control" })
                    </label>
            </div>
            <div class="form-group">
                <label class="form-label h5">
                    @Html.DisplayName("PC2")
                    @Html.ListBoxFor(model => model.pc2,
                        new MultiSelectList(Enum.GetValues(typeof
                            (Platform))),
                        new { @class = "form-control", size = 5 })
                </label>
            </div>
            <div><input type="submit" /></div>
        }
    </div>
</div>
```

@ Html メソッドをチェックする

先ほどと行っていることは全く同じです。呼び出しているメソッドが変わっているだけですが、引数も変更されるので違いをよく頭に入れておきましょう。

■チェックボックスの生成

```
@Html.CheckBoxFor(model => model.check, new { @class = "form-check-input" })
```

ページモデルのcheckプロパティにクロージャでバインドしています。これは使い方も単純ですから説明の要はないでしょう。

■ラジオボタンの生成

```
@Html.RadioButtonFor(model => model.gender,
    Gender.male, new { @class = "form-check-input" })
@Html.RadioButtonFor(model => model.gender,
    Gender.female, new { @class = "form-check-input" })
```

2つの**RadioButtonFor**が用意されています。どちらも、第1引数は同じgenderプロパティを返すクロージャを設定しています。違いは第2引数の値で、Genderのmaleとfemaleをそれぞれ指定しています。これで、この2つのラジオボタンは同じグループとして機能するようになります。

■ドロップダウンリストの生成

```
@Html.DropDownListFor(model => model.pc,
    new SelectList(Enum.GetValues(typeof(Platform))),
    new { @class = "form-control" })
```

これも意外とわかりやすいですね。第1引数の値がpcプロパティを示すクロージャを指定しているだけです。後はDropDownListと同じです。

■リストボックスの生成

```
@Html.ListBoxFor(model => model.pc2,
    new MultiSelectList(Enum.GetValues(typeof(Platform))),
    new { @class = "form-control", size = 5 })
```

　こちらもやはり第1引数にpc2プロパティを示すクロージャを指定しているだけです。どちらも比較的簡単です。ただし、注意しておきたいのは、割り当てるプロパティがどういうものか、です。

　DropDownListForでは、Platform値のプロパティを指定していましたが、**ListBoxFor**では、**Platform値の配列のプロパティ**を指定しています。こちらは複数項目選択可能なコントロールを生成するので、かならず「**配列のプロパティ**」を指定して下さい。

3.4 Razor構文

Razor構文について

　Razorページアプリケーションでは、Razorページを作成して開発を行います。このページファイルでは、Razorのさまざまなディレクティブなどが使われています。Razorが提供するディレクティブなどのキーワードは多数のものが揃えられており、それらの構文を一通りマスターすることがページファイル作成の決め手となります。

　これらのRazor構文は、実はMVCのビューテンプレートでも使われていました。Razorは、ASP.NET CoreのWebアプリケーション開発を行うとき、画面表示部分の基本仕様となっているのです。ですから、MVCかRasor Pageかに関わらず、Razorの構文は一通り理解しておく必要があるでしょう。

制御構文

　では、制御に関するRazor構文から順にまとめていきましょう。

■条件分岐

```
@if ( 条件 )
{
    ……表示内容……
}
else
{
    ……表示内容……
}
```

条件が正しいとき（trueのとき）、その後の{}内の内容を表示します。正しくないとき（falseのとき）は、else以降の{}部分を表示します。このelse句は省略可能です。

C#のif構文と全く同じですが、{}部分に記述できるのは、C#のコードのほかに「**表示するHTMLコード**」も含みます。つまり、**C#の文とHTMLタグが混在できる**のです。

■多数の分岐

```
@switch( 条件 )
{
    case 値1 :
        ……表示内容……
        break;
    case 値2 :
        ……表示内容……
        break;

    ……必要なだけcaseを用意……

    default:
        ……デフォルトの表示……
        break;
}
```

C#のswitch構文に相当するものです。()の条件をチェックし、その値と同じcaseを探してそこにジャンプします。break;まできたら構文を抜けます。条件と同じ値のcaseがない場合は、defaultにジャンプします。

これも、case文の次行からは、C#コードのほかに表示されるHTMLコードをそのまま記述できます。

■条件による繰り返し

```
@while( 条件 )
{
    ……表示内容……
}

@do
{
    ……表示内容……
} while( 条件 )
```

条件を指定し、その結果がtrueである間、繰り返し表示を行うものです。{}内は、やはりHTMLコードになります。ただし、繰り返し内で何らかの処理を行わなければ無限ループに陥りますから、そのためのC#コードも記述する必要があるでしょう。

3.4 Razor 構文

■そのほかの繰り返し

```
@for( 初期化 ; 条件 ; 後処理 )
{
        ……表示内容……
}
@foreach( 変数 in 配列 )


{
        ……表示内容……
}
```

　繰り返しのための仕組みを構文内に持つタイプの繰り返しです。いずれもC#のforやforeachとほぼ同じです。{}部分には、C#のコードとHTMLタグを混在して記述できます。

■例外処理

```
@try
{
        ……表示内容……
}
catch(《Exception》)
{
        ……表示内容……
}
finally
{
        ……表示内容……
}
```

　例外処理の構文も用意されています。tryの{}内に記述した内容で例外が発生するとcatchにジャンプして処理を行います。構文を抜ける際にはfinallyの内容を表示します。いずれも、{}部分にはC#のコードとHTMLタグを共存できます。

素数と非素数を個別に合計する

　では、これらのRazor構文を使った簡単なサンプルを作ってみましょう。例として、1から20までの数字を素数と非素数で分けてそれぞれ合計してみます。

　これは、ページファイルだけで作成できます。Index.cshtmlのHTMLコードの部分を次のように書き換えて下さい。

149

リスト3-25

```
<div>
    <h1 class="display-4 mb-4">Welcome</h1>
    <ul>
        @{
            int  totalp = 0;
            int  totaln = 0;
        }
        @for (int i = 2; i <= 20; i++)
        {
            bool flg = true;
            @for (int j = 2; j <= i / 2; j++)
            {
                @if (i % j == 0)
                {
                    flg = false;
                }
            }
            @if (flg)
            {
                totalp += i;
                <li>@i は、素数です。(total:@totalp)</li>
            }
            else
            {
                totaln += i;
                <li>@i  は、素数ではない。[total:@totaln]</li>
            }
        }
    </ul>
</div>
```

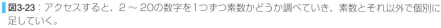

図3-23：アクセスすると、2〜20の数字を1つずつ素数かどうか調べていき、素数とそれ以外で個別に足していく。

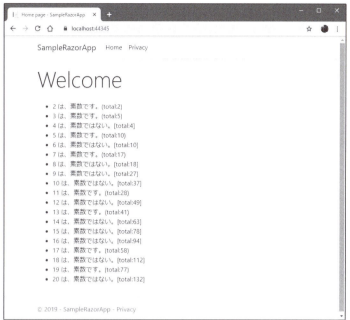

アクセスすると、「**2は、素数です。(total:2)**」というように個々の数字について素数かそうでないかを調べて表示します。文の終わりには、素数とそれ以外を個別に足していった値が表示されます。

行っている処理そのものはそう難しいものではありません。二重のforを用意し、2〜20の数字について、それぞれ素数かどうかを調べ、その結果に応じて表示を行っています。@で始まる構文とその中に記述されているコードがどのようになっているのかよくみて下さい。

C# コードと HTML コードの混在

この中で非常に興味深いのは、内側のforを抜け、変数flgの値を条件に表示を行っている@ifステートメントの部分です。

```
@if (flg)
{
    totalp += i;
    <li>@i は、素数です。(total:@totalp)</li>
}
else
{
    totaln += i;
    <li>@i　は、素数ではない。[total:@totaln]</li>
}
```

ifとelseの{}には、C#のコードとHTMLタグが混在しています。なぜ、こんな具合に両者を混在して書けるのでしょう。どうやって「**その文がどちらのコードか**」を見分けているのでしょうか。

HTMLのコード部分を見ると、文の冒頭からHTMLタグで始まっていることがわかります。つまり、「**HTMLタグが書かれている文は、HTMLコード、そうでない文はC#コード**」というように判断していることがわかるでしょう。

また、HTMLのコード内でC#のコード（変数や式など）を記述する際は、@でコードブロックとして記述する必要があります。

> **Column　実は@を付けなくても動く？**
>
> ここではすべての構文に@を付けていますが、実をいえば、最初に登場する@for (int i = 2; i <= 20; i++)の内部に記述した構文は、@を付けなくとも正常に動作します。これは、@forの{}内にはC#のコードがそのまま記述できるからです。
>
> @ステートメントの構文内であれば、@を付けず、C#の構文として記述できます。@は、HTML内に最初に出てくる@ステートメントでは必要ですが、その内部では不要なのです。

Razor式について

ページファイルでは、HTMLコード内に@を付けて**C#の変数や文**などが記述できます。これは、「**Razor式**」と呼ばれるもので、変数などをHTML内に埋め込んだりするのに用いられます。

このRazor式は、単に変数などだけでなく、もっと複雑な式なども埋め込むことができますが、そのような場合には書き方に注意が必要です。

例えば、このような文を記述したとしましょう。

```
<p>@num  * 2</p>
```

変数numの2倍を表示しようとしたとき、このように記述するとどうなるでしょうか？numの値が10とすると、表示は「**10 * 2**」になります。10 * 2の結果が表示されるわけではありません。

これは、Razor式として扱われるのが、@の直後にあるnumだけであるためです。その後の「*** 2**」は、そういうテキストだと判断されるのです。

暗示的 Razor 式と明示的 Razor 式

このように、@の後に書かれたものを自動的にRazor式の対象として扱う書き方を「**暗示的Razor式**」といいます。暗示的な場合は、@のすぐ後ろにある単語を自動的にRazor式の対象として処理します。もっと広い範囲をRazor式の対象としたい場合は、「**明示的Razor式**」として記述する必要があります。

■明示的Razor式

```
@( 内容 )
```

明示的Razor式は、このように@の後に( )を付け、その中に式を記述します。先ほどの例ならば、次のように記述すれば変数numの2倍を表示できます。

```
<p>@(num * 2)</p>
```

明示的 Razor 式を利用する

では、実際に明示的Razor式を使ってみましょう。まず、ページモデル側にプロパティを1つ追加しましょう。IndexModelクラスに、次のプロパティを用意して下さい。

リスト3-26
```
[BindProperty(SupportsGet = true)]
public int Num { get; set; }
```

これで、クエリからNumパラメータをこのNumプロパティにバインドするようになります。では、ページファイルを修正しましょう。Index.csthmlの内容を次のように書き換えて下さい。

リスト3-27
```
@page "{num?}"
@model IndexModel
@{
    ViewData["Title"] = "Home page";
}
<div>
    <h1 class="display-4 mb-4">Welcome</h1>
    <p class="h4">@Model.Num は、
        <b>@(Model.Num % 2 == 0 ? "偶数" : "奇数") </b>です。</p>
</div>
```

修正したら、アドレスの最後に整数を付けてアクセスしてみて下さい。例えば、/123とアクセスすると、「**123 は、奇数 です。**」と表示されます。パラメータの数字をいろいろと書き換えて表示を試してみましょう。

図3-24：/123とアクセスすると、「123 は、奇数 です。」と表示される。

Razor式の内部では三項演算子で**Model.Num % 2 == 0**の値をチェックし、それに応じてテキストを出力しています。このような式も明示的Razor式ならば問題なく動作します。基本的にC#で正常に解釈できる式ならばどんなものでも記述することができます。

コードブロックと暗黙の移行

今挙げた例でわかるように、コードブロック内の記述は、必要に応じてC#コードからHTMLコードへ、またC#コードへ……と移行しながら動きます。この移行は、「**HTMLタグでくくられた文か？**」で判断されます。いいかえれば、何らかのHTMLタグを出力するのでない限り、記述された文はC#コードと判断されるわけです。

では、HTMLのタグを出力することなくテキストを（C#コードとして処理されずに）表示させるにはどうすればいいのでしょうか。例として、Index.cshtmlのHTMLコード部分を次のように書き換えたとしましょう（ページモデルIndexModelはそのままです）。

リスト3-28
```
<div>
    <h1 class="display-4 mb-4">Welcome</h1>
    <div class="h4">
        @{
            int n = Model.Num * 2;
            ※整数 @Model.Num の2倍は、@n です。
        }
    </div>
</div>
```

図3-25：アクセスするとエラーになる。

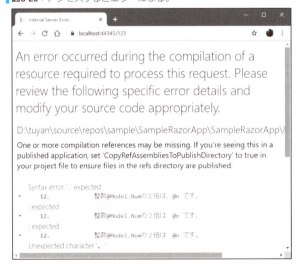

先の例を少し修正したもので、/123とアクセスするとその2倍の値(246)を計算し表示する、というサンプルです。が、実際にアクセスしてみると、エラーが発生して動きません。

ここでは、テキストとして表示したい文を「**※整数 @Model.Num の2倍は、@n です。**」と記述しています。これは、前後にHTMLタグがないので、テキストの表示ではなくC#コードとして処理してしまうのです。そのためエラーになったのです。

<Text> タグの働き

このように「**ただのテキストとして出力したい**」という文を記述するには、**<Text>**というタグを利用します。

```
<Text>……表示内容……</Text>
```

このように前後を<Text>タグで括って記述することで、この文をテキストとして表示するようになります。

<Text>の特徴は、「**レンダリング後に消える**」という点です。<div>などのタグでくくると、レンダリングされた後もそのタグは残り、記述したタグの内容としてテキストが表示されます。が、<Text>はレンダリング時に消えるため、「**特定のタグを付けず、ただテキストを表示したい**」という場合に役立つのです。

では、先ほどの例を<Text>タグ利用の形に修正してみましょう。コードブロック部分を次のように修正してみます。

リスト3-29

```
@{
    int n = Model.Num * 2;
    <Text>※整数 @Model.Num の2倍は、@n です。</Text>
}
```

図3-26：/123にアクセスすると、2倍を計算して表示する。

今度は、問題なく動作します。/123とアクセスすると、「整数 123 の2倍は、246です。」と表示されるようになります。

155

Chapter 3 Razor ページアプリケーションの作成

@functionsによる関数定義

テンプレート側で複雑な処理を用意するような場合、その処理を必要に応じて何度も呼び出せるようにしておきたいこともあります。例えば、ページモデル側で用意したデータを決まったフォーマットに変換して表示させたい、というような場合、フォーマット変換の処理を関数のような形で用意し、それを必要に応じて呼び出せれば非常に便利ですね。

こうした「**テンプレートに用意する関数定義**」を記述するために用意されているのが、**@functions**というディレクティブです。これは次のように記述します。

```
@functions
{
    ……関数の定義……
}
```

@functionsは、関数定義を行うための専用ディレクティブです。この{}内には、関数の定義を必要なだけ記述できます。定義した関数は、HTMLコード内で「**@関数名()**」という形で記述して呼び出すことができます。

▎@functions を利用する

では、実際の利用例を挙げておきましょう。Index.cshtmlの内容を次のように書き換えて下さい。なおページモデル（IndexModel）はそのままとします。

リスト3-30

```
@page "{num?}"
@model IndexModel
@{
    ViewData["Title"] = "Home page";
}
@functions {
    string hello(string name)
    {
        return "Hello, " + name + "!!";
    }
    int total(int n)
    {
        int re = 0;
        for(int i = 1;i <= n;i++)
        {
            re += i;
        }
        return re;
```

```
        }
    }
</div>
    <h1 class="display-4 mb-4">Welcome</h1>
    <p class="h4">@hello("太郎")</p>
    <p class="h4">@Model.Num の合計は、@total(Model.Num) 。</p>
</div>
```

図3-27：@functionsで定義した関数を使って表示する。

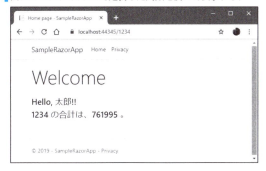

　ここでは、@functionsでhelloとtotalという2つの関数を定義しています。helloは引数を使って「Hello, 〇〇!!」とメッセージを返すだけのもので、totalはゼロから引数までの合計を計算し返すものです。

　例えば /1234 とアクセスすると、次のようなメッセージが表示されるでしょう。

```
Hello, 太郎!!
1234 の合計は、761995 。
```

　これらの出力を行っている部分を見ると、次のような形で関数が呼び出されていることがわかります。

```
@hello("太郎")
@Model.Num の合計は、@total(Model.Num) 。
```

　@helloと@totalにより関数の結果が表示されていることがわかります。複雑な処理は、ページモデル側で処理し、その結果をページファイルに渡して利用するのが一般的ですが、「**ページモデルではなく、テンプレート側で必要な処理を用意したい**」という場合には、@functionsが役立ちます。

Chapter 3 Razor ページアプリケーションの作成

HTMLタグを関数化する

「**テンプレート側に用意する関数**」には、もう1つのやり方があります。それは、HTML
タグを出力する関数の値を作成して利用する、という方法です。

■関数型変数の定義

```
Func<dynamic, object> 変数名 = @<htmlタグ>……表示内容……</htmlタグ>
```

@<○○> ~ </○○>というようにしてHTMLのタグを記述し、それを関数型の変数に
代入します。これで、その変数が関数として扱えるようになり、呼び出すことで定義し
たHTMLタグが出力されるようになります。

サンプルの関数を作成する

これも、説明を読んだだけではどういうものかピンとこないでしょう。実際にIndex.
cshtmlを書き換えて使ってみましょう。

リスト3-31

```
@page
@model IndexModel
@{
    ViewData["Title"] = "Home page";

    string[] data = new[] {"one", "two", "three", "four", "five"};

    Func<dynamic, object> hello = @<p class="display-4">Hello, @item !!
        </p>;

    Func<dynamic, object> showList = @<ul class="h4">
        @foreach (var ob in item)
        {
            <li>@ob</li>
        }
    </ul>;
}

<div>
    <h1 class="display-4 mb-4">@hello("Hanako")</h1>
    <p class="h4">@showList(data)</p>
</div>
```

158

■図3-28：アクセスすると、「Hello, Hanako!!」というメッセージとリストが表示される。

アクセスすると、「**Hello, Hanako!!**」とメッセージが表示されます。その下に、「**one**」「**two**」……といったリストが表示されます。

ここでは、コードブロックで2つの関数型変数を定義しています。例として、hello変数の定義を見てみましょう。

■helloの定義

```
Func<dynamic, object> hello = @<p class="display-4">Hello, @item !!</p>;
```

@<p>……</p>というタグがhelloに設定されていることがわかります。引数には、**dynamic**、**object**と2つの値が用意されています。この内、実際に引数の値として渡されるのはobjectです。これは、**@item**という変数で渡されます。

これを呼び出している部分を見ると、このようになっていますね。

```
@hello("Hanako")
```

これで、"Hanako"という引数がobject引数に渡され、それが@itemのところにはめ込まれて出力されます。

リスト出力をしているshowListは、引数にstring配列を渡してリストを作成するようにしています。

セクションについて

より複雑な表示を作成したい場合、ページのレイアウトとなるcshtmlファイル内に「**セクション**」を用意することができます。

セクションは、**レイアウト内に埋め込める表示パーツ**です。これは、次のような形で記述します。

■セクションの埋め込み

```
@RenderSection( 名前 , required: 真偽値 )
```

第1引数にはセクションの名前を指定します。**required**引数は、そのセクションを必須にするかどうかを指定します。trueにすると、そのセクションが用意されていなければエラーになります。falseにしておくと、セクションが用意されていれば表示され、なければ何も表示しません。

@RenderSectionを用意しておくと、そのレイアウトを継承して作成されるページに、指定した名前のセクションを定義できます。

■ セクションの定義

```
@Section 名前
{
    ……表示内容……
}
```

このようにセクションを定義しておくと、その内容が指定した名前の@RenderSectionにはめ込まれて表示されるようになります。

レイアウト側にさまざまなセクションを@RenderSectionで用意しておき、そのレイアウトを使用したページファイル側で、必要に応じて使いたいセクションを定義すれば、それがレイアウトにはめ込まれて表示されます。必要なときだけ、指定の配置にコンテンツをはめ込めるのです。

セクションを利用する

では、実際にセクションを使ってみましょう。「**Pages**」フォルダ内の「**Shared**」内にあるレイアウト用ファイル「**_Layout.cshtml**」を開いて下さい。そして、<div class="container">タグの手前を改行し、次のコードを追記して下さい。

リスト3-32

```
@RenderSection("Between", required: false)
```

これで、この場所に「**Between**」というセクションがレンダリングされるようになります。

では、Betweenセクションをページファイル側に用意しましょう。ここでは、ページごとにコンテンツが組み込まれるのがわかるよう、Index.cshtmlとOther.cshtmlそれぞれにセクションを用意してみます。いずれも、コードブロックの下あたり（HTMLタグ部分の手前）に次の記述を追加して下さい。

リスト3-33——Index.cshtml

```
@section Between
{
    <p class="container alert alert-primary">
        ※これはヘッダーとコンテンツの間に表示されます。
    </p>
}
```

図3-29：Indexページで表示されるBetweenセクション。

リスト3-34——Other.cshtml

```
@section Between
    {
    <div class="container card" style="width: 30rem;">
        <div class="card-body">
            <h5 class="card-title">※BETWEEN CONTENT</h5>
            <p class="card-text">
                これは、ヘッダー部分とページのコンテンツの間にある
                Betweenセクションのコンテンツです。
            </p>
        </div>
    </div>
}
```

図3-30：Otherページで表示されるBetweenセクション。なお、Other.cshtmlではフォームのサンプルが書かれていたが、今回は関係がないので消去してある。

　実際にトップページと/otherにアクセスして表示を確認してみましょう。ヘッダーとなる画面一番上のメニュー部分の下、タイトルテキストとの間にコンテンツが挿入され表示されるのがわかります。各ページごとに異なるコンテンツがはめ込まれていますね。

161

表示を確認したら、追加した**@section Between{……}**の部分を削除してアクセスして
みましょう。すると、挿入されたコンテンツは消えます。エラーなどは一切発生しません。
@sectionを必要に応じて用意したときだけコンテンツが追加されるのです。

セクションは、さまざまなところで応用できます。例えば、特定のページで特
定のCSSファイルやスクリプトファイルを読み込むような場合、ヘッダー部分に@
RenderSectionを用意し、ページに@sectionで<link>や<script>タグをまとめたセクショ
ンを定義すればいいでしょう。またヘッダーのメニューなどにページごとに項目を追加
するのも、セクションを使えば簡単に行えます。

Chapter **4**

Entity Framework Core によるデータベースアクセス

ASP.NET Coreでは、「Entity Framework Core」というデータベースアクセスのためのフレームワークが用意されています。ここではMVCアプリケーションとRazorページアプリケーションそれぞれについて、データベースアクセスの基本を説明していきましょう。

C#フレームワークASP.NET Core 3入門

Chapter 4 Entity Framework Core によるデータベースアクセス

4.1 MVCアプリケーションのデータベース利用

ASP.NET CoreとEntity Framework Core

MVCアプリケーションについては、既に基本的な説明は行いました。が、その中で、敢えて触れずにいた部分があります。それは、「**Model（モデル）**」の部分です。

モデルは、データを管理します。そして一般的には、こうしたデータ管理は、イコール「**データベースの利用**」へと結びつきます。つまり、モデルの利用とは「**MVCからいかにデータベースを利用するか**」という話になるのです。

データベースアクセスとなると、考えなければいけないことも山のように出てきます。そこで、モデルに関しては、MVCの基本の説明から切り離し、独立した章として説明をすることにしました。それがすなわち、この章です。

■ Entity Framework Core と ORM

ASP.NET Coreでデータベースアクセスを行う場合、必ず利用することになるのが「**Entity Framework Core**」というフレームワークです。これは、.NET Coreとセットで用いられる専用のデータベースフレームワークです。もともと.NET Frameworkに用意されていたEntity Frameworkというフレームワークを.NET Core用に移植したものになります。

Entity Framework Coreは、「**ORM**」と呼ばれる技術のためのフレームワークです。ORMとは「**Object-Relational Mapping**」（オブジェクトリレーショナルマッピング）の略です。

オブジェクトとは、プログラミング言語のオブジェクト（インスタンス）のことです。そしてリレーショナルとは、SQL（リレーショナル）データベースのリレーショナルを示すものと考えていいでしょう。つまりこれは、「**プログラミング言語のオブジェクトと、SQLデータベースのデータを相互にマッピングする技術**」なのです。

ORMでは、プログラミング言語からデータベースを利用する際、SQLを使いません。データベース利用のために用意されたクラスからメソッドを呼び出すだけで行えます。そしてデータベースからレコードを受け取る際も、レコードデータをそのまま配列化したようなものではなく、専用のクラスのインスタンスとして受け取ることができます。

ORMを使うことで、データベースやそこに保管されるデータは、すべて「**プログラミング言語のオブジェクト**」として扱えるようになるのです。データベースを利用するのに、プログラミング言語とは全く異なるSQLという言語を利用する必要がなくなるのです。

■図4-1：ORMは、プログラムとデータベースの間に入り、オブジェクトとSQLクエリを相互に変換する。

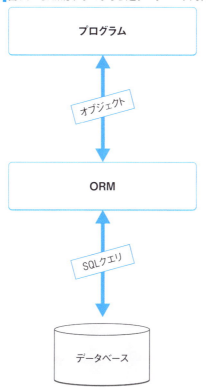

Entity Framework Coreとモデル

では、Entity Framework Coreとは、どのような機能を提供するものでしょうか。その特徴を簡単に整理しましょう。

モデルが基本！

Entity Framework Coreでは、「**モデル**」というクラスを作成します。モデルは、データを保管するための「**入れ物**」としての役割を果たします。データベースとのデータのやり取りは、モデルクラスのインスタンスの形で行われます。

モデルと Db コンテキストの分離

具体的にデータベースとやり取りを行うのに、Entity Framework Coreには「**Dbコンテキスト**」というクラスが用意されます。これにより、データベースからモデルとしてレコード情報を取り出したり、データベースのレコードを操作したりできるようになります。

モデルと、アクセス用のクラスを切り分け、それぞれ用意することで、すっきりとわかりやすい形でデータベースアクセス処理を作成できます。

コードファースト

　Entity Framework Coreでは、データベースにテーブルを作成したりする作業は必要ありません。モデルなどC#のソースコードを用意すれば、それを元にデータベース側にテーブルを生成します。常にC#のコードを書くことだけが求められます。データベースに直接アクセスして作業することはほとんどありません。

強力なスキャフォールディング

　Entity Framework Coreには「**スキャフォールディング**」と呼ばれる機能があり、モデルを元に**CRUD**(Create、Read、Update、Delete)の基本的なデータベースアクセスを自動生成します。この生成された内容をよく理解することで、データベースアクセスの基本がわかります。後は必要な検索などの処理を追加するだけで、実用的なデータベースアクセスのプログラムを構築できるでしょう。

フォームとのバインド

　これは実際にコードを見ていけばわかることですが、データベースにレコードを追加したり、既にあるレコードを編集したりする場合、そのためのフォームを用意して処理を行うことになるでしょう。Entity Framework Coreでは、フォームとモデルをバインドし、シームレスに送信された情報をレコードとして操作できます。

　また、フォームには値の検証(バリデーション)が必要となりますが、これもEntity Framework Coreに標準的な検証機能が用意されており、モデル作成時に必要な情報を用意することでほぼ自動的に検証処理を行うようになります。

　Entity Framework Coreは、モデルの作成さえできれば、後はほとんど自動的に基本的なプログラムを作り、データベースを使えるようにしてくれます。もちろん、自分なりに独自の処理を行わせようと思えば、そのための学習が必要ですが、自動生成されたコードを読むことで、短期間でアクセス処理の基本をマスターできるでしょう。

MVCアプリケーションを開く

　では、実際に作業を行っていきましょう。ここでは、まずMVCアプリケーションを使ってのデータベースアクセスから説明していきます。**第2章**で作成した「**SampleMVCApp**」プロジェクトを開いて用意して下さい。Visual Studio Communityを利用している場合は、「**ファイル**」メニューから「**ソリューションを閉じる**」を選んで現在開いているソリューションを閉じます。これで、画面にスタートウインドウが現れるので、その左側に表示されている使用したプロジェクトのリストから「**SampleMVCApp**」を選択して下さい。

■図4-2：スタートウインドウで、「SampleMVCApp」を選択する。

SQLiteプロバイダをインストールする

では、作業を開始しましょう。まず最初に行うのは、「**データベースアクセスのためのパッケージのインストール**」です。

Entity Framework Coreは、データベースアクセスの基本的な機能が一通り揃っていますが、データベースへのアクセス部分は「**どのデータベースを利用するか**」によって違ってきます。このため、データベースとの間で直接やり取りする部分（Entity Framework Coreでは「**データベースプロバイダ**」と呼ばれます）については、使用するデータベース用のものを別途インストールすることになっています。

> **Column　プロバイダの準備はMVCでもRazorでも同じ！**
>
> 「**プロバイダのインストール**」作業は、MVCアプリケーションに限らず、Razorアプリケーションでも全く同様に必要な作業です。また、ASP.NET Coreにはそれ以外のプロジェクトも作成できますが、それらでも基本的にはすべて同じ作業が必要になります。
> ここではMVCアプリケーションでのデータベース利用のための作業として説明をしますが、「**基本的な作業はどんな種類のアプリケーションでも同じだ**」という点は頭に入れておいて下さい。

SQLiteとは？

ここでは、例として**SQLite**を利用することにしましょう。SQLiteは、いわゆるデータベースサーバーではありません。これはデータベースエンジンプログラムで、プログラムの中にライブラリを埋め込み、直接データベースファイルにアクセスします。別途データベースサーバーなどを用意する必要がないため、データベースの学習などには最適です。

SQLiteを利用するには、そのためのプロバイダをインストールします。これには**NuGet**というパッケージ管理ツールを利用します。

Visual Studio Community for Windows の場合のインストール手順

❶「**プロジェクト**」メニューから「**NuGetパッケージの管理**」を選びます。これで、画面にNuGetパッケージマネージャのウインドウが現れます。

❷ 上部の「**参照**」リンクをクリックし、表示を切り替えます。そして、そのすぐ下にある検索フィールドに「**sqlite**」と入力し、検索します。

❸ 検索結果のリストの中から「**Microsoft.EntityFrameworkCore.Sqlite**」という項目を探して下さい。これを選択し、現れた詳細表示にある「**インストール**」ボタンをクリックします。

図4-3：Microsoft.EntityFrameworkCore.Sqliteを選択し、「インストール」ボタンを押す。

❹「**更新のプレビュー**」というウインドウが現れます。プロジェクトへの変更内容が表示されるので、「**OK**」ボタンを押します。

▍図4-4：更新のプレビュー画面。そのまま「OK」する。

❺「**ライセンスへの同意**」というウインドウが現れます。ライセンス契約内容を確認し、「**同意する**」ボタンをクリックします。これでパッケージがインストールされます。

▍図4-5：ライセンスへの同意。

Visual Stuio Community for Mac の場合のインストール手順

❶「**プロジェクト**」メニューから「**NuGetパッケージの追加...**」を選びます。

❷ 画面にウインドウが現れるので、上部右の検索フィールドから「**sqlite**」を検索します。

❸ 検索結果から「**Microsoft.EntityFrameworkCore.Sqlite**」を探してチェックをONにし、右下の「**パッケージを追加**」ボタンをクリックします。

図4-6：Microsoft.EntityFrameworkCore.Sqliteをチェックし、「パッケージを追加」ボタンを押す。

❹「**ライセンスの同意**」ウインドウが現れます。そのまま「**同意する**」ボタンをクリックします。

図4-7：ライセンスの同意。「同意する」ボタンを押す。

Visual Studio Code/dotnet コマンド利用の場合のインストール手順

ターミナルやコマンドプロンプトなどを開き、プロジェクトのフォルダにカレントディレクトリを移動してから、次のコマンドを実行します。

```
dotnet add package Microsoft.EntityFrameworkCore
dotnet add package Microsoft.EntityFrameworkCore.Design
dotnet add package Microsoft.EntityFrameworkCore.SqlServer
dotnet add package Microsoft.EntityFrameworkCore.Sqlite
```

Column　パッケージはバージョンに注意！

　パッケージをインストールするとエラーになってしまう、という場合もあるでしょう。このような場合、もっとも多い原因は「**バージョンの不整合**」です。プロジェクトを作成した後にアップデートされ、インストールするパッケージとプロジェクトのSDKバージョンが異なってしまったためにインストールがキャンセルされることがあるのです。
　Visual Studio Communityでは、ソリューションエクスプローラーの「**依存関係**」「**NuGet**」を開くと、そこにインストールされているパッケージ名とバージョンが表示されます。ここでASP.NET Coreのバージョンを確認し、それに合わせてパッケージをインストールしましょう。

モデルを作成する

　これで必要なパッケージが用意できました。では、プロジェクトにデータベース関連のコードを作成しましょう。
　データベースを利用する際には、まず最初に「**モデル**」というクラスを作成します。こ

Chapter 4 Entity Framework Core によるデータベースアクセス

れは、利用するテーブルの構造をそのままに、C#のクラスにしたものです。データベースアクセスを行う際には、どのようなデータが必要になるかを考え、それらを扱うためのモデルを設計します。

ここでは、ごく簡単な「**Person**」というモデルを作成することにしましょう。次のような値を保管することにします。

PersonId	それぞれのデータに割り当てるID番号(整数値)
Name	名前(テキスト値)
Mail	メールアドレス(テキスト値)
Age	年齢(整数値)

これらの値をまとめて扱うモデルを作成することにします。モデルは、ごく一般的なC#のクラスとして作ります。次のような手順で作成をしましょう。

プライマリキーの名前について

データベーステーブルでは、通常、すべてのレコードに異なる値を割り当てる「**プライマリキー**」と呼ばれるカラム(列)が用意されます。モデルを作成する場合も、必ずこのプライマリキーを保管するためのプロパティを用意します。

ここでは、「**PersonId**」という項目がプライマリキーに相当するプロパティになります。ところが、この名前を見て、違和感を覚えた人もいるかも知れません。

通常、プライマリキーとなるカラムは、「**id**」というような名前を付けることが多いでしょう。このPersonでも、単純に「**id**」でOKなのです。これで全く問題なくプライマリキーとして認識し動作します。

が、ここではあえて「**PersonId**」という名前にしています。その理由は、実は次の章で説明する「**モデルの連携**」に関連します。

複数のテーブルが連携して動くような処理を作成する場合、当然ですがモデルも複数定義します。このとき、すべてのモデルのプライマリキー用プロパティが全部「**id**」だったりすると、連携の際に「**このidはどのモデルのidだ?**」というような混乱が起こります。

こうしたことを考え、プライマリキーとなるプロパティには「**モデル名Id**」という形で名前を付けるようにしています。この命名方式は、Entity Framework Coreではidと同じように一般的に用いられます。

Visual Studio Community for Windows の場合

❶ プロジェクト内にある「**Models**」というフォルダを右クリックします。現れたメニューから、「**追加**」内の「**クラス...**」を選びます。

❷ 新しい項目作成のためのウインドウが現れます。ここで、表示されている項目から「**クラス**」が選択されているはずですので、そのままにしておきます。ウインドウ下部の「**名前**」フィールドには、「**Person**」と入力します。これが今回作るモデルクラスの名前になります。入力したら、「**追加**」ボタンをクリックします。

172

▌図4-8：「クラス」を選択し、名前を「Person」と記入して追加する。

Visual Studio Community for Mac の場合

❶ プロジェクトから「**Models**」フォルダを右クリックし、現れたメニューから「**追加**」内の「**新しいファイル…**」を選びます。

❷ 現れたウインドウで、左側のリストから「**General**」を選び、その右側に現れる「**空のクラス**」を選択します。下部にある「**名前**」には「**Person**」と入力し、「**新規**」ボタンをクリックします。

▌図4-9：「空のクラス」を選び、「Person」と名前を付けて新規作成する。

Chapter 4　Entity Framework Core によるデータベースアクセス

■Visual Studio Code または dotnet コマンドの場合

Visual Studio Codeでは、「**Models**」フォルダを選び、「**ファイル**」メニューから「**新規ファイル**」を選びます。コマンドベースの場合は、手作業で「**Models**」フォルダ内に「**Person. cs**」という名前でファイルを作成して下さい。

Personクラスの作成

では、作成されたPerson.csの内容がどのようになっているか見てみましょう。デフォルトでは次のようなコードが記述されています（Visual Studio Community for Windowsの場合。ほかの環境では内容が異なる場合があります）。新規ファイルを作成した場合は、次のように手作業で記述しましょう。

リスト4-1

```
using System;
using System.Collections.Generic;
using System.Linq;
using System.Threading.Tasks;

namespace SampleMVCApp.Models
{
    public class Person
    {
    }
}
```

見ればわかるように、モデルクラスはプロジェクトのModels名前空間に配置するシンプルなクラスです。ここに値を保管するプロパティを追加することでモデルが完成します。

では、修正しましょう。Personクラスを次のように書き換えて下さい。

リスト4-2

```
public class Person
{
    public int PersonId { get; set; }
    public string Name { get; set; }
    public string Mail { get; set; }
    public int Age { get; set; }
}
```

見ればわかるように、先ほど「**モデルに用意する項目**」として考えたものをそのままプロパティとして用意しただけです。値にはすべて**{ get; set; }**を付け、値の読み書きが可能にしてあります。モデルに必要なクラスやインターフェイスを追加したりもしていません。ただのシンプルなクラスのままです。

これで、モデルクラスが用意できました。

スキャフォールディングの生成

モデルクラス作成の次に行うことは？

すぐにデータベースを利用した開発に入ってもいいのですが、「**データベースの利用の基本がよくわかってない**」という場合は、**スキャフォールディング**を作成しましょう。スキャフォールディングというのは、建築などの足場のことです。アプリケーション開発においては、土台となるコードを意味します。データベース利用の最も基礎的な部分を自動生成することで、それをベースにしてさまざまなデータベースアクセスの処理を組み立てていけるように用意されるコードです。

では、実際にスキャフォールディングを作成してみましょう。

> **Note**
> スキャフォールディング生成機能は、本書執筆時点ではVisual Studio Community for Windowsのみの搭載です。それ以外の環境には用意されていません。

Visual Studio Community for Windowsの場合

❶ ソリューションエクスプローラーで、「**Controllers**」フォルダを右クリックしてメニューを呼び出します。そして、「**追加**」から「**新規スキャフォールディングアイテム**」を選びます。

❷ 画面に現れたウインドウに表示されている項目から、「**Entity Framework を使用したビューがある MVC コントローラー**」を選んで「**追加**」ボタンを押します。

図4-10：ウインドウから項目を選んで追加する。

Chapter 4 Entity Framework Core によるデータベースアクセス

❸ 追加の設定を行うダイアログウインドウが現れます。ここで次のように設定を行います。

モデルクラス	「Person」を選ぶ
データコンテキストクラス	「＋」をクリックし、現れたダイアログでデフォルトのまま追加。これで「SampleMVCApp.Models.SampleMVCAppContext」と設定される
ビューの生成	ON
スクリプトライブラリの参照	OFF
レイアウトページを使用する	ON（下のファイル名部分は空のまま）
コントローラー名	PeopleController

　すべて入力し、「**追加**」ボタンをクリックすると、スキャフォールディングのファイル類が生成されます。

▌**図4-11**：モデルクラスから「Person」を選び、データコンテキストクラスをデフォルトのまま追加する。そのほかはすべてデフォルトのままでOK。

それ以外の環境の場合

　Visual Studio Community for Windows以外では、dotnetコマンドを利用してスキャフォールディングを作成することになります。まず、コードジェネレータツールをインストールします。次のコマンドを実行して下さい。

```
dotnet tool install -g dotnet-aspnet-codegenerator
dotnet add package Microsoft.VisualStudio.Web.CodeGeneration.Design
```

　これでコードジェネレータが用意できました。これを利用し、スキャフォールディングのファイルを生成します。次のようにコマンドを実行しましょう。

```
dotnet aspnet-codegenerator controller -name PeopleController -m Person
-dc SampleMVCAppContext --relativeFolderPath Controllers --useDefaultLayout
--referenceScriptLibraries
```

4.1 MVC アプリケーションのデータベース利用

　長い命令文ですが、カスタマイズしなければならない箇所はそう多くありません。次の部分に注意して書けば、そのほかの部分は上記の文をそのまま移して書くだけです。

```
controller
  -name コントローラー
  -m モデル
  -dc Dbコンテキスト
```

　ここでは、Personモデルを参照し、PeopleControllerを作成するようにしています。またDbコンテキストにはSampleMVCAppContextと指定してあります。これでファイル類が生成されます。

Column　aspnet-codegeneratorがエラーになる

　スキャフォールディングを実行しようとすると、aspnet-codegeneratorコマンドでエラーになってファイルが生成されない、という場合、参照するパッケージが正しく設定されていない可能性があります。

　まず、実行中にエラーになったとしても、いくつかのファイルが生成されていたり書き換えられている可能性があるので、それらをすべて消去して実行前の状態に戻して下さい。そして、プロジェクトのファイル（SampleMVCApp.csproj）をテキストエディタで開いて下さい。このファイルはXML形式でプロジェクトの設定が記述されています。本書のサンプルでは次のような形になっています。

リスト4-3

```
<Project Sdk="Microsoft.NET.Sdk.Web">

  <PropertyGroup>
    <TargetFramework>netcoreapp3.0</TargetFramework>
  </PropertyGroup>

  <ItemGroup>
    <PackageReference Include="Microsoft.EntityFrameworkCore.Sqlite"
      Version="3.0.0" />
    <PackageReference Include="Microsoft.EntityFrameworkCore.SqlServer"
      Version="3.0.0" />
    <PackageReference Include="Microsoft.EntityFrameworkCore.Tools"
        Version="3.0.0">
      <PrivateAssets>all</PrivateAssets>
      <IncludeAssets>runtime; build; native; contentfiles; analyzers;
        buildtransitive</IncludeAssets>
    </PackageReference>
    <PackageReference Include="Microsoft.Extensions.Logging.Debug"
      Version="3.0.0" />
    <PackageReference Include="Microsoft.VisualStudio.Web.CodeGeneration.
```

177

```
            Design" Version="3.0.0" />
    </ItemGroup>

</Project>
```

これを参考に、記述内容を修正して下さい。そしてファイルを保存し、「**dotnet build**」でビルドを行います。これで無事ビルドできたら、再びaspnet-codegeneratorコマンドを実行してみて下さい。

マイグレーションとアップデート

これでデータベースアクセスのためのコードは自動生成されましたが、まだ実際にデータベースにアクセスはできません。なぜなら、データベースが用意されていないからです。

では、生成されたコードからデータベースを生成しましょう。これには**マイグレーションファイルの作成**と、**データベースの更新**作業が必要になります。

これらの作業は、パッケージマネージャーコンソールというツールを使って行います。Visual Studio Communityを「**ツール**」メニューから、「**NuGetパッケージマネージャー**」内にある「**パッケージマネージャーコンソール**」を選んで下さい。画面下部にターミナルのようなコマンドを実行できるウインドウが現れます。

ここから、次のコマンドを実行して下さい。

```
Add-Migration Initial
Update-Database
```

▌**図4-12**：パッケージマネージャコンソール。ここからコマンドを実行する。

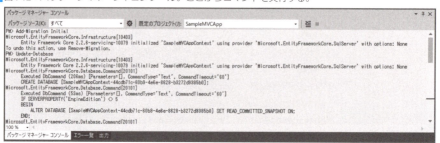

Add-Migration Initialは、**マイグレーションファイル**（データベースの差分情報などを記述したファイル）を生成します。**Update-Database**は、マイグレーションファイルを元にデータベースを更新します。これで、データベースが使える状態になりました。

Visual Studio Community 以外の場合

dotnetコマンドベースで開発を行っている場合、**dotnet-ef**というツールをインストールして使います。ターミナルやコマンドプロンプトなどから次のように実行して下さい。

```
dotnet tool install —global dotnet-ef
dotnet add package Microsoft.EntityFrameworkCore.Design
```

これで、**dotnet ef**コマンドが利用できるようになります。次のようにコマンドを実行してマイグレーションとデータベース更新を行って下さい。

```
dotnet ef migrations add InitialCreate
dotnet ef database update
```

動作を確認する

では、実際にプロジェクトを実行してみましょう。トップページがWebブラウザで開かれたら、**/people**にアクセスしてみて下さい。「**Index**」と表示されたページが現れます。

ここでは、まだ何もデータがありません。実際にデータを追加していくと、ここにそれらの内容がリスト表示されるようになります。

図4-13：/peopleの画面。まだデータはなにもない。

では、「**Create New**」というリンクをクリックしてみましょう。「**Create**」というページに移動します。ここで、フォームに値を記入して送信すると、レコードが作成されます。実際にいくつかレコードをサンプルで作ってみましょう。

▌図4-14：Createページ。フォームに入力してレコードを作成する。

いくつかサンプルレコードを追加していくと、/peopleのページにレコードデータがリスト表示されていきます。ちゃんとレコードの作成や表示といった基本機能が動いていることがわかるでしょう。

リストに表示されるレコードには、「**Edit**」「**Details**」「**Delete**」といったリンクが用意されます。これらを使って、レコードの更新や内容表示、削除などが行なえます。実際にレコードを色々と操作して動作を確認してみましょう。

▌図4-15：/peopleのリスト。登録したレコードがリスト表示される。

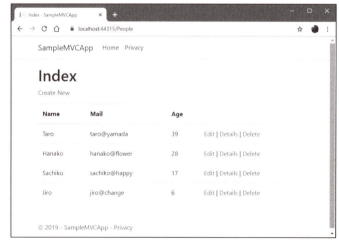

> #### Column 実は、SQLiteは使ってない？
>
> これでデータベースを使ったアプリが動くようになりました。が、ここで使っているデータベースは、実はSQLiteではありません。
>
> Entity Framework Coreには、**mssqllocaldb**というデータベース機能が組み込まれています。これはローカル環境にデータベースを作成するデータベースライブラリです。Entity Framework Coreを使ってスキャフォールディングすると、デフォルトでこのmssqllocaldbを使ってデータベースアクセスを行うようになっているのです。
>
> SQLiteを使うためには、とりあえず「**どうやってデータベースに接続しているか**」がわからないといけません。ですので、それらの説明が一通り終わったところで、改めてSQLiteなどのデータベースの接続について説明をします。

生成されるテーブルについて

これでPersonモデルクラスを使い、データベース上のテーブルにレコードとして保管されているデータをやり取りできるようになりました。が、ここまでデータベース側の話は全く出てきていません。実際問題として、本当にデータベースにPersonのデータを扱えるように用意できているのでしょうか。

使用データベースをSQLiteに変更した場合、プロジェクトのフォルダ内に「**mydata. db**」というデータベースファイルが保存されます。このファイルの内容を調べると、次のような形でテーブルが作成されていることがわかるでしょう。

リスト4-4

```
CREATE TABLE "Person" (
        "PersonId"    INTEGER PRIMARY KEY AUTOINCREMENT,
        "Name"        TEXT NOT NULL,
        "Mail"        TEXT,
        "Age"         INTEGER
)
```

作成したPersonのクラス名とプロパティ名が、そのままテーブル名とカラム名として使われていることがわかります。また、特に設定はしていませんでしたが、最初のPersonIdがプライマリキーとして（しかも自動インクリメント付きで！）設定されていることもわかります。

このように、モデルクラスをマイグレーションし、アップデートした際に、データベースにテーブルが用意され、それを利用する形でCRUDが動いていたのですね。

スキャフォールディングで生成されるもの

では、スキャフォールディングでどのようなファイルが作成されるのでしょうか。これは、大きく2つの部分で構成されます。「**データベースを利用できるようにする部分**」と、「**実際にデータベースを利用するサンプルの部分**」です。

Chapter **4** Entity Framework Core によるデータベースアクセス

■データベースを利用できるようにする

Person.cs	最初に作りましたね。モデルクラスです。
SampleMVCAppContext.cs	「Data」フォルダの中に作成されています。「Dbコンテキスト」というクラスです。
Startup.cs、appsettings.json	プロジェクトにもともとあるファイルですが、データベース関連の記述が追加されています。

■データベースを利用するサンプル

PeopleController	「Controllers」フォルダ内に作成されるコントローラークラスです。Personモデルを利用した基本的なCRUDのためのアクションが生成されています。
「People」フォルダ	「Views」フォルダ内に追加されるフォルダです。この中には、作成されたPeopleControllerから利用するためのビューテンプレートのファイルがまとめられています。

　データベースを利用するためには、まずモデルクラスとDbコンテキストクラスを用意し、Startup.csとappsettings.jsonに必要な情報を追記します。これらが用意できたら、マイグレーションを行い、データベースを更新すれば、データベースがセットアップされます。その後のコントローラーとビューは、データベースの利用例ですから、必ずしもないと動かないわけではありません。

Dbコンテキストについて

　では、ファイル類について見ていきましょう。まずは**Dbコンテキスト**からです。

　Dbコンテキストは、データベースとやり取りするための基本的な機能を提供するためのクラスです。モデルは、データベースに保管されているレコードをC#のオブジェクトとして扱いますが、Dbコンテキストは検索やレコード作成・更新・削除といった基本的なデータベース操作を行うのに使います。

　Dbコンテキストは、「**Data**」フォルダの中に「**SampleMVCAppContext.cs**」という名前で作成されています。その内容は次のようになります。

リスト4-5

```
using System;
using System.Collections.Generic;
using System.Linq;
using System.Threading.Tasks;
using Microsoft.EntityFrameworkCore;

namespace SampleMVCApp.Models
{
    public class SampleMVCAppContext : DbContext
    {
        public SampleMVCAppContext (DbContextOptions
```

```
                <SampleMVCAppContext> options)
                : base(options)
            {
            }

            public DbSet<SampleMVCApp.Models.Person> Person { get; set; }
        }
    }
```

Dbコンテキストは、Microsoft.EntityFrameworkCore名前空間の「**DbContext**」という クラスを継承して作られます。

コンストラクタについて

クラスには、まずコンストラクタが用意されていますね。ここでは、次のような引数 が設定されています。

```
DbContextOptions<SampleMVCAppContext> options
```

DbContextOptionsというのは、名前のとおり、Dbコンテキストのオプション設定な どを扱うためのクラスです。このDbContextOptionsを引数にしてインスタンスを作成す るようになっています(実際にDbコンテキストをアプリケーションに組み込む処理は、 Startup.csで行っています)。

Person プロパティについて

SampleMVCAppContextには、このDbコンテキストで利用するモデルクラスと同名の プロパティが用意されます。ここでは、**Person**プロパティが次のように定義されていま す。

```
public DbSet<SampleMVCApp.Models.Person> Person { get; set; }
```

Personを総称型として指定する**DbSet**インスタンスが値に設定されています。この DbSetが、Dbコンテキストで実際にデータベースにアクセスするための機能を提供しま す。

例えば、ここではPersonというプロパティとして用意されていますが、その中にある メソッドを呼び出すことでPersonモデル(と、データベースにあるPersonでやり取りさ れるテーブル)を操作することができます。

これから先、Personのテーブルにあるレコードを色々と操作しますが、それらもすべ てこのPerson内にあるメソッドを利用することになります。

Startup.csの修正

このDbコンテキストが実際にアプリケーションに組み込まれているのは、Startup. csの中です。スキャフォールディングにより、サービスの組み込み処理を行う

Chapter 4 Entity Framework Core によるデータベースアクセス

ConfigureServicesメソッドが次のように修正されています。

リスト4-6

```
// using Microsoft.EntityFrameworkCore; 追加
// using SampleMVCApp.Models; 追加

public void ConfigureServices(IServiceCollection services)
{
    services.AddSession();
    services.AddControllersWithViews();

    // ●Dbコンテキストを追加
    services.AddDbContext<SampleMVCAppContext>(options =>
        options.UseSqlServer(
            Configuration.GetConnectionString("SampleMVCAppContext")));
}
```

最後に、**services.AddDbContext**というメソッドが呼び出されていますね。これが、Dbコンテキストを組み込んでいる部分です。このメソッドの引数はクロージャになっており、次のような処理が実行されています。

```
options.UseSqlServer(…接続文字列…)
```

UseSqlServerは、引数に指定した情報を元にSQLサーバーに接続するためのオプション情報を管理するオブジェクトを生成します。戻り値は、**DbContextOptionsBuilder**というクラスのインスタンスになります。これを引数にしてAddDbContextを実行することで、指定のSQLデータベースにアクセスをするDbコンテキストが使えるようになる、というわけです。

GetConnectionString で設定を得る

このUseSqlServerメソッドの引数には、Configurationというクラスの**GetConnectionString**メソッドが用意されています。

```
Configuration.GetConnectionString("SampleMVCAppContext")
```

このGetConnectionStringメソッドは、引数に指定した名前の設定情報を取得します。
では、設定情報とは？　それは「**appsettings.json**」ファイルに記述されています。ここから、"SampleMVCAppContext"という設定情報を取り出してUseSqlServerの引数に設定していた、というわけです。

appsettings.jsonの修正

プロジェクトフォルダにある「**appsettings.json**」ファイルの内容を見てみましょう。これは名前の通りJSONデータとして情報が記述されています。いくつかの項目がありま

すが、データベースアクセスを行うためのものは、「**ConnectionStrings**」という設定として次のように用意されています。

リスト4-7
```
"ConnectionStrings": {
  "SampleMVCAppContext":
    "Server=(localdb)\\mssqllocaldb;Database=SampleMVCAppContext…略…;
      Trusted_Connection=True;MultipleActiveResultSets=true"
}
```

ConnectionStringsは、**接続文字列**を管理する設定項目です。これは、データベースに接続するときに用いられる設定情報のテキストです。ここでは、SampleMVCAppContextという名前で設定情報のテキストが用意されています。

このConnectionStringsで用意する接続文字列をどのように用意するかで、利用できるデータベースが決まります。

SQLiteでデータベースアクセスする

これで、データベースアクセスの基本はわかりました。が、実をいえば、ここまでのデータベースアクセスには、SQLiteは使われていません。Entity Framework Coreには「**mssqllocaldb**」というローカル環境で動作するデータベースライブラリが用意されており、デフォルトではこれを利用するようになっていたのです。

データベースのアクセス情報は、基本的に次の2点で決められている、といっていいでしょう。

- ConnectionStringsに用意する接続文字列
- AddDbContextで組み込んでいるオプション情報の内容

利用するデータベースのプロバイダを用意し、更にこれらを修正すれば、データベースを別のものに切り替えることもできるようになります。

接続文字列の修正

では、SQLiteに切り替えるにはどうすればいいのか、手順を説明しましょう。既にプロバイダはインストールされていますから、ConnectionStringsの接続文字列と、AddDbContextで組み込んでいるオプション情報を修正すれば、SQLiteに変更できます。

appsettings.jsonの内容を修正しましょう。ConnectionStringsの値を次のように修正して下さい。

リスト4-8
```
"ConnectionStrings": {
    "SampleMVCAppContext": "Data Source=mydata.db"
}
```

Chapter 4 Entity Framework Core によるデータベースアクセス

SQLiteの接続文字列は、**"Data Source=ファイル名"**という形になります。ここでは mydata.dbという名前でデータベースファイルを用意することにします。

UseSqlite を利用する

続いて、Startup.csのConfigureServicesメソッド内にあるAddDbContextメソッドの部分を次のように修正します。

リスト4-9

```
services.AddDbContext<SampleMVCAppContext>(options =>
    options.UseSqlite(Configuration.GetConnectionString("SampleMVCAppConte
xt")));
}
```

引数のラムダ式で呼び出しているメソッドが「**options.UseSqlite**」に変わっています。このUseSqliteが、SQLiteによる接続を行うオプション設定を提供するメソッドです。これにより、指定したデータベースファイルにSQLiteでアクセスできるようになります。

Column **テーブルは手作業で用意？**

実際に修正をしてアクセスしてみると、「**Personテーブルがない**」というエラーになってしまうでしょう。実際、作成されたmydata.dbにはまだテーブルは用意されていませんから。

テーブルの生成はマイグレーションとデータベースの更新で行います。また改めてこれらの処理を実行して下さい。もし、うまくテーブルが生成されない場合は、面倒ですが手作業でmydata.dbにテーブルを用意して使うと良いでしょう。

MySQLを利用するには？

そのほかのデータベースを利用する場合はどうすればいいのでしょうか？

既に、データベース利用の基本はわかりました。「**プロバイダのインストール**」「**接続文字列の用意**」「**AddDbContextのオプション変更**」です。これらさえできれば、ほかのデータベースを使うこともできるようになります。

例として、MySQLを利用するにはどうすればいいか考えてみましょう。

MySQL プロバイダのインストール

まず、MySQL用のプロバイダをインストールします。「**プロジェクト**」メニューの「**NuGetパッケージの管理...**」を選び、現れたウインドウで次のパッケージを検索します。

- Pomelo.EntityFrameworkCore.MySql

検索されたこの項目をインストールします。なお、使わなくなったSQLiteのプロバイダは削除しても構いません。

186

図4-16：MySQLのプロバイダをインストールする

appsettings.jsonの修正

続いて、接続文字列の設定を記述しているappsettings.jsonの内容を修正します。ConnectionStringsの値を次のように修正して下さい。

リスト4-10

```
"ConnectionStrings": {
  "SampleMVCAppContext": "server=127.0.0.1;port=3306;
    database=データベース;userid=利用者;password=パスワード"
}
```

ここでは、SampleMVCAppContextという名前で接続文字列を用意しています。この例ではローカル環境のMySQLへ接続することを考え、サーバーを127.0.0.1にしています。また、「**データベース**」「**利用者**」「**パスワード**」といったところには、それぞれのMySQL環境に合わせて値を用意して下さい。

Startup.csの修正

Startup.csの修正を行いましょう。ConfigureServicesメソッド内のservices.AddDbContext部分を次のように修正します。

リスト4-11

```
services.AddDbContext<SampleMVCAppContext>(options =>
    options.UseMySql(Configuration.GetConnectionString
        ("SampleMVCAppContext")));
}
```

ここでは、**UseMySql**というメソッドを呼び出していますね。これにより、MySQLに

アクセスするためのDbContextOptionsBuilderインスタンスが返されるようになります。

利用可能なデータベースプロバイダ

　Entity Framework Coreでは、さまざまなデータベースが利用できるようになっています。が、その多くはマイクロソフト純正ではなく、サードパーティによるプロバイダを利用します。

　どのようなプロバイダが用意されているかは、次のURLにまとめられています。SQLite以外のデータベース利用を考えている人は、対応しているか確認をしておきましょう。

　　https://docs.microsoft.com/ja-jp/ef/core/providers/

図4-17：データベースプロバイダのページ。利用可能なプロバイダがまとめられている。

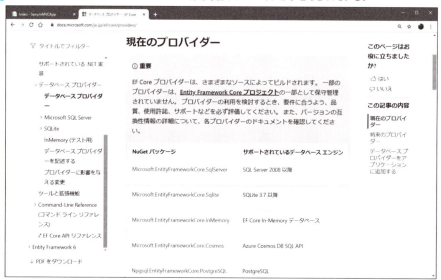

4.2 MVCアプリケーションのCRUD

データベースのCRUDについて

　データベースアクセスを実現するためのの基本的な実装はわかりました。続いて、具体的にどのようにしてデータベースアクセスを行っているか、サンプルとして生成されているコントローラーとビューについて見ていきましょう。

　データベースアクセスの基本は、一般に「**CRUD**」と呼ばれます。

Create	レコードの新規作成
Read	レコードの取得
Update	レコードの更新
Delete	レコードの削除

　これらが一通りできるようになれば、データベースアクセスの基本はできた、と考えていいでしょう。では、これらの処理について順に見ていきましょう。

PeopleControllerクラスについて

　まず、生成されたPeopleControllerクラスがどのようになっているのか、見てみましょう。アクション関係は後で個々に説明するとして、クラスのコードの概要は次のようになっています。

リスト4-12

```
using System;
using System.Collections.Generic;
using System.Linq;
using System.Threading.Tasks;
using Microsoft.AspNetCore.Mvc;
using Microsoft.AspNetCore.Mvc.Rendering;
using Microsoft.EntityFrameworkCore;
using SampleMVCApp.Models;

namespace SampleMVCApp.Controllers
{
    public class PeopleController : Controller
    {
        private readonly SampleMVCAppContext _context;

        public PeopleController(SampleMVCAppContext context)
        {
            _context = context;
        }

        ……アクションメソッド……
    }
}
```

　コンストラクタが用意されており、DbコンテキストであるSampleMVCAppContextインスタンスが引数として渡されています。これをそのまま**_context**プロパティに代入しています。こうして、いつでもDbコンテキストが利用できるようにしています。

Chapter 4 Entity Framework Core によるデータベースアクセス

後は、個々のアクションから_contextを利用したデータベースアクセスを行っていく、というわけです。

全レコードの表示(Indexアクション)

では、Indexアクションから見てみましょう。/peopleにアクセスすると、登録されたPersonに対応しているテーブルのレコードが一覧表示されました。これは、PeopleControllerクラスのIndexアクションメソッドで行っています。

リスト4-13

```
public async Task<IActionResult> Index()
{
    return View(await _context.Person.ToListAsync());
}
```

▎View にモデルを指定する

このIndexには、**return View**する文が1つあるだけです。が、このViewの使い方は初めて登場するものでしょう。

Viewの引数には、これまで**"Index"**などのアクション名を指定して使用するテンプレートを設定することはありましたが、こうしたオブジェクトを引数に指定するのは初めてですね。

このようにオブジェクトを引数として指定した場合、テンプレートファイル側に用意される**@Model**にモデルとして渡されるオブジェクトを指定できます。通常、デフォルトではページモデルがそのまま渡されますが、このようにオブジェクトを指定することで、特定のオブジェクトを@Modelに渡すことができるようになります。

ToListAsyncメソッドについて

ここでは、Viewの引数に_context.Personの「**ToListAsync**」というメソッドの戻り値を指定しています。このToListAsyncは、名前でわかるように、レコードをモデルのリストとして返すメソッドです(正確には、非同期メソッドであるためListを値として用意するTaskインスタンスが返されます)。ここではPersonプロパティから呼び出していますから、Personインスタンスのリストが返されます。

このメソッドには「**await**」が付けられています。ToListAsyncというメソッド名から想像がつくように、これは非同期で実行されます。このため、awaitして結果をViewの引数に渡すようにしてあります。

同期処理で同様のことを行うメソッドも用意されています。「**ToList**」です。「**最後にAsyncを付けると非同期になり、付けないと同期処理になる**」と覚えておくと良いでしょう。

▎そのほかのレコード取得メソッド

ToListAsyncのほかにも、レコードをモデルクラスのインスタンスとして取り出すた

190

4.2 MVC アプリケーションの CRUD

めのメソッドはいろいろと用意されています。次に主なものをまとめておきます。

■配列として取得

```
モデル.ToArray()
```

■辞書として取得

```
モデル.ToDictionary()
```

■HashSetとして取得

```
モデル.ToHashSet()
```

いずれも、最後に「**Async**」を付けると非同期処理になります。このあたりは ToListAsyncと全く同様です。

Index.cshtmlの内容

では、Indexで利用しているテンプレートを見てみましょう。ここでは次のような内容が記述されています。

リスト4-14

```
@model IEnumerable<SampleMVCApp.Models.Person>

@{
    ViewData["Title"] = "Index";
}

<h1>Index</h1>

<p>
    <a asp-action="Create">Create New</a>
</p>
<table class="table">
    <thead>
        <tr>
            <th>
                @Html.DisplayNameFor(model => model.Name)
            </th>
            <th>
                @Html.DisplayNameFor(model => model.Mail)
            </th>
            <th>
                @Html.DisplayNameFor(model => model.Age)
            </th>
```

191

```
                    <th></th>
                </tr>
            </thead>
            <tbody>
            @foreach (var item in Model) {
                <tr>
                    <td>
                        @Html.DisplayFor(modelItem => item.Name)
                    </td>
                    <td>
                        @Html.DisplayFor(modelItem => item.Mail)
                    </td>
                    <td>
                        @Html.DisplayFor(modelItem => item.Age)
                    </td>
                    <td>
                        <a asp-action="Edit" asp-route-id="@item.PersonId">
                            Edit</a> |
                        <a asp-action="Details" asp-route-id="@item.PersonId">
                            Details</a> |
                        <a asp-action="Delete" asp-route-id="@item.PersonId">
                            Delete</a>
                    </td>
                </tr>
            }
            </tbody>
        </table>
```

図4-18：Indexのページ。全Personが一覧表示される。

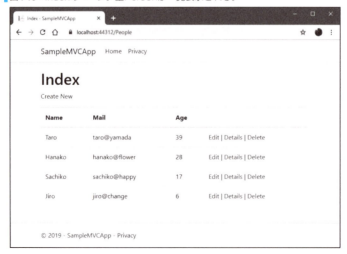

@ model へのモデル設定

ソースコードのポイントを説明しましょう。最初に、次のような**@model**ディレクティブが用意されています。

```
@model IEnumerable<SampleMVCApp.Models.Person>
```

Modelに渡される値を指定しています。これにより、ToListAsyncの戻り値としてViewに渡された値が@modelで指定されます。**IEnumerable**は、ToListAsyncで返されるListなどのコレクション関係のクラスに実装されているインターフェイスです。このIEnumerableを指定することで、コレクション関係であれば大抵のものがModelに渡せるようになっています。

ヘッダーの出力

その後には、**<table>**によるテーブルのタグが記述されています。まずヘッダーとなる表示が次のように用意されています。

```
<th>@Html.DisplayNameFor(model => model.Name)</th>
<th>@Html.DisplayNameFor(model => model.Mail)</th>
<th>@Html.DisplayNameFor(model => model.Age)</th>
```

DisplayNameForは、Htmlヘルパーで名前を表示するためのものでしたね。ここで、modelのプロパティ（Name、Mail、Age）の名前をそれぞれヘッダーとして表示しています。

テーブルのボディ表示

テーブルのボディは、**@foreach**を使ってModelから順に、モデルクラスのインスタンスを取り出して表示を行っています。

```
@foreach (var item in Model) {
    ……表示……
}
```

Modelには、ToListAsyncで返されたリストが設定されていますから、そこから順にPersonインスタンスが取り出され、変数**item**に渡されることになります。このitemを使い、項目の値を表示していきます。

```
<td>@Html.DisplayFor(modelItem => item.Name)</td>
<td>@Html.DisplayFor(modelItem => item.Mail)</td>
<td>@Html.DisplayFor(modelItem => item.Age)</td>
```

このように、DisplayForを使い、itemのName、Mail、Ageの各プロパティの値を表示しています。

Chapter **4** Entity Framework Core によるデータベースアクセス

■ Edit/Details/Delete へのリンク

各Personの内容を出力している<tr>では、最後にEdit/Details/Deleteの3つのリンクが用意されています。

```
<td>
    <a asp-action="Edit" asp-route-id="@item.PersonId">Edit</a> |
    <a asp-action="Details" asp-route-id="@item.PersonId">Details</a> |
    <a asp-action="Delete" asp-route-id="@item.PersonId">Delete</a>
</td>
```

ここでは、<a>タグの属性にタグヘルパーによる値が用意されています。用意されているのは次の2つです。

asp-action="アクション"	指定のアクションへのリンクを生成する
asp-route-id="ID値"	ルートのIDとして渡される値

先にStartup.csの内容を説明したとき（**リスト2-1**参照）、app.UseEndpointsを使ってエンドポイントの設定を行っていました。その中で、endpoints.MapControllerRouteでルートの設定を行うとき、patternに次のような値を指定していましたね。

```
"{controller=Home}/{action=Index}/{id?}"
```

これにより、**/コントローラー /アクション/id**という形でパスが扱われるようになっていたわけです。ここでの**asp-action**はこのパスのactionを、また**asp-route-id**はパスのidを、それぞれ指定するものなのです。

例えば、PersonId = 1のPersonインスタンスがあり、そのEditリンクを生成するならば、<a>タグの属性は asp-action="Edit" asp-action="1" となり、Editのリンクは "/People/Edit/1" となります。こんな具合に、asp-actionとasp-actionを指定することで、リンク先を生成しているのです。

レコードの新規作成（Create）

続いて、レコードの新規作成です。これは、Createアクションとして用意されています。

今回は、テンプレートファイルから見てみましょう。「**People**」フォルダ内の**Create.cshtml**には次のように記述されます。

リスト4-15

```
@model SampleMVCApp.Models.Person

@{
    ViewData["Title"] = "Create";
}
```

4.2 MVC アプリケーションの CRUD

```html
<h1>Create</h1>

<h4>Person</h4>
<hr />
<div class="row">
    <div class="col-md-4">
        <form asp-action="Create">
            <div asp-validation-summary="ModelOnly"
                class="text-danger"></div>
            <div class="form-group">
                <label asp-for="Name" class="control-label"></label>
                <input asp-for="Name" class="form-control" />
                <span asp-validation-for="Name" class="text-danger">
                    </span>
            </div>
            <div class="form-group">
                <label asp-for="Mail" class="control-label"></label>
                <input asp-for="Mail" class="form-control" />
                <span asp-validation-for="Mail" class="text-danger">
                    </span>
            </div>
            <div class="form-group">
                <label asp-for="Age" class="control-label"></label>
                <input asp-for="Age" class="form-control" />
                <span asp-validation-for="Age" class="text-danger">
                    </span>
            </div>
            <div class="form-group">
                <input type="submit" value="Create"
                    class="btn btn-primary" />
            </div>
        </form>
    </div>
</div>

<div>
    <a asp-action="Index">Back to List</a>
</div>

@section Scripts {
    @{await Html.RenderPartialAsync("_ValidationScriptsPartial");}
}
```

図4-19：Createアクションの表示。Person作成のためのフォームが用意される。

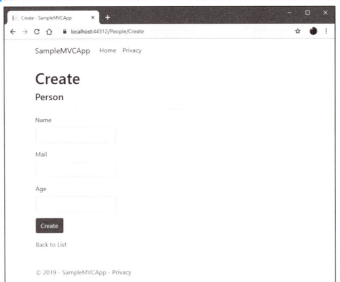

送信フォームの作成

では、ポイントを解説していきましょう。まず最初に、@modelで渡されるモデルの値を設定します。

```
@model SampleMVCApp.Models.Person
```

今回は、Personクラスのインスタンスが@modelで渡されるようになっています。Personを新規作成するためのアクションですから、データとして用意されるのはPersonオブジェクトになるでしょう。

このPerson作成のためのフォームは、フォームのコントロール類だけを取り出してまとめると次のようになっています。

```
<form asp-action="Create">
    <input asp-for="Name" class="form-control" />
    <input asp-for="Mail" class="form-control" />
    <input asp-for="Age" class="form-control" />
    <input type="submit" value="Create" class="btn btn-primary" />
</form>
```

asp-forを使い、Name、Mail、Ageの各プロパティの値を設定する**<input>**タグを生成しています。既にこの方法はおなじみとなっていますから補足することは特にないでしょう。

検証メッセージの表示

実は、フォームにはもう1つ、重要なものが埋め込まれています。例えばNameの値を

入力する<input>タグの下には、次のようなタグが用意されています。

```
<span asp-validation-for="Name" class="text-danger"></span>
```

これは何かというと、「**入力された値の検証結果**」を表示するのです。この後に触れますが、レコードの新規作成には、「**フォームに入力された値が正しいものか**」をチェックするようになっています。そして、問題があると再度フォーム画面に戻るようになっているのですね。

このとき、発生した問題を表示するのがこのタグです。**asp-validation-for="Name"**という属性が用意されていますが、これにより「**このタグはNameの検証結果を表示するものだ**」ということを指定しているのです。

検証機能については改めて触れますので、ここでは「**検証結果の表示のタグも用意されている**」ということだけわかっていればいいでしょう。

Scripts セクションのロード

最後に、**Scripts**というセクションの読み込みを行っています。この部分ですね。

```
@section Scripts {
    @{await Html.RenderPartialAsync("_ValidationScriptsPartial");}
}
```

RenderPartialAsyncというメソッドは、引数に指定した**_ValidationScriptsPartial**という部分ビューを、セクションとして読み込みます。これにより、_ValidationScriptsPartialに記述されていた内容が、Scriptsセクションにロードされるようになります。この部分ビューの内容は次のようになっています。

```
<script src="~/lib/jquery-validation/dist/jquery.validate.min.js"></script>
<script src="~/lib/jquery-validation-unobtrusive/jquery.validate.
    unobtrusive.min.js"></script>
```

これらは、jQueryの検証関係のライブラリを読み込みます。これにより、フロントエンド側の値の検証が行えるようになります。

PeopleControllerのCreateアクション

では、コントローラー側に用意されるアクションをチェックしましょう。今回は、2つのCreateメソッドがPeopleControllerクラスに用意されています。それらは次のように記述されています。

リスト4-16——Createメソッド（GET用）

```
public IActionResult Create()
{
    return View();
}
```

Chapter 4 Entity Framework Core によるデータベースアクセス

リスト4-17——Createメソッド(POST用)

```
[HttpPost]
[ValidateAntiForgeryToken]
public async Task<IActionResult> Create
    ([Bind("PersonId,Name,Mail,Age")] Person person)
{
    if (ModelState.IsValid)
    {
        _context.Add(person);
        await _context.SaveChangesAsync();
        return RedirectToAction(nameof(Index));
    }
    return View(person);
}
```

　GET用のCreateは、説明の要はないですね。単にreturn Viewしているだけのシンプルなものです。

　問題は、POST送信の処理を行うCreateです。こちらはいろいろと機能が組み込まれています。

Create メソッドの定義

　POST処理用のCreateでは、メソッドの前に次のような属性が用意されています。

```
[HttpPost]
[ValidateAntiForgeryToken]
```

　HttpPostは、POST送信を受け付けるためのものでしたね。もう1つの「**ValidateAntiForgeryToken**」は、**XSRF**(Cross-Site Request Forgeries)と呼ばれる攻撃の対策です。これを付けることで、外部からのフォーム送信を拒否し、Createアクションからの送信のみを受け付けるようになります。

　肝心のメソッドの定義は、次のような非常にわかりにくい形になっています。

```
public async Task<IActionResult> Create([Bind("PersonId,Name,Mail,Age")]
Person person)
{
    ……実行内容……
}
```

　Createは非同期になっており、戻り値はIActionResultを値として受け付けるTaskになっています。引数には、Personインスタンスが渡されていますが、その前に次のような属性が付けられています。

```
[Bind("PersonId,Name,Mail,Age")]
```

198

フォーム送信を受け取るPOST用アクションでは、フォームの送信内容を引数として受け取ることができました。例えば、こんな具合ですね。

```
Create( int PersonId, string Name, string Mail, int Age)
```

これで、フォームのPersonId、Name、Mail、Ageという値をそのまま引数として受け取れました。が、今回のメソッドはこれを更に一歩進め、「**送信されたフォームをPersonインスタンスとして引数で受け取る**」ようにしてあります。これには、**Bind**という属性を使います。

```
〔Bind( 引数) 〕Person person
```

このようにすることで、Bindの引数に用意された値をPersonインスタンスとしてまとめたものが引数に渡されます。つまり、フォームに値を記入して送信すると、既にこのCreateメソッドが呼び出された時点で、それらのフォームの値はPersonインスタンスの形に変換されているのです。

このBind属性は、もちろんPersonインスタンスを作成するのに必要な値がフォームにまとめられているからこそ利用可能な機能です。フォームの内容が違っていると、うまくモデルクラスのインスタンスが取り出せません。

モデルの検証処理

続いて行っているのは、値の検証です。値が問題なく入力されていたら、レコードをデータベースのテーブルに保存する処理を実行します。

```
if (ModelState.IsValid)
{
        ……検証を通過した際の処理……
}
```

ModelStateというクラスの「**IsValid**」プロパティには、すべての値が正常に入力されていたならtrue、そうでなければfalseが設定されています。これにより、正常な入力がされたか確認できます。

レコードの保存

では、IsValidがtrueだった場合、どのようにしてレコードを保存しているのでしょうか？
次の2つの処理です。

AddでPersonを追加する

```
_context.Add(person);
```

Addは、モデルクラスのインスタンスを_contextに追加します。引数には、保存するモデルクラスのインスタンスを指定するだけです。ここでは、Createメソッドの引数で

Chapter 4　Entity Framework Core によるデータベースアクセス

渡されたPersonインスタンスをそのままAddに渡しています。

■変更を反映する

```
await _context.SaveChangesAsync();
```

SaveChangesAsyncは、_contextに加えられた変更をデータベース側に反映します。これにより、先ほどAddで追加されたPersonインスタンスがデータベーステーブルに保存されるようになります。

このように「**_contextにAddする**」「**SaveChangesAsyncで保存する**」という2つの作業で、新しいレコードをテーブルに保存することができます。

▎リダイレクトについて

最後に、保存したらトップページ(Indexアクション)にリダイレクトをしています。

```
return RedirectToAction(nameof(Index));
```

RedirectToActionが、リダイレクトの実行をするメソッドで、リダイレクト情報を含む**RedirectToActionResult**というインスタンスを返します。これは、**ActionResult**の派生クラスです。

RedirectToActionの引数には、リダイレクト先のパスを指定します。ここでは、Indexアクションの名前をnameofで取り出し、引数に指定しています。これによりIndexアクションにリダイレクトされます。

レコードの詳細表示(Details)

続いて、レコードの内容を表示するDetailsアクションです。これもテンプレートファイルから見ていきましょう。「**People**」フォルダの**Details.cshtml**には次のように記述されています。

リスト4-18

```
@model SampleMVCApp.Models.Person

@{
    ViewData["Title"] = "Details";
}

<h1>Details</h1>

<div>
    <h4>Person</h4>
    <hr />
    <dl class="row">
```

```
            <dt class = "col-sm-2">
                @Html.DisplayNameFor(model => model.Name)
            </dt>
            <dd class = "col-sm-10">
                @Html.DisplayFor(model => model.Name)
            </dd>
            <dt class = "col-sm-2">
                @Html.DisplayNameFor(model => model.Mail)
            </dt>
            <dd class = "col-sm-10">
                @Html.DisplayFor(model => model.Mail)
            </dd>
            <dt class = "col-sm-2">
                @Html.DisplayNameFor(model => model.Age)
            </dt>
            <dd class = "col-sm-10">
                @Html.DisplayFor(model => model.Age)
            </dd>
        </dl>
    </div>
    <div>
        <a asp-action="Edit" asp-route-id="@Model.PersonId">Edit</a> |
        <a asp-action="Index">Back to List</a>
    </div>
```

　ここでは、まずモデルとしてPersonインスタンスが渡されるように、@modelを指定してあります。

```
@model SampleMVCApp.Models.Person
```

　これで@modelにPersonインスタンスが渡されるようになりました。後は、この内容を出力していくだけです。**<dl>**タグで複雑そうに見えますが、内容を整理すれば、次の内容を表示するだけであることがわかります。

```
@Html.DisplayFor(model => model.Name)
@Html.DisplayFor(model => model.Mail)
@Html.DisplayFor(model => model.Age)
```

　いずれも、modelのプロパティをDisplayForで表示するだけです。行っていることは、とても単純です。

201

図4-20：Detailsアクション。指定したIDのPersonの内容を表示する。

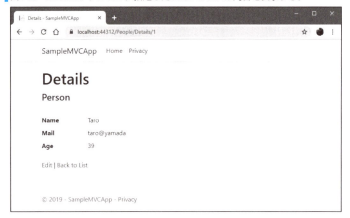

Details アクションの内容

ここでのポイントは、表示側ではなく、アクション側にあります。すなわち、「**どうやって特定のIDのレコードをモデルクラスのインスタンスとして取り出すか**」ですね。では、PeopleControllerクラスのDetailsアクションを見てみましょう。

リスト4-19
```
public async Task<IActionResult> Details(int? id)
{
    if (id == null)
    {
        return NotFound();
    }

    var person = await _context.Person
        .FirstOrDefaultAsync(m => m.PersonId == id);
    if (person == null)
    {
        return NotFound();
    }

    return View(person);
}
```

まず、引数のidがnullならば、**NotFound**を返しています。NotFoundは、データが見つからなかった場合のActionResult（正確には、その派生クラスであるNotFoundResult）です。

指定 ID のレコードを取得する

if文の後にあるのが、引数で渡されたidのPersonインスタンスを取得する処理です。

このようになっていますね。

```
var person = await _context.Person.FirstOrDefaultAsync(m => m.PersonId
    == id);
```

　_context.Personの「**FirstOrDefaultAsync**」というメソッドを呼び出しています。これは、引数を元に、特定のモデルクラスのインスタンスを取り出します。複数のインスタンスが得られる場合は最初の1つだけが取り出されます。

　引数はラムダ式になっています。これは、取り出すインスタンスの条件を指定しており、ここでは「**m.PersonId == id**」という式が指定されています。これにより、引数のモデル（モデルクラスのインスタンスが渡される）のPersonIdの値がidと等しいものを取り出します。
　これで、PersonIdがidのPersonインスタンスが取り出されました。が、Personが見つからない場合も考えられるので、その後で取り出した変数personがnullだった場合はNotFoundするようにしてあります。

　そして、無事Personが得られた場合は、**return View(person);**で得られたPersonインスタンスを引数に指定して、Viewを呼び出します。この引数のPersonインスタンスが、Details.cshtmlの**@model SampleMVCApp.Models.Person**に渡されていた、というわけです。

　「**指定のIDのPersonを取り出すだけなのに、ラムダ式とかけっこう面倒だな**」と思ったかもしれませんね。でも、心配はいりません。この後のEditでは、もっとシンプルな方法が使われていますから。

レコードの更新（Edit）

　続いて、レコードの更新です。これは、**/Edit/番号**という形でアクセスすると、そのレコードの内容が設定されたフォームが表示され、中身を書き換えて送信するとレコードが更新される、というように動きます。
　では、テンプレートファイルから見てみましょう。「**People**」フォルダ内の**Edit.cshtml**を開くと、次のように記述されています。

リスト4-20
```
@model SampleMVCApp.Models.Person

@{
    ViewData["Title"] = "Edit";
}

<h1>Edit</h1>

<h4>Person</h4>
```

```html
<hr />
<div class="row">
    <div class="col-md-4">
        <form asp-action="Edit">
            <div asp-validation-summary="ModelOnly"
                class="text-danger"></div>
            <input type="hidden" asp-for="PersonId" />
            <div class="form-group">
                <label asp-for="Name" class="control-label"></label>
                <input asp-for="Name" class="form-control" />
                <span asp-validation-for="Name" class="text-danger">
                    </span>
            </div>
            <div class="form-group">
                <label asp-for="Mail" class="control-label"></label>
                <input asp-for="Mail" class="form-control" />
                <span asp-validation-for="Mail" class="text-danger">
                    </span>
            </div>
            <div class="form-group">
                <label asp-for="Age" class="control-label"></label>
                <input asp-for="Age" class="form-control" />
                <span asp-validation-for="Age" class="text-danger">
                    </span>
            </div>
            <div class="form-group">
                <input type="submit" value="Save"
                    class="btn btn-primary" />
            </div>
        </form>
    </div>
</div>

<div>
    <a asp-action="Index">Back to List</a>
</div>

@section Scripts {
    @{await Html.RenderPartialAsync("_ValidationScriptsPartial");}
}
```

図4-21：Editアクションの表示。指定したIDのPersonの内容がフォームに表示される。

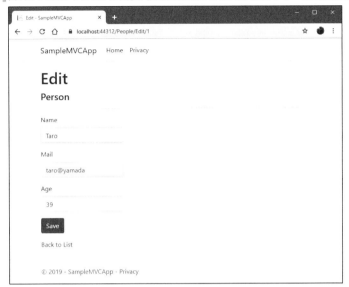

長く複雑そうに見えますが、要は「**更新のためのフォームを表示する**」だけです。フォームとコントロール関係のタグだけを抜き出して整理すると、次のようになります。

```
<form asp-action="Edit">
    <input type="hidden" asp-for="PersonId" />
    <input asp-for="Name" class="form-control" />
    <input asp-for="Mail" class="form-control" />
    <input asp-for="Age" class="form-control" />
    <input type="submit" value="Save" class="btn btn-primary" />
</form>
```

asp-action="Edit"を指定してフォーム送信をしています。各コントロールは、**asp-for**でPersonモデルのプロパティ名を指定しています。これでPersonの値が一通り用意されました。

Createアクションのフォームと似ていますが、1つだけ異なるのは「**PersonIdの非表示フィールドが用意されている**」という点です。Editは、既にあるPersonの編集を行うのですから、編集中のPersonのIDであるPersonIdの値も渡す必要があります。

また、それぞれの入力フィールドには、検証結果を表示するためのタグも用意されています。例えば、Nameの<input>タグの下には次のようなタグが用意されています。

```
<span asp-validation-for="Name" class="text-danger"></span>
```

このあたりは、Createのフォームでも説明しましたね。これで、検証時に発生した問題などが表示されるようになっています。

Chapter 4 Entity Framework Core によるデータベースアクセス

Editアクションの処理

　では、コントローラー側のアクションに進みましょう。Editアクションには、GET用とフォーム送信後のPOST用の2つのメソッドが用意されています。

　まずは、GET用のEditアクションメソッドから見ていきましょう。

リスト4-21

```
public async Task<IActionResult> Edit(int? id)
{
    if (id == null)
    {
        return NotFound();
    }

    var person = await _context.Person.FindAsync(id);
    if (person == null)
    {
        return NotFound();
    }
    return View(person);
}
```

　引数には、編集するPersonのIDが渡されます。これがnullならばNotFoundを返し、そうでなければ指定のIDのPersonインスタンスを取得します。

```
var person = await _context.Person.FindAsync(id);
```

　_context.Personにある「**FindAsync**」というメソッドは、引数に指定されたIDのPersonインスタンスを取り出して返します。特定のIDのモデルクラスインスタンスを取り出すには、このメソッドを使うのがもっとも簡単でしょう。

　これも非同期になっているため、ここではawaitして値を取り出すようにしてあります。

Column FirstOrDefaultAsyncとFindAsync

　「指定のIDのモデルクラスインスタンスを取り出す」ということだと、先にDetailsで使った「**FirstOrDefaultAsync**」というメソッドもありました。FindAsyncと何が違うのでしょうか。

　FirstOrDefaultAsyncは、条件を指定し、それに合致するインスタンスを1つだけ取り出します。これに対し、FindAsyncは「**プライマリキーのIDを指定してインスタンスを取り出す**」のです。つまり、プライマリキーに限定された検索機能なのです。

Edit のフォーム送信処理（POST）

　では、フォームを送信された後の処理はどうなっているのでしょう。POST処理を行うEditメソッドを見てみましょう。

4.2 MVC アプリケーションの CRUD

リスト4-22

```
[HttpPost]
[ValidateAntiForgeryToken]
public async Task<IActionResult> Edit(int id,
        [Bind("PersonId,Name,Mail,Age")] Person person)
{
    if (id != person.PersonId)
    {
        return NotFound();
    }

    if (ModelState.IsValid)
    {
        try
        {
            _context.Update(person);
            await _context.SaveChangesAsync();
        }
        catch (DbUpdateConcurrencyException)
        {
            if (!PersonExists(person.PersonId))
            {
                return NotFound();
            }
            else
            {
                throw;
            }
        }
        return RedirectToAction(nameof(Index));
    }
    return View(person);
}
```

　このEditメソッドも、CreateのPOST処理を行ったメソッドと同様に属性が付けられて
います。次の2つですね。

```
[HttpPost]
[ValidateAntiForgeryToken]
```

　これらにより、POST処理を行うものであること、また、XSRFへの対処を行うことが
設定されます。

207

Edit メソッドの定義について

このEditメソッドは、引数にIDとPersonインスタンスが用意されています。定義部分を見るとこのようになっていますね。

```
public async Task<IActionResult> Edit(int id,
        [Bind("PersonId,Name,Mail,Age")] Person person)
```

idは、アクセス時のパスに追加されたIDが渡されます。その後の**Person**は、フォームから送られたPersonId、Name、Mail、Ageといったコントロールの値をバインドしてPersonインスタンスを生成したものが渡されます。このあたりはPOST処理用のCreateメソッドと同じですが、Createと異なり、PersonIdの値も用意されています。これにより、Createでは新しいPersonインスタンスが作成されたのに対し、Editでは指定のPersonIdのPersonインスタンスが渡されるようになります。

メソッドでは、まず値の検証を行い、正しく入力されていることを確認の上で保存の処理をしています。値の検証は次のように行っています。

```
if (ModelState.IsValid)
{
    ……保存処理……
}
```

この**ModelState.IsValid**は、既にCreateで使いましたね。値の検証に利用し、この値がtrueの場合に保存処理を行います。

更新と例外処理

新規作成と違い、既にあるレコードを更新する場合は、正しく更新作業が行えない可能性もあります。そのため、保存作業は次のような例外処理の中で行います。

```
try
{
    ……保存処理……
}
catch (DbUpdateConcurrencyException)
{
    ……例外処理……
}
```

try内で行っている更新処理は、「**インスタンスを更新する**」「**更新内容を反映する**」という2段階の作業になります。

引数に指定したインスタンスを更新する

```
_context.Update(person);
```

4.2 MVC アプリケーションの CRUD

■Dbコンテキストの変更内容を反映する

```
await _context.SaveChangesAsync();
```

　Createでの新規作成の場合に似ていますね。更新は、_contextの「**Update**」というメソッドを使って行います。ただし、これはDbコンテキストに更新処理を追加しただけで、まだデータベースには反映されていません。その後の**SaveChangesAsync**により、更新内容がデータベースに反映されます。

　保存作業後、Indexにリダイレクトして作業は終了です。

```
return RedirectToAction(nameof(Index));
```

　RedirectToActionは、既に使いましたね。引数に指定したアクションにリダイレクトをします。これでIndexにリダイレクトして、更新内容が確認できます。

レコードの削除（Delete）

　残るは、レコードの削除を行うDeleteアクションだけですね。これもテンプレートファイルから見ていきましょう。「**People**」フォルダ内のDelete.cshtmlを開くと次のように記述されています。

リスト4-23

```
@model SampleMVCApp.Models.Person

@{
    ViewData["Title"] = "Delete";
}


<h1>Delete</h1>

<h3>Are you sure you want to delete this?</h3>
<div>
    <h4>Person</h4>
    <hr />
    <dl class="row">
        <dt class = "col-sm-2">
            @Html.DisplayNameFor(model => model.Name)
        </dt>
        <dd class = "col-sm-10">
            @Html.DisplayFor(model => model.Name)
        </dd>
        <dt class = "col-sm-2">
            @Html.DisplayNameFor(model => model.Mail)
        </dt>
```

209

Chapter 4 Entity Framework Core によるデータベースアクセス

```
            <dd class = "col-sm-10">
                @Html.DisplayFor(model => model.Mail)
            </dd>
            <dt class = "col-sm-2">
                @Html.DisplayNameFor(model => model.Age)
            </dt>
            <dd class = "col-sm-10">
                @Html.DisplayFor(model => model.Age)
            </dd>
        </dl>

        <form asp-action="Delete">
            <input type="hidden" asp-for="PersonId" />
            <input type="submit" value="Delete" class="btn btn-danger" /> |
            <a asp-action="Index">Back to List</a>
        </form>
</div>
```

ここでは、コントローラー側からモデルとしてPersonインスタンスが渡されます。それを@modelに設定しています。

```
@model SampleMVCApp.Models.Person
```

後は、このPersonの内容を表示し、削除を実行するフォームを用意するだけです。内容の表示は、次のようにして行っています。

```
@Html.DisplayFor(model => model.Name)
@Html.DisplayFor(model => model.Mail)
@Html.DisplayFor(model => model.Age)
```

DisplayForで、引数に指定したラムダ式でmodelのプロパティを表示させています。そしてその後に、次のようなフォームを用意しています。

```
<form asp-action="Delete">
    <input type="hidden" asp-for="PersonId" />
    <input type="submit" value="Delete" class="btn btn-danger" /> |
    <a asp-action="Index">Back to List</a>
</form>
```

非表示フィールドでPersonIdの値だけを保管し、Deleteアクションに送信をしています。asp-action="Index"も用意し、削除せずにIndexに戻るリンクも表示しています。
後は、フォーム送信のDeleteアクションの処理だけですね。

210

GET 送信時の Delete アクション

　では、PeopleControllerにあるDeleteアクションを見てみましょう。まずは、GETアクセス時に呼び出されるDeleteからです。

リスト4-24

```
public async Task<IActionResult> Delete(int? id)
{
    if (id == null)
    {
        return NotFound();
    }

    var person = await _context.Person
        .FirstOrDefaultAsync(m => m.PersonId == id);
    if (person == null)
    {
        return NotFound();
    }

    return View(person);
}
```

　これは比較的シンプルですね。引数でidの値が渡されるので、それがnullではないことを確認の上で、指定IDのPersonを取得しています。

```
var person = await _context.Person
        .FirstOrDefaultAsync(m => m.PersonId == id);
```

　この**FirstOrDefaultAsync**メソッドは、更新のときにも使いましたね。引数のラムダ式で、**m.PersonId == id**の式が成立するPersonインスタンスを取得しています。
　そして、取り出したPersonインスタンスを引数に指定してreturn Viewします。これで、渡されたPersonインスタンスが、Delete.cshtml側の@modelに設定され、表示に使われるようになります。

POST 送信時の DeleteConfirmed アクション

　では、POST送信された後の処理を行うDeleteConfirmedアクションを見てみましょう。次のような処理が用意されていますね。

リスト4-25

```
[HttpPost, ActionName("Delete")]
[ValidateAntiForgeryToken]
public async Task<IActionResult> DeleteConfirmed(int id)
{
```

```
        var person = await _context.Person.FindAsync(id);
        _context.Person.Remove(person);
        await _context.SaveChangesAsync();
        return RedirectToAction(nameof(Index));
    }
```

ここでも、メソッドの前に2つの属性が用意されています。いずれも今まで登場した ものですからわかるでしょう。

```
[HttpPost, ActionName("Delete")]
[ValidateAntiForgeryToken]
```

今回は、メソッド名がDeleteではなくDeleteConfirmedとなっています。そのため、 HttpPostでは、**ActionName("Delete")**を付けて、これがDeleteアクションであることを 指定しています。

では、メソッド内で行っていることをまとめておきましょう。

■指定IDのPersonインスタンスを取得する

```
var person = await _context.Person.FindAsync(id);
```

■Personインスタンスを取り除く

```
_context.Person.Remove(person);
```

■変更内容をデータベースに反映する

```
await _context.SaveChangesAsync();
```

■Indexアクションにリダイレクトする

```
return RedirectToAction(nameof(Index));
```

非常に単純ですね。削除は、_context.Personの「**Remove**」メソッドで行います。 引数には、削除するPersonインスタンスを指定します。これはDbコンテキストに 削除処理を追加しますが、まだデータベースには反映されていません。その後で **SaveChangesAsync**を呼び出すことでデータベースに反映され、レコードが削除されま す。

最後にRedirectToActionでIndexにリダイレクトして作業完了です。

Personの存在チェック

これでCRUDの処理は終わりですが、もう1つ、これらの処理から利用しているユーティ リティ的メソッドが残っているので掲載しておきましょう。

> **リスト4-26**

```
private bool PersonExists(int id)
{
    return _context.Person.Any(e => e.PersonId == id);
}
```

この**PersonExists**は、指定IDのレコードが存在するかどうかを調べます。ここでは、_context.Personの「**Any**」というメソッドを使っています。これは、対象となるレコードが存在するかどうかを返します。引数にはラムダ式が用意され、そこで条件を設定します。

ここでは、**e.PersonId == id**がtrueの場合（つまり、PersonIdがidと同じ場合）を検索し、Anyの結果を返しています。このPersonExistsを呼び出せば、指定のIDのレコードがすでにあるかどうかが、すぐにわかります。こうした便利なメソッドをいろいろと用意していくと、データベースの利用も更に便利になりますね！

4.3 Razorアプリケーションの設定とCRUD

Razorアプリのデータベース設定

続いて、Razorアプリケーションでのデータベースの利用について説明しましょう。Razorアプリケーションでも、基本的な設定はMVCアプリケーションと同じです。必要な作業は、次のようになります。

❶ プロバイダのモジュールインストール
❷ モデルクラスの作成
❸ マイグレーションとデータベース更新
❹ スキャフォールディングによるCRUD生成

これらが一通りできれば、Razorアプリケーションでデータベースを利用できるようになります。では、順に作業していきましょう。

現在、Visual Studio CommunityでMVCアプリケーションのプロジェクトが開かれている場合は、「**プロジェクト**」メニューの「**ソリューションを閉じる**」を選んでプロジェクトを閉じて下さい。そして現れるスタートウインドウから、先に作成した「**SampleRazorApp**」プロジェクトを開いておきましょう。

❶SQLiteプロバイダのインストール

まず、SQLiteプロバイダをインストールしましょう。

Visual Studio Community の場合

Visual Studio Communityは、NuGetパッケージの管理ツールで作業します。
「**プロジェクト**」メニューの「**NuGetパッケージの管理...**」「**NuGetパッケージを追加...**」メニューを選び、「**Microsoft.EntityFrameworkCore.Sqlite**」を検索してインストールしましょう。

> **Note**
> インストール手順の詳細は、「4-1 SQLiteプロバイダをインストールする」を参照して下さい。

図4-22：NuGetパッケージのMicrosoft.EntityFrameworkCore.Sqliteを検索してインストールする。

Visual Studio Code/dotnet コマンド利用の場合

ターミナルまたはコマンドプロンプトでプロジェクトフォルダにカレントディレクトリを移動し、次のコマンドを実行します。

```
dotnet add package Microsoft.EntityFrameworkCore
dotnet add package Microsoft.EntityFrameworkCore.Design
dotnet add package Microsoft.EntityFrameworkCore.SqlServer
dotnet add package Microsoft.EntityFrameworkCore.Sqlite
```

❷Personモデルの作成

プロバイダが用意できたら、データベースアクセスのための「**モデル**」を作成しましょう。モデルは、プロジェクトの「**Models**」フォルダに用意します。プロジェクト内に「**Models**」という名前でフォルダを作成しましょう。

Visual Studio Communityを利用している場合は、ソリューションエクスプローラーからプロジェクトのアイコンを右クリックし、「**追加**」メニューから「**新しいフォルダー**」を選び、フォルダ名を「**Models**」と設定します。このフォルダにモデルを作成していきます。

では、「**Models**」フォルダ内に、「**Person.cs**」という名前でC#ファイルを作成しましょう。

4.3 Razor アプリケーションの設定と CRUD

> **Note**
> ファイル作成の詳細手順は「**4-1 モデルを作成する**」を参照して下さい。

Person クラスを完成させる

ファイルが用意できたら、Personクラスを完成させましょう。次のようにソースコードを修正します。

リスト4-27
```
using System;
using System.Collections.Generic;
using System.Linq;
using System.Threading.Tasks;

namespace SampleRazorApp.Models
{
    public class Person
    {
        public int PersonId { get; set; }
        public string Name { get; set; }
        public string Mail { get; set; }
        public int Age { get; set; }
    }
}
```

モデルクラスは、MVCアプリケーションで用意したものと同じです。MVCアプリケーションもRazorアプリケーションも、どちらもEntity Framework Coreを使っていますから、基本的な仕組みは同じなのです。従って、モデルの作成も、作成する内容も全く同じものになります。

ここでは、「**PersonId**」「**Name**」「**Mail**」「**Age**」の4つのプロパティを持ったPersonクラスを用意しています。これをベースにテーブルを作成し、データベースを利用します。

スキャフォールディングの生成

続いて、スキャフォールディングで基本的なファイル類を自動生成します。Visual Studio Community for Windowsを利用している場合は、ソリューションエクスプローラーで「**Controllers**」フォルダを右クリックし、「**追加**」メニューから「**新規スキャフォールディングアイテム**」を選びます。

画面にテンプレートがリスト表示されるので、ここから「**Entity Frameworkを使用するRazorページ(CRUD)**」という項目を選んで「**追加**」ボタンをクリックします。

215

■図4-23：「Entity Frameworkを使用するRazorページ(CRUD)」を選ぶ。

画面に設定を行うダイアログウインドウが現れるので、次のように設定を行い、「**追加**」ボタンをクリックします。

モデルクラス	「Person」を選ぶ
データコンテキストクラス	「＋」をクリックし、現れたダイアログでデフォルトのまま追加。これで「SampleRazorApp.Models.SampleRazorAppContext」と設定される
部分ビューとして作成	OFF
スクリプトライブラリの参照	ON
レイアウトページを使用する	ON（下のファイル名部分は空のまま）

追加しようとすると、「**Index.cshtmlとIndex.cshtml.csは既に存在します**」という警告が現れるでしょう。そのまま「**はい**」ボタンをクリックして、ファイルを上書きして作成して下さい。

■図4-24：モデルクラスから「Person」を選び、データコンテキストクラスをデフォルトのまま追加する。

> **4.3** Razor アプリケーションの設定と CRUD

> **Note**
>
> 詳細は、「**4-1 スキャフォールディングの生成**」を参照して下さい。

そのほかの環境の場合

それ以外の環境の場合は、dotnetコマンドを利用してスキャフォールディングを作成することになります。まずコードジェネレータ・ツールをインストールします。

```
dotnet tool install -g dotnet-aspnet-codegenerator
dotnet add package Microsoft.VisualStudio.Web.CodeGeneration.Design
```

続いて、スキャフォールディングのファイルを生成します。次のようにコマンドを実行して下さい。

```
dotnet aspnet-codegenerator razorpage -m Person -dc SampleRazorAppContext
—relativeFolderPath Pages —useDefaultLayout
```

> **Column** スキャフォールディングがうまくいかない場合
>
> 実行してもスキャフォールディングがうまくいかない場合、プロジェクトで参照するソフトウェアのバージョン違いが原因となることが多いでしょう。SampleRazorApp.csprojファイルを開き、内容を修正してビルドし直すことでライブラリのバージョンなどを統一できます。
>
> 参考例として**リスト4-3**にSampleMVCApp.csprojの内容を掲載しておきました。これを参考に項目を書き換えて下さい。

❸マイグレーションとアップデート

マイグレーションとデータベースのアップデートを行います。Visual Sutdio Community for Windows利用の場合、「**ツール**」メニューから「**NuGetパッケージマネージャ**」内にある「**パッケージマネージャコンソール**」を選んで呼び出します。コンソールが現れたら次のコマンドを実行します。

```
Add-Migration Initial
Update-Database
```

それ以外の環境の場合は、ターミナルまたはコマンドプロンプトからdotnet-efをインストールします。

```
dotnet tool install —global dotnet-ef
dotnet add package Microsoft.EntityFrameworkCore.Design
```

続いて、次のコマンドを実行してマイグレーションとデータベース更新を行います。

```
dotnet ef migrations add InitialCreate
dotnet ef database update
```

217

> **Note**
>
> 詳細は、「4-1 マイグレーションとアップデート」を参照して下さい。

プロジェクトを実行しよう

一通りの作業が完了したら、実際にプロジェクトを実行して表示を確認しましょう。トップページにアクセスすると、保存されたPersonの一覧リストが表示されます。まだ何も登録していないので空のリストのはずですね。「**Create New**」リンクをクリックするとPerson登録のページに移動するので、実際にいくつかレコードを登録して動作を確認しましょう。

図4-25：サンプルにいくつかPersonを作成した。正常に動作すればデータベースは正しく動いている。

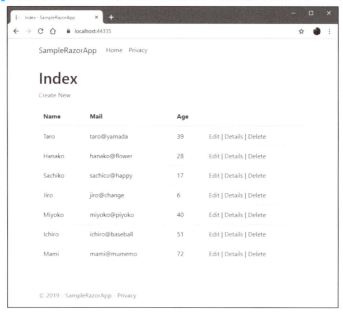

Startup.csの処理を確認する

では、データベースアクセスの処理部分を見てみましょう。まずは、**Startup.cs**です。Startupクラスに用意されている**ConfigureServices**メソッドの中で、データベースの設定が自動追記されています(●の部分)。

リスト4-28
```
public void ConfigureServices(IServiceCollection services)
{
    services.AddRazorPages();

    // ●Dbコンテキストの追加
    services.AddDbContext<SampleRazorAppContext>(options =>
```

```
        options.UseSqlServer(Configuration.GetConnectionString
                ("SampleRazorAppContext")));
}
```

これは、MVCアプリケーションでも同じものが追加されていましたね。同じEntity Framework Coreを使っていますから、追記されるコードも全く同じです。SQLiteを利用する場合は、この**services.AddDbContext**の部分を次のように書き換えます。

リスト4-29
```
services.AddDbContext<SampleRazorAppContext>(options =>
        options.UseSqlite(Configuration.GetConnectionString
                ("SampleRazorAppContextSqlite")));
```

appsettings.json を確認する

このAddDbContextでは、**SampleRazorAppContext**という設定情報を利用してDbコンテキストの組み込みを行っています。この設定は、**appsettings.json**ファイルに記述されています。

リスト4-30
```
  "ConnectionStrings": {
    "SampleRazorAppContext":
      "Server=(localdb)\\mssqllocaldb;Database=SampleRazorAppContext-
        …略…;Trusted_Connection=True;MultipleActiveResultSets=true"  ←
  }
```

これもMVCアプリケーションと全く同じですね。SQLiteを利用する場合は、この部分を次のように書き換えておけばいいでしょう。

リスト4-31
```
  "ConnectionStrings": {
    "SampleRazorAppContext": "Data Source=mydata.db"
  }
```

Dbコンテキストの確認

もう1つ、確認しておく必要があるのが「**Dbコンテキスト**」です。ここでは「**Data**」フォルダ内に**SampleRazorAppContext.cs**という名前でファイルが作成されています。この内容を見てみましょう。

リスト4-32
```
using System;
using System.Collections.Generic;
using System.Linq;
```

Chapter 4 Entity Framework Core によるデータベースアクセス

```
using System.Threading.Tasks;
using Microsoft.EntityFrameworkCore;

namespace SampleRazorApp.Models
{
    public class SampleRazorAppContext : DbContext
    {
        public SampleRazorAppContext (DbContextOptions
            <SampleRazorAppContext> options)
            : base(options)
        {
        }

        public DbSet<SampleRazorApp.Models.Person> Person { get; set; }
    }
}
```

　基本的な仕組みについては、MVCアプリケーションのDbコンテキストのところで触れておきました。Dbコンテキストは、DbContextクラスを継承して作成されます。コンストラクタでは、引数にDbContextOptions<SampleRazorAppContext>が渡されます。そしてDbSetインスタンスを返す「**Person**」というプロパティが用意されます。このあたりは、クラス名が違うだけで基本的な内容はMVCアプリケーションの場合と全く同じです。

❹スキャフォールディングで生成されたCRUDページ

　では、生成されたCRUDのRazorページについて見ていきましょう。Razorページでは、CSHTMLによるページファイルと、C#のページモデルがセットで作成されます。スキャフォールディングにより生成されたのは次のページです。

Index	レコードの一覧表示。これは新しく生成されたファイルに置き換えられた
Create	レコードの新規作成
Details	レコードの内容表示
Edit	レコードの編集
Delete	レコードの削除

　それぞれでページファイルとページモデルが作成されています。このうち、CSHTMLによる**ページファイル**は、実はMVCアプリケーションのスキャフォールディングにより生成された**テンプレートファイル**（「**Views**」内の「**Person**」フォルダ内に作成されたファイル類）と同じものです。違っているのはC#のページモデルだけです。

220

Indexでの全レコード表示

では、順に処理を見ていきましょう。まずは、トップページからです。**Index.cshtml.cs**を開くと、次のように作成されています。

リスト4-33

```csharp
using System;
using System.Collections.Generic;
using System.Linq;
using System.Threading.Tasks;
using Microsoft.AspNetCore.Mvc;
using Microsoft.AspNetCore.Mvc.RazorPages;
using Microsoft.EntityFrameworkCore;
using SampleRazorApp.Models;

namespace SampleRazorApp.Pages
{
    public class IndexModel : PageModel
    {
        private readonly SampleRazorAppContext _context;

        public IndexModel(SampleRazorAppContext context)
        {
            _context = context;
        }

        public IList<Person> Person { get;set; }

        public async Task OnGetAsync()
        {
            Person = await _context.Person.ToListAsync();
        }
    }
}
```

IndexModelクラスには、Dbコンテキストである**SampleRazorAppContext**インスタンスを保管する「**_context**」というプロパティが用意されています。これは、コンストラクタで渡される引数の値を代入して設定しています。

このほか、**IList<Person>**のプロパティ「**Person**」も用意されています。このPersonプロパティは、**Index.cshtml**でレコードの一覧リストを表示する際に利用されます。

ToListAsync でレコードを取得する

GETアクセス時にレコードを取得する処理を行っているのが、「**OnGetAsync**」メソッ

ドです。これは、GETアクセス時の処理を実行するための非同期メソッドです。

先に**第3章**でRazorアプリケーションを作成したとき、ページモデルに「**OnGet**」という
メソッドを用意して処理を実装しました（**リスト3-3**）。OnGetAsyncは、あのOnGetメソッ
ドの非同期版と考えていいでしょう。非同期なので、Taskインスタンスが戻り値として
設定されています。

なぜ非同期メソッドなのか？　それは、ここで実行している処理が非同期であるから
です。ToListAsyncメソッドは非同期で実行されます。データベース関連は非同期のメ
ソッドが多く、こうしたものを利用することを考えて、PageModelには同期と非同期の
両方のメソッドが用意されているのです。

ここで実行しているのは、_context.PersonのToListAsyncメソッドです。Dbコンテキ
ストであるSampleRazorAppContextクラスには、DbSetインスタンスが設定されている
Personプロパティが用意されていました。このPersonプロパティのDbSetインスタンス
からレコード取得のためのメソッドを呼び出します。

Createによる新規作成

レコードの新規作成は、Createページとして作成されています。これもCreate.cshtml
はMVCアプリケーションのCreate.cshtmlとほぼ同じですから、ページモデルである
Create.cshtml.csだけチェックしておきましょう。

リスト4-34

```
using System;
using System.Collections.Generic;
using System.Linq;
using System.Threading.Tasks;
using Microsoft.AspNetCore.Mvc;
using Microsoft.AspNetCore.Mvc.RazorPages;
using Microsoft.AspNetCore.Mvc.Rendering;
using SampleRazorApp.Models;

namespace SampleRazorApp.Pages
{
    public class CreateModel : PageModel
    {
        private readonly SampleRazorAppContext _context;

        public CreateModel(SampleRazorAppContext context)
        {
            _context = context;
        }

        public IActionResult OnGet()
```

4.3 Razor アプリケーションの設定と CRUD

```
        {
            return Page();
        }

        [BindProperty]
        public Person Person { get; set; }

        public async Task<IActionResult> OnPostAsync()
        {
            if (!ModelState.IsValid)
            {
                return Page();
            }

            _context.Person.Add(Person);
            await _context.SaveChangesAsync();

            return RedirectToPage("./Index");
        }
    }
}
```

　ここでは、_contextを用意しているコンストラクタのほかに、GETとPOSTのそれぞれ
の処理用メソッドが用意されています。GETは、単純にページファイルを使った表示を
作成するだけですから、OnGet同期メソッドとして用意しています。

OnPostAsync の処理

　問題は、フォーム送信された処理を行うOnPostAsyncメソッドです。これは非同期メ
ソッドを利用しています。ここではまず、送信された内容に問題がないか検証をしてい
ます。

値の検証

```
if (!ModelState.IsValid)
{
    return Page();
}
```

　ModelState.IsValidは、既に登場しましたね。IsValidは送信された値の検証結果を表す
プロパティで、これがtrueならば値に問題がないことがわかります。問題がある場合は、
return Page();で再度このページを表示しています。

Personインスタンスを追加する

```
_context.Person.Add(Person);
```

223

Chapter 4　Entity Framework Core によるデータベースアクセス

_context.PersonのAddメソッドを使い、Personプロパティの値をDbコンテキストに追加します。

■Dbコンテキストを反映させる

```
await _context.SaveChangesAsync();
```

SaveChangesAsyncを呼び出し、Dbコンテキストの更新内容をデータベースに反映させます。

■トップページにリダイレクト

```
return RedirectToPage("./Index");
```

RedirectToPageは、リダイレクトのためのPageクラス（Pageの派生クラス）です。引数にパスを指定することで、そのページへのリダイレクトを行うことができます。

Person はどこで作られる？

_contextのPerson.Addでインスタンスを追加し、SaveChangesAsyncでデータベースに反映する。基本的な処理はMVCプリケーションのIndexアクションとほぼ同じですね。ただし、ここでは肝心の部分が隠されています。

それは、「**そもそもどうやって送信されたフォームからPersonインスタンスを作っているか**」です。ここまで説明した処理には、Personインスタンスを作る処理が全く書かれていないのです。

その秘密は、Personプロパティの宣言部分にあります。

```
［BindProperty］
public Person Person { get; set; }
```

BindPropertyという属性は、送られてくる値をこのPersonプロパティのインスタンスにバインドする働きをします。わかりやすくいえば、「**BindPropertyを付けることで、送信された値を元にPersonインスタンスが自動設定される**」と考えればいいでしょう。このBindPropertyのおかげで、フォームからPersonインスタンスを作成する処理が不要になったのです。

Detailsによるレコードの内容表示

Detailsページは、Indexで表示された項目の「**Details**」リンクをクリックすると表示されるページです。ここで、選択したレコードの内容が表示されます。

これもページファイルはMVCアプリケーションのDetails.cshtmlとほぼ同じです。ページモデルの部分だけ確認しましょう。

リスト4-35

```
using System;
using System.Collections.Generic;
```

4.3　Razor アプリケーションの設定と CRUD

```csharp
using System.Linq;
using System.Threading.Tasks;
using Microsoft.AspNetCore.Mvc;
using Microsoft.AspNetCore.Mvc.RazorPages;
using Microsoft.EntityFrameworkCore;
using SampleRazorApp.Models;

namespace SampleRazorApp.Pages
{
    public class DetailsModel : PageModel
    {
        private readonly SampleRazorAppContext _context;

        public DetailsModel(SampleRazorAppContext context)
        {
            _context = context;
        }

        public Person Person { get; set; }

        public async Task<IActionResult> OnGetAsync(int? id)
        {
            if (id == null)
            {
                return NotFound();
            }

            Person = await _context.Person.FirstOrDefaultAsync
                    (m => m.PersonId == id);

            if (Person == null)
            {
                return NotFound();
            }
            return Page();
        }
    }
}
```

　コンストラクタで_contextを用意する部分は同じですね。そのほか、Personインスタンスを保管するPersonプロパティが用意されています。そして、OnGetAsyncには、引数としてidの値が用意されています。この値を元に、指定IDのPersonを取得しています。

```csharp
Person = await _context.Person.FirstOrDefaultAsync(m => m.PersonId == id);
```

225

Chapter 4 Entity Framework Core によるデータベースアクセス

　FirstOrDefaultAsyncメソッドは、引数に指定されたラムダ式の条件を元にレコード
を検索し、その結果から最初のレコードをモデルクラスのインスタンスとして取り出し
ます。ここでは、**m.PersonId == id**の条件をチェックし、モデルのPersonIdの値が引数
idと等しいものを取り出しています。

Editによるレコードの編集

　Editページは、トップページ（Index）で表示されるリストにある「**Edit**」リンクから呼び
出されます。これもページファイルはMVCアプリケーションのEdit.cshtmlとほぼ同じで
す。では、ページモデルがどうなっているか確認しましょう。

リスト4-36

```csharp
using System;
using System.Collections.Generic;
using System.Linq;
using System.Threading.Tasks;
using Microsoft.AspNetCore.Mvc;
using Microsoft.AspNetCore.Mvc.RazorPages;
using Microsoft.AspNetCore.Mvc.Rendering;
using Microsoft.EntityFrameworkCore;
using SampleRazorApp.Models;

namespace SampleRazorApp.Pages
{
    public class EditModel : PageModel
    {
        private readonly SampleRazorAppContext _context;

        public EditModel(SampleRazorAppContext context)
        {
            _context = context;
        }

        [BindProperty]
        public Person Person { get; set; }

        public async Task<IActionResult> OnGetAsync(int? id)
        {
            if (id == null)
            {
                return NotFound();
            }

            Person = await _context.Person.FirstOrDefaultAsync
```

226

```csharp
                    (m => m.PersonId == id);

        if (Person == null)
        {
            return NotFound();
        }
        return Page();
    }


    public async Task<IActionResult> OnPostAsync()
    {
        if (!ModelState.IsValid)
        {
            return Page();
        }

        _context.Attach(Person).State = EntityState.Modified;

        try
        {
            await _context.SaveChangesAsync();
        }
        catch (DbUpdateConcurrencyException)
        {
            if (!PersonExists(Person.PersonId))
            {
                return NotFound();
            }
            else
            {
                throw;
            }
        }

        return RedirectToPage("./Index");
    }

    private bool PersonExists(int id)
    {
        return _context.Person.Any(e => e.PersonId == id);
    }
  }
}
```

Chapter 4 Entity Framework Core によるデータベースアクセス

Personプロパティには、**[BindProperty]**が付けられています。これにより、POST送信された際にはその送信内容によってインスタンスが用意されます。

また、最後に**PersonExists**というメソッドを用意し、指定したIDのPersonが存在するかどうかをチェックできるようにしています。

▌OnGetAsync で指定 ID の Person を得る

OnGetAsyncでは、引数にidが用意されています。これを使い、指定IDのPersonインスタンスを取得しています。

```
Person = await _context.Person.FirstOrDefaultAsync(m => m.PersonId == id);
```

これは、先ほどのDetailsで行っていたことと全く同じですね。これでPresonIdが引数idと等しいPersonが得られます。

▌OnPostAsync で Person を更新する

POST送信の処理では、BindPropertyにより送信されたフォームの値をバインドしてPersonインスタンスが用意されます。OnPostAsyncメソッドでは、用意されたPersonを更新して保存する処理だけを用意すればいいわけです。

```
_context.Attach(Person).State = EntityState.Modified;
```

ここでは、MVCアプリケーションのEditとは違うやり方をしています。DbContextの「**Attach**」は、引数に指定したオブジェクトの更新を追跡します。つまり、このAttachでDbコンテキストにオブジェクトを追加することで、SaveChangesAsyncの際にそのオブジェクトの更新がチェックされデータベースに反映されるようになります。

Stateは、その状態を示すプロパティで、この値を**EntityState.Modified**に設定することで、このオブジェクト（Personプロパティの値）は更新されたと判断されるようになります。

```
await _context.SaveChangesAsync();
```

そして、SaveChangesAsyncを呼び出すことで、AttachしたPersonの現在の状態が、データベースに反映されます。これでレコードが更新されます。

Deleteによるレコードの削除

残るは、レコードの削除を行うDeleteページです。これもページファイルはMVCアプリケーションのDelete.cshtmlとほぼ同じです。ページモデルのコードをチェックしておきましょう。

リスト4-37

```
using System;
using System.Collections.Generic;
```

4.3 Razor アプリケーションの設定と CRUD

```csharp
using System.Linq;
using System.Threading.Tasks;
using Microsoft.AspNetCore.Mvc;
using Microsoft.AspNetCore.Mvc.RazorPages;
using Microsoft.EntityFrameworkCore;
using SampleRazorApp.Models;

namespace SampleRazorApp.Pages
{
    public class DeleteModel : PageModel
    {
        private readonly SampleRazorAppContext _context;

        public DeleteModel(SampleRazorAppContext context)
        {
            _context = context;
        }

        [BindProperty]
        public Person Person { get; set; }

        public async Task<IActionResult> OnGetAsync(int? id)
        {
            if (id == null)
            {
                return NotFound();
            }

            Person = await _context.Person.FirstOrDefaultAsync
                    (m => m.PersonId == id);

            if (Person == null)
            {
                return NotFound();
            }
            return Page();
        }

        public async Task<IActionResult> OnPostAsync(int? id)
        {
            if (id == null)
            {
                return NotFound();
            }
```

```
                Person = await _context.Person.FindAsync(id);

                if (Person != null)
                {
                    _context.Person.Remove(Person);
                    await _context.SaveChangesAsync();
                }

                return RedirectToPage("./Index");
        }
    }
}
```

ここでは、[BindProperty]が付けられたPersonプロパティが用意されています。クラスにはGETとPOSTのためのメソッドが2つ用意されています。

まず、Getメソッドからです。OnGetAsyncメソッドには、引数にidが用意されています。これを使い、Personインスタンスを取得してPersonプロパティに設定します。

```
Person = await _context.Person.FirstOrDefaultAsync(m => m.PersonId == id);
```

FirstOrDefaultAsyncを使い、PersonIdの値がidと等しいものを取り出しています。このやり方は既に何度も登場しましたからもうわかりますね。

では、POST処理はどうなっているでしょうか。OnPostAsyncでは、次のようにPersonインスタンスを取得しています。

```
Person = await _context.Person.FindAsync(id);
```

ここでは、FindAsyncメソッドを使っています。これは引数にプライマリキーのID値を指定すると、そのインスタンスを返します。これで削除するPersonインスタンスを取得し、削除を行います。

```
_context.Person.Remove(Person);
await _context.SaveChangesAsync();
```

Removeは、引数に指定したモデルクラスのインスタンスを削除します。これでDbコンテキストに削除処理を追加し、SaveChangesAsyncでそれを反映させて削除を行います。

これで、CRUDについて一通り理解できました。MVCアプリケーションとRazorページアプリケーションそれぞれでスキャフォールディングした内容を見ていったため、一通り理解しただけで相当な分量となってしまいました。

次章では、更にデータベースについて考えていくことにします。CRUDという基本以外のデータベース処理について説明をしていきましょう。

Chapter **5**

データベースを使いこなす

データベースは、CRUDができればいい、というわけには
いきません。複雑な検索、レコードのソート、値の検証など
覚えるべきことはたくさんあります。こうした事柄について
まとめて説明をしましょう。

C#フレームワークASP.NET Core 3入門

5.1 レコードの検索処理

レコードの検索

前章で、データベースをセットアップし、CRUDといった基本的なデータベースアクセスを行うやり方を一通り説明しました。が、CRUDさえできればデータベースは使えるというわけではありません。それ以上にもっと重要なものがあります。それは「**検索**」です。

例えば、Amazonのようなオンラインショップを想像してみて下さい。商品のデータを登録したり編集したりする、いわゆるCRUDの機能は、実はユーザーが見ることはありません。それは内部の人間が利用するだけのものです。

私達がオンラインショップにアクセスしたとき目にするのは、例えばジャンルや金額などさまざまな条件に応じて必要な商品を検索して表示する、そういう機能です。この部分は、スキャフォールディングでは作れません。そのサイトに必要な独自の検索処理を自分で作らなければいけないのです。

■ Entity Framework Core と「LINQ」

Entity Framework Coreのデータベース検索は、「**LINQ**」と呼ばれる機能を使います。LINQは「**Language Integrated Query**」の略で、さまざまなデータにアクセスするために用意されている仕組みです。LINQは、データベースだけに限らず、オブジェクトやXMLなどさまざまなデータソースから必要なデータを取り出すことができます。アクセスする対象がどんなものであれ、全く同じ形でデータを取り出せるのです。

本章ではデータベースアクセスを中心に説明していきますが、「**LINQはデータベースに限った機能ではない**」ということは頭に入れておきましょう。

Findページを作成する（Razorページアプリ）

では、既に作成してあるプロジェクトを利用して、実際に簡単なサンプルを作成しながら検索の処理について説明していきましょう。前章で使ったSampleRazorAppプロジェクトを開いて使える状態にしておいて下さい。

まずは、Razorページアプリケーションで検索用のページを作成していきます。今回は「**Find**」という名前でRazorページを作りましょう。

■ Visual Studio Community for Windows の場合

ソリューションエクスプローラーで「**Pages**」フォルダを右クリックし、現れたメニューから「**追加**」内の「**Razorページ**」を選びます。

画面にテンプレートを選択するダイアログウインドウが現れるので、「**Razorページ**」を選択し「**追加**」ボタンを選びます。

図5-1：リストから「Razorページ」を選ぶ。

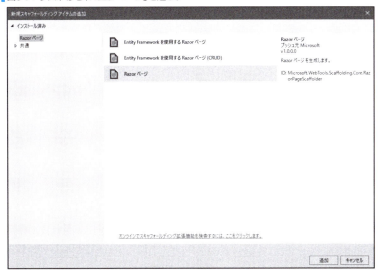

　画面にRazorページの設定を行うダイアログが現れるので、次のように設定を行い、「**追加**」ボタンを押して作成をします。基本的にRazorページの名前以外はデフォルトのままで問題ないでしょう。

Razorページ名	「Find」と入力
PageModelクラスの作成	ON
部分ビューとして作成	OFF
スクリプトライブラリの参照	ON（変更不可）
レイアウトページを使用する	ON（下のファイルパスは空のまま）

図5-2：ダイアログでRazorページのファイル名を入力して追加する。

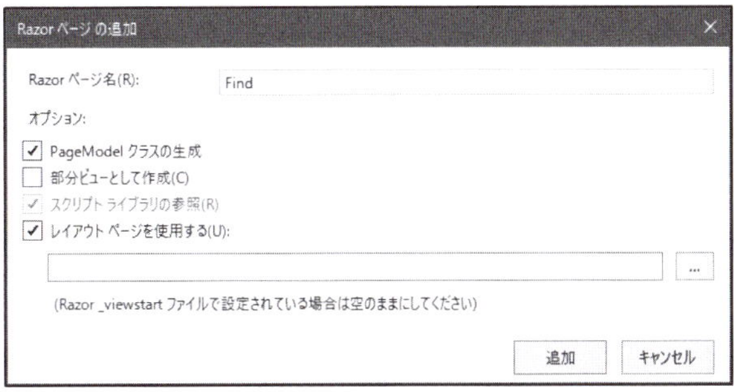

Visual Studio Community for Mac の場合

　ソリューションエクスプローラーで「**Pages**」フォルダを右クリックし、現れたメニューから「**追加**」の「**新しいファイル...**」を選びます。

画面にダイアログが現れるので、リストから「**ASP.NET Core**」の「**Razorページ(ページモデルあり)**」を選び、下の名前フィールドに「**Find**」と入力して「**新規**」ボタンを選択します。

図5-3：ダイアログで「Razorページ(ページモデルあり)」を選び名前を入力する。

そのほかの環境の場合

それ以外の環境では、dotnetコマンドを使います。コンソールまたはコマンドプロンプトを開き、プロジェクトのフォルダにカレントディレクトリを設定して、次のコマンドを実行して下さい。

```
dotnet new page —name Find —namespace SampleRazorApp.Pages —output Pages
```

Find.cshtmlを作成する

これでFindというページのファイルが作成されます。Razorページは、CSHTMLファイルとC#のソースコードファイル(ページモデル)がセットになっています。
まずはCSHTMLファイルから用意しましょう。次のように内容を修正して下さい。

リスト5-1
```
@page
@model SampleRazorApp.Pages.FindModel;

@{
    ViewData["Title"] = "Find";
}
```

5.1 レコードの検索処理

```html
<h1>Find</h1>

<form asp-page="Find">
    <div class="row">
        <input type="text" name="find" class="col-10 form-control" />
        <input type="submit" value="Find"
            class="col-2 btn btn-primary" />
    </div>
</form>

<table class="table mt-5">
    <thead>
        <tr>
            <th>PersonId</th>
            <th>Name</th>
            <th>Mail</th>
            <th>Age</th>
        </tr>
    </thead>
    <tbody>
        @foreach (var item in Model.People)
        {
            <tr>
                <td>
                    @Html.DisplayFor(modelItem => item.PersonId)
                </td>
                <td>
                    @Html.DisplayFor(modelItem => item.Name)
                </td>
                <td>
                    @Html.DisplayFor(modelItem => item.Mail)
                </td>
                <td>
                    @Html.DisplayFor(modelItem => item.Age)
                </td>
            </tr>
        }
    </tbody>
</table>
```

Find.cshtml の構成

　ここでは、フォームとレコードの一覧表示テーブルが用意されています。では全体の
流れを簡単に整理しておきましょう。

Chapter 5 データベースを使いこなす

■モデルの設定

```
@page
@model SampleRazorApp.Pages.FindModel;
```

最初に@pageを付けてRazorページであることを示します。そして、@modelに
FindModelが設定されます。これで、FindModelのプロパティなどが@Modelを使って利
用できるようになります。

■検索フォーム

```
<form asp-page="Find">
    <div class="row">
        <input type="text" name="Find" class="col-10 form-control" />
        <input type="submit" value="Find"
            class="col-2 btn btn-primary" />
    </div>
</form>
```

検索フォームは、今回、普通のHTMLタグで作りました。唯一、<form>に**asp-page="Find"**を指定しているだけで、ほかはごく一般的な内容です。<input type="text">
が1つだけあり、name="Find"としておきます。

■レコードの一覧表示
レコードの一覧は、<table>タグを使って出力しています。これは、次のような繰り返
し処理の中で表示を行っています。

```
@foreach (var item in Model.People)
{
    ……表示内容……
}
```

Model.Peopleというように、ページモデルのFindModelに用意したPeopleプロパティ
から値を順に取り出して表示を行うようにしています。ということは、ページモデル側
では、Peopleプロパティに表示したい内容を設定するような処理を用意すればいいわけ
ですね。
表示するレコードの内容は、次のようなヘルパーを使って書き出しています。

```
@Html.DisplayFor(modelItem => item.PersonId)
@Html.DisplayFor(modelItem => item.Name)
@Html.DisplayFor(modelItem => item.Mail)
@Html.DisplayFor(modelItem => item.Age)
```

DisplayForを使い、引数のラムダ式の中でPersonId、Name、Mail、Ageといったプロ
パティの値を表示しています。**ラムダ式のmodelItemは、FindModelインスタンスです。**
=>の右側にあるのは、foreachで取り出した**item**のプロパティになります。

236

FindModelクラスの作成

続いて、ページモデル「**FindModel**」クラスを作成しましょう。Find.cshtml.csファイル
を開き、次のように修正して下さい。

リスト5-2

```csharp
using System;
using System.Collections.Generic;
using System.Linq;
using System.Threading.Tasks;
using Microsoft.AspNetCore.Mvc;
using Microsoft.AspNetCore.Mvc.RazorPages;
using Microsoft.EntityFrameworkCore;
using SampleRazorApp.Models;

namespace SampleRazorApp.Pages
{
    public class FindModel : PageModel
    {
        private readonly SampleRazorAppContext _context;
        public IList<Person> People { get; set; }

        public FindModel(SampleRazorAppContext context)
        {
            _context = context;
        }

        public async Task OnGetAsync()
        {
            People = await _context.Person.ToListAsync();
        }

        public async Task OnPostAsync(string Find)
        {
            People = await _context.Person.Where(m => m.Name == Find).
                ToListAsync();
        }
    }
}
```

ここでは、SampleRazorAppContextを保管する**_context**のほかに、**People**というプロ
パティも用意してあります。

237

Chapter 5 データベースを使いこなす

```
private readonly SampleRazorAppContext _context;
public IList<Person> People { get; set; }
```

Peopleは、（**第4章**で作成した）**Personインスタンスを保管するIListインスタンス**です。ここに検索したPersonインスタンスのリストを保管します。

用意されているメソッドは、コンストラクタのほか、OnGetAsyncとOnPostAsyncの2つです。それぞれGETとPOSTの非同期処理を担当しています。

GET 時の処理

```
public async Task OnGetAsync()
{
    People = await _context.Person.ToListAsync();
}
```

GET時には、_context.PersonのToListAsyncメソッドで全レコードをPersonインスタンスのリストとして取り出しています。これは既に何度も使ったものですね。

POST 時の処理

```
public async Task OnPostAsync(string Find)
{
    People = await _context.Person.Where(m => m.Name == Find).
        ToListAsync();
}
```

POST時は、送信されたフォームの値をFind引数として受け取るようにしています。そして、_context.Personにあるメソッドを使って検索を行っています。この検索処理については、後ほど改めて説明します。

Findアクションを作成する（MVCアプリ）

続いて、MVCアプリケーションの場合の検索作成の手順を整理しましょう。MVCアプリケーションの場合は、「**Find**」アクションとして用意します。

これには、「**Views**」フォルダ内の「**People**」内に「**Find.cshtml**」ファイルを作成し、それからPeopleController.csにそのためのアクションメソッドを追加して行きます。

まず、Find.cshtmlテンプレートファイルから作りましょう。

Visual Studio Community for Windows の場合

ソリューションエクスプローラーで「**Views**」フォルダ内の「**People**」フォルダを右クリックし、現れたメニューで「**追加**」内の「**表示...**」を選びます。

画面にダイアログが現れるので、次のように設定を行い、「**追加**」ボタンを選びます。

238

ビュー名	「Find」と入力
テンプレート	Emptyのまま
モデルクラス	空のまま（設定不可）
データコンテキストクラス	空のまま（設定不可）
部分ビューとして作成	OFF
スクリプトライブラリの参照	ON（設定不可）
レイアウトページを利用する	ON（下のファイルパスは空のまま）

図5-4：ダイアログでビュー名を入力する。

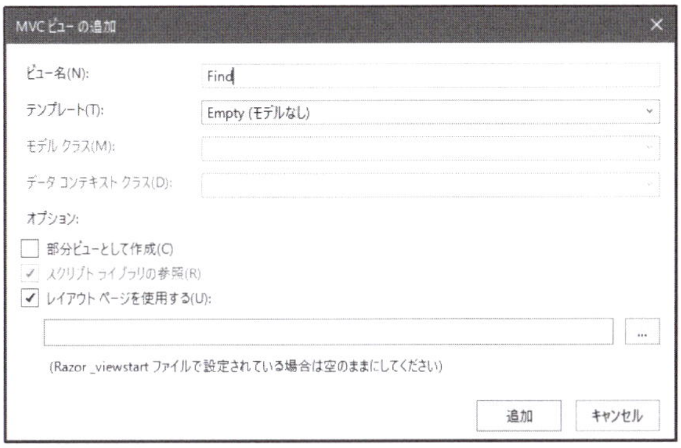

Visual Studio Community for Mac の場合

ソリューションエクスプローラーで「**Views**」フォルダ内の「**People**」を右クリックし、現れたメニューで「**追加**」内の「**新しいファイル…**」を選びます。

現れたダイアログで、「**ASP.NET Core**」内の「**Razorページ**」を選択し、下の名前フィールドに「**Find**」と入力して「**新規**」ボタンを選択します。

図5-5：「Razorページ」を選択して「Find」と名前を入力する。

Chapter 5 データベースを使いこなす

Find.cshtml を作成する

ファイルが作成されたら、内容を記述しましょう。テンプレートの内容は、先に**リスト5-1**で記述したものとほぼ同じです。ただし、冒頭の2行だけ次のように修正をしておきましょう。

```
@page
@model SampleRazorApp.Pages.FindModel;
     ↓
@model IEnumerable<SampleMVCApp.Models.Person>
```

PeopleControllerにFindアクションを追加する

続いて、アクションの用意です。PeopleController.csを開き、PeopleControllerクラスに次のメソッドを追加しましょう。

リスト5-3

```
public async Task<IActionResult> Find()
{
    return View(await _context.Person.ToListAsync());
}


[HttpPost]
[ValidateAntiForgeryToken]
public async Task<IActionResult> Find(string find)
{
    var People  = await _context.Person.Where(m => m.Name == find).
        ToListAsync();
    return View(People);
}
```

GET用とPOST用の2つのFindを用意してあります。GET用のFindでは、**_context.Person.ToListAsync**を実行し、その結果をViewに指定しています。これで全レコードのリストをモデルとしてテンプレート側に渡せますね。

POST用のFindでは、_context.Personのメソッドを使って検索を行っています。これについてはこの後で説明します。

Whereによるフィルター処理

これでRazorページとMVCそれぞれでFindのページが用意できました。実際に、/Find（Razorページアプリ）または/People/Find（MVCアプリ）にアクセスをしてみて下さい。そして入力フィールドにNameの値を記入し、送信してみましょう。Nameプロパティの値が検索テキストと等しいPersonが取り出されて表示されます。

240

図5-6：検索テキストを記入して送信すると、Nameの値が等しいPersonを表示する。

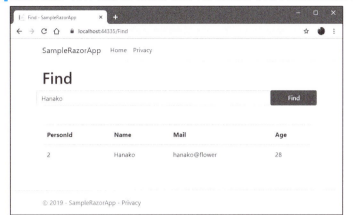

Where メソッドについて

では、POST用のメソッドで行っていた検索処理について説明しましょう。ここでは、次のような処理が実行されていました。

```
var People = await _context.Person.Where(m => m.Name == Find).
    ToListAsync();
```

_context.Personには、DbSetというクラスのインスタンスが設定されている、と説明しましたね（**リスト4-32参照**）。この中の「**Where**」というメソッドを使って検索を行っています。

■検索の実行

```
《DbSet》.Where( ラムダ式 )
```

引数には、ラムダ式が用意されます。このラムダ式では、検索対象となるモデルクラス（ここではPerson）のインスタンスが引数として渡されます。それを利用して条件となる式を用意します。その式の結果がtrueとなるレコードを検索します。

先のサンプルでは、次のようなラムダ式が引数として用意されました。

```
m => m.Name == Find
```

ラムダ式の引数(m)は、Wehereで検索される対象のモデルインスタンスです。これにより、**PersonインスタンスのNameプロパティがFindと等しいもの**が検索されていたのです。この条件の用意の仕方により、さまざまな検索が行えるというわけです。

■検索結果の取得

```
《IQueryable》.ToListAsync();
```

Whereの戻り値は、IQueryableというインターフェイス（実装はQueryable）のイン

241

スタンスになっています。この時点では、実はまだデータベースにはアクセスしていません。IQueryableは、SQLのクエリに相当する情報をまとめたものです。ここから、ToListAsyncを呼び出すことで、実際にIQueryableに構築されたSQLクエリがデータベースに送信され、その結果を受け取り、リストとして返すのです。

指定したAge以下のレコードを取り出す

では、Whereによる実際の検索例を見てみましょう。まず、数値による絞り込みを行ってみます。PersonにはAgeというプロパティがありました。これを使い、フォームで入力した値以下のものを取り出してみましょう。

RazorページアプリとMVCアプリそれぞれの実装を、挙げておきます。

リスト5-4――FindModel(Razor)
```
public async Task OnPostAsync(string Find)
{
    int n = Int32.Parse(Find);
    People = await _context.Person.Where(m => m.Age <= n).ToListAsync();
}
```

リスト5-5――PeopleController(MVC)
```
[HttpPost]
[ValidateAntiForgeryToken]
public async Task<IActionResult> Find(string find)
{
    int n = Int32.Parse(Find);
    var People  = await _context.Person.Where(m => m.Age <= n)
        .ToListAsync();
    return View(People);
}
```

図5-7：フィールドに整数値を記入して送信すると、Ageがそれ以下のものを検索する。

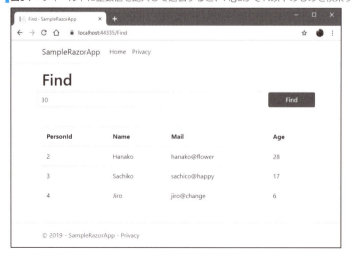

実際にアクセスして動作を確かめましょう。フィールドに「**30**」と記入して送信すると、Ageの値が30以下のレコードだけが表示されます。

ここでは、**int n = Int32.Parse(Find);** で引数FindをInt32に変換し、それを使ってWhereを実行しています。

```
Where(m => m.Age <= n)
```

見ればわかるように、Ageプロパティと変数nを比較して条件を設定しています。等号・不等号を使えば、非常に簡単に数値による検索が行えます。

複数条件を設定する

数値を使った検索では、「○○以上」「○○以下」という単純なもののほかに、「○○以上××以下」というように一定の範囲の値に絞り込むこともよくあります。こうしたものも、全く同じやり方で検索できます。

Whereの部分を次のように書き換えてみましょう。

リスト5-6
```
People = await _context.Person.Where(m => m.Age >= n - 5 && m.Age
    <= n + 5).ToListAsync();
```

図5-8:「35」と入力すると、Ageの値が30以上40以下のものが表示される。

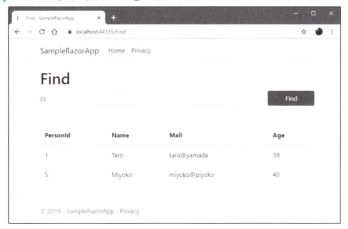

これは、入力した数値±5の範囲を検索する例です。例えば「**35**」と入力すると、Ageの値が30以上40以下のものを表示します。

ここでは、「**m.Age >= n - 5**」と「**m.Age <= n + 5**」の2つの条件がtrueならば検索されるように式を用意しています。&&を使って複数条件をつなげてチェックしているのです。

こうした式は、&&または||といった論理演算子を使って複数をつなげることができます。演算子による複数条件式の接続も、Whereでは問題なく動くのです。

テキストの検索

続いて、テキストの検索を考えてみましょう。テキストの検索を行う場合、==による比較だけでは思うような検索が行えません。テキストは、完全一致による検索より、**部分一致**の検索が多用されます。

■検索テキストで始まるもの

《モデル・プロパティ》.StartsWith(値)

■検索テキストで終わるもの

《モデル・プロパティ》.EndsWith(値)

■検索テキストを含むもの

《モデル・プロパティ》.Contains(値)

これらを使って検索条件を指定することで、より柔軟な検索が行えるようになるでしょう。

Mailをドメインで検索する

実際の利用例として、「**Mailの値をドメイン名で検索する**」ということを考えてみましょう。Whereの文を次のように修正します。

リスト5-7
```
People = await _context.Person.Where(m => m.Name.EndsWith(Fnd)).
ToListAsync();
```

■図5-9：「.jp」と入力すると、Mailが.jpで終わるものを検索する。

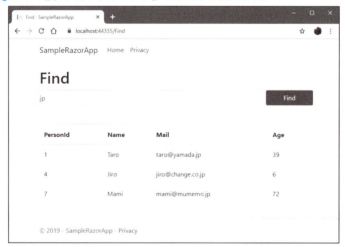

検索フィールドに「**.jp**」と入力して送信すると、Mailのメールアドレスが.jpで終わるも

のを検索します。検索条件を**m.Name.EndsWith(Fnd)**とすることで、指定のテキストで終わるものを検索しているのです。

より複雑な検索を考える

&&や||といった論理演算子を使うことで、複数の項目で検索を行わせることもできるようになります。例えば検索テキストを入力したとき、NameとMailの両方から検索させてみましょう。

リスト5-8
```
People = await _context.Person.Where(m => m.Name.Contains(Find) ||
    m.Mail.Contains(Find)).ToListAsync();
```

▌**図5-10**：フィールドにテキストを書いて送信すると、NameかMailにテキストを含むものをすべて検索する。

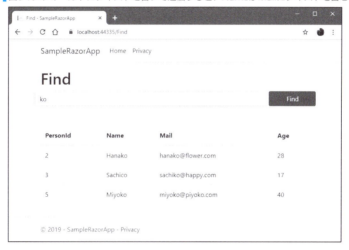

入力フィールドにテキストを書いて送信すると、NameとMailのどちらかにそのテキストを含むものをすべて検索します。ここでは、m => m.Name.Contains(Find)とm.Mail.Contains(Find)の条件を||で接続して条件を設定しています。

複数の検索テキストを用意する

例えば、「**Nameの値がTaro、Jiro、Saburoのものをすべて検索する**」というような場合はどうすればいいでしょうか。

検索対象をstring配列として用意し、そのContainsを使って、「**配列に指定の値が含まれているか**」をチェックすることで、これは可能です。やってみましょう。

リスト5-9
```
string[] arr = Find.Split(" ");
People = await _context.Person.Where(m => arr.Contains(m.Name)).
    ToListAsync();
```

図5-11：「Taro Jiro Saburo」と入力するとTaro、Jiro、Saburoのレコードが表示される。

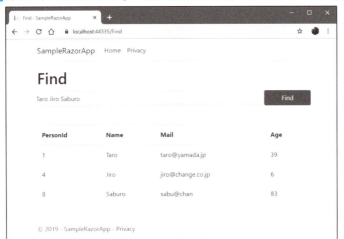

フィールドに「**Taro Jiro Saburo**」と入力し送信すると、Nameの値が「**Taro**」「**Jiro**」「**Saburo**」のものをすべて検索します。

ここでは**Split**を使い、検索テキストを半角スペースで配列に分割しています。そして、**arr.Contains(m.Name)**と条件を設定することで、配列arrにNameの値が含まれるものをすべて検索しています。

5.2 LINQに用意される各種の機能

クエリ式構文について

　Whereを使ったさまざまな検索について説明をしてきました。これでWhereによる基本的な検索はだいていできるようになってのではないでしょうか。
　基本的な検索処理ができるようになったところで、LINQに用意されている、**もう1つのアクセス方法**についても触れておくことにしましょう。

　ここまでの検索は、基本的に「**C#のオブジェクトの利用に沿ったやり方**」でした。オブジェクトにあるメソッドを呼び出し、そこに引数で条件を指定して検索を行いました。これは「**メソッドベース**」のクエリ構文と呼ばれます。
　この方式は、SQLなどとはかなり違います。メソッド名などはSQLの句と同じようなものを使っていますが、感覚的にはSQLのクエリとは相容れないものである感じがするでしょう。

　そこでLINQでは、もっとSQLに近い感覚で記述できる構文も用意しているのです。これは、「**クエリ式**」の構文と呼ばれます。
　クエリ式構文では、次のような句を使って、実行するLINQの文を作成します。

from in	SQLのfromに相当する。「from 変数 in DbSet」という形で記述する。
where	SQLのwhereに相当する。「where 条件」という形で記述する。
select	SQLのselectに相当する。selectの後にfromの変数を指定する。

これらを組み合わせることでSQLクエリと同じ感覚で検索処理を作成します。戻り値として、**IQueryable**というインターフェイス(実装は**Queryable**)が返されます。これは、SQLクエリに相当するもので、これ自体はまだデータベースアクセスはしていません。

作成できたIQueryableからToListAsyncなどを呼び出して結果を取得します。このとき、実際にデータベースアクセスが実行されます。

ごく一般的な検索のための書き方を次にまとめておきましょう。

■IQueryableの作成

```
変数 = from 《変数》 in 《DbSet》 where 条件 select 《変数》;
```

(※右辺にある2つの《変数》は同じ変数。これは《DbSet》から得られるインスタンスが代入されるもので、whereの条件などで利用される)

■リストで結果を取得

```
変数 =《IQueryable》.ToListAsync();
```

Column DbSetとIQueryable

クエリの構文を使った戻り値は、IQueryableインターフェイスの実装インスタンスです。これに対し、**リスト4-32**で作成したように、_context.PersonはDbSetですから、メソッド利用の場合はDbSetからWhereなどのメソッドを呼び出すことになります。このあたりで、「**データベースアクセスの機能はIQueryableなのか、DbSetなのか?**」と混乱している人もいるのではないでしょうか。

DbSetとIQueryable。これらは別のものと思いがちですが、実は内容的にはほぼ同じものなのです。IQueryableは、SQLのクエリに相当するものを扱うための機能を提供するインターフェイスです。

そしてこのIQueryableは、DbSetに実装されています。つまり、DbSetも、IQueryableとして扱えるのです。ですから、DbSetインスタンスから呼び出していくデータベースアクセスに関する構文やメソッドは、基本的にすべて「**IQueryableインスタンスにあるもの**」と考えていいでしょう。

Personから検索を行う

では、クエリ式構文を使ってPersonから検索を行ってみましょう。今回はわかりやすいように、GETとPOSTのためのメソッドの形で掲載しておきます。

リスト5-10──Findページに記述(Razorページアプリ)

```
public async Task OnGetAsync()
{
    IQueryable<Person> result = from p in _context.Person select p;
```

Chapter 5 データベースを使いこなす

```csharp
        People = await result.ToListAsync();
}


public async Task OnPostAsync(string Find)
{
    IQueryable<Person> result = from p in _context.Person where
        p.Name == Find select p;
    People = await result.ToListAsync();
}
```

リスト5-11——PeopleControllerに記述（MVCアプリ）

```csharp
public async Task<IActionResult> Find()
{

    IQueryable<Person> result = from p in _context.Person select p;
    return View(await result.ToListAsync());
}


[HttpPost]
[ValidateAntiForgeryToken]
public async Task<IActionResult> Find(string find)
{
    IQueryable<Person> result = from p in _context.Person where
        p.Name == Find select p;
    return View(await result.ToListAsync());
}
```

■全レコードの検索

では、簡単に説明をしておきましょう。まず、GETアクセス時の処理です。これは、whereによる条件設定が必要ないので比較的簡単な記述になります。

■全レコードを検索するIQueryableの作成

```csharp
IQueryable<Person> result = from p in _context.Person select p;
```

■リストの取得

```csharp
People = await result.ToListAsync();
```

from p in _context.Personで、Personを変数pとして扱うようになります。そして、select pでpのレコードをすべて取り出します。

これで作成されたIQueryableから、ToListAsyncを呼び出してデータベースからレコードを取得し、それをリストとして変数に取り出します。

■条件による検索

POSTアクセス時の処理は、GETの際の記述に更に検索条件を設定するwhereが追加さ

248

れます。

■Name == Findを検索するIQueryableの作成
```
IQueryable<Person> result = from p in _context.Person where
    p.Name == Find select p;
```

from p in _context.Personの後、検索条件として**where p.Name == Find**を用意しています。そして、レコードの取得を行う**select p**を用意します。後は、ToListAsyncを使ってレコードをリストとして取り出すだけです。

1文にまとめると？

ここでは、わかりやすいようにクエリ式構文の実行結果を変数に代入し、そこからToListAsyncを呼び出しています。が、もちろん1文にまとめて記述することもできます。例えば、全レコードを取得する文は次のようになります。

リスト5-12
```
People = await (from p in _context.Person select p).ToListAsync();
```

from p in _context.Person select pで返される結果に対しToListAsyncが呼び出されます。従って、クエリ式構文の部分を( )でまとめ、そこからToListAsyncを呼び出せばいいでしょう。( )がないと、クエリ式構文の部分を正しく処理できない（最後のpからToListAsyncを呼び出していると判断される）ので、必ず( )でまとめて記述して下さい。

Selectメソッドについて

クエリ式構文による記述では、メソッドを使ったやり方にはないものが付けられていました。それは「**select**」です。クエリ式構文では、最後に「**select p**」が必ず付けられていました。

が、SQLでは、selectには「**取得するカラムの指定**」という役割がありました。このための**Select**に相当する機能は、メソッドを使った方法にもちゃんと用意されています。

■取得するプロパティを指定する
```
《IQuery》.Select( ラムダ式 )
```

Selectの引数は、Whereと同じラムダ式になります。引数に渡されるモデルクラスのインスタンスから取り出したいプロパティを返せば、その項目のレコードのみを取り出すクエリを生成できます。

では、実際に利用例を挙げておきましょう。ここでは**リスト5-1～5-3**で作成したRazorページアプリのFindページを例にとって、GET時にNameのデータだけを一覧表示するサンプルを作成します。

まず、FindModelクラスのOnGetAsyncメソッドを次のように修正します（検索結果を保管しておくので、Pdataプロパティも追記するのを忘れないで下さい）。

リスト5-13

```
public string[] Pdata { get; set; }

public async Task OnGetAsync()
{
    Pdata = await _context.Person.Select(m => m.Name).ToArrayAsync();
    People = await _context.Person.ToListAsync();
}
```

そして、ページファイル（Find.cshtml）の適当なところに、Pdataの内容を出力するタグを次のように追記しておきます。

リスト5-14

```
<pre class="h5">
@string.Join(",", Model.Pdata)
</pre>
```

図5-12：アクセスすると、PersonのNameの値だけを取り出し、まとめて表示する。

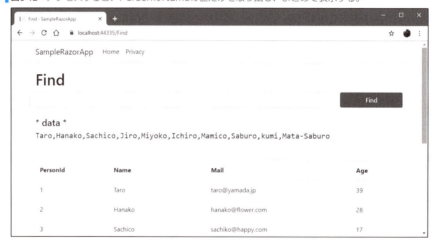

実際にアクセスしてみると、追記した<pre>タグにPersonのNameプロパティの値だけがカンマで区切って表示されます。

ここでは、次のようにSelectメソッドを呼び出していますね。

```
Select(m => m.Name)
```

これで、Nameの値だけを取り出すクエリが用意されます。ToArrayAsyncを実行すると、Personのリストではなく、Nameの値(string)のリストが値として返されるようになるのです。

レコードの並び替え

レコードを取得するとき、「**どのような並び順で表示するか**」は意外と重要です。これには専用のメソッドが用意されています。次にまとめておきましょう。

■昇順に並べ替える

```
《IQueryable》.OrderBy( ラムダ式 )
```

■降順に並べ替える

```
《IQueryable》.OrderByDescending( ラムダ式 )
```

どちらも引数にはラムダ式を指定します。Selectメソッドと同様、並べ替えの基準となるプロパティを指定することで、そのプロパティを使いリストの項目を並べ替えます。

また、並べ替えは複数の項目を指定することも可能です。例えば、まずA項目を基準に並べ替え、同じ値があった場合はB項目を基準に並べ替える、というような具合です。これは「**ThenBy**」「**ThenByDescending**」といったメソッドを使います。これらは、OrderBy、OrderByDescendingの後に記述します。

■昇順に並べ替える

```
《IQueryable》.OrderBy( ラムダ式 ).ThenBy( ラムダ式 )
```

■降順に並べ替える

```
《IQueryable》.OrderBy( ラムダ式 ).ThenByDescending( ラムダ式 )
```

このThenBy、ThenByDescendingは連続して複数を用意することも可能です。いずれの場合も、並べ替えの最初に用意するのはOrderBy/OrderByDescendingであり、2番目以降にThenBy/ThenByDescendingを記述します。

では、実際の利用例を挙げておきましょう。次のようにFindModelクラスのソースコードを書き換えて下さい（なお、前のサンプルで作成したPdataの表示処理部分は削除しておいて下さい）。

リスト5-15

```csharp
public async Task OnGetAsync()
{
    People = await _context.Person
        .OrderBy(m => m.Age).ToListAsync();
}


public async Task OnPostAsync(string Find)
{
    People = await _context.Person
        .Where(m => m.Name.Contains(Find))
        .OrderBy(m => m.Age).ToListAsync();
}
```

図5-13：Findにアクセスし、検索すると、表示されるレコードのリストがAgeの小さい順に並べ替えられ表示される。

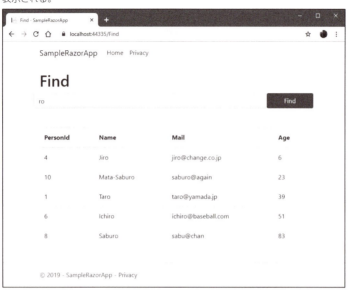

ここでは、GETアクセスの全レコード表示とフォーム送信後の検索テキストを含むレコードの表示がすべてAgeプロパティの値が小さい順に並べ替えられた状態で表示されます。

まず、OnGetAsyncを見てみましょう。ここでは次のように記述されていますね。

```
People = await _context.Person.OrderBy(m => m.Age).ToListAsync();
```

Personから直接OrderByが呼び出されています。引数には、m => m.Ageとラムダ式が用意され、これによりAge順に並べ替えが行われるようになります。実際のレコード類は、OrderByからToListAsyncを呼び出して取得されます。

フォーム送信後のPOST時の処理は、次のようになっています。

```
People = await _context.Person.Where(m => m.Name.Contains(Find))
        .OrderBy(m => m.Age).ToListAsync();
```

ここでは、PersonからWhereを呼び出して、そこから更にOrderByが呼び出されています。そして最後にToListAsyncを呼び出して結果を取得しています。**ToListAsyncの前にOrderByは記述する**、と考えておくと良いでしょう。

Column　メソッドチェーンの呼び出し順について

ToListAsyncの手前までの部分は、いくつメソッドがつながっていようと「**IQueryableを返す**」という点では同じです。WhereもOrderByもIQueryableを返します。だからこそメソッドチェーンでいくつもつなげて呼び出せたのです。そして最後にToListAsyncを呼び出したところで結果のリスト（IList<Person>）が返されます。

つまり、一連のメソッドは、「**IQueryableを返すもの**」と「**そうでないもの**」に分けて考えることができるのです。IQueryableを返すメソッドは、基本的にどういう順番でメソッドを呼び出しても問題ありません（OrderByとThenByのように例外はあります）。そして、IQueryableを返す一連のメソッドが全て呼び出し終わったあとで、そこから必要な結果を取り出すメソッド（ToListAsyncなど）が呼び出されるのです。

一部のレコードを抜き出す「Skip/Take」

ToListAsyncでは、検索されたすべてのレコードをリストとして取り出します。が、データが多量になると「**すべて取り出す**」というやり方はあまり良い方法ではなくなってきます。多くのオンラインショップなどでは、扱う商品をページ単位で分けて表示します。データ数が増えると、こうした「**一部分だけを抜き出して表示する**」というやり方が一般的になるでしょう。

このように「**一部だけを取り出す**」ためには、2つのメソッドを組み合わせます。それは「**Skip**」と「**Take**」です。

■レコードの取得位置を変更する

```
《IQuryable》.Skip( 整数 )
```

■指定した数だけレコードを取得する

```
《IQuryable》.Take( 整数 )
```

Skipは、引数に指定した数だけレコードをスキップして取得します。例えば、Skip(10)とすれば、最初から10個のレコードをスキップし、11個目から取り出します。

Takeは、引数に指定した個数だけレコードを取り出します。Take(10)とすれば、最大10個のレコードを取り出します。

ページ単位でレコードを取り出す

では、実際の利用例を挙げておきましょう。Razorページのアプリを使ってサンプルを作成します。FindModelクラスのOnGetAsyncメソッドを次のように修正して下さい（pとn、2つのプロパティも忘れずに用意して下さい）。

リスト5-16

```
[BindProperty(SupportsGet = true)]
public int p { get; set; }
[BindProperty(SupportsGet = true)]
public int n { get; set; }

public async Task OnGetAsync()
{
    n = n <= 0 ? 3 : n;
```

Chapter 5 データベースを使いこなす

```
        People = await _context.Person.OrderBy(m => m.Age)
            .Skip(p * n).Take(n).ToListAsync();
    }
```

ここでは、pとnの2つの値を使ってレコードを取り出します。**pはページ番号、nはページあたりの個数**を指定します。nは省略すると3個になります。

例えば、/Find?p=0とすると、最初のページである1 ～ 3番目のレコードが表示されます。

p=1とすれば、4 ～ 6個目のレコードが表示されます。/Find?p=0&n=5とすると、最初の1 ～ 5個のレコードが取り出されます。

ここでは、次のようにしてレコード取得の処理を用意しています。

```
_context.Person.OrderBy(m => m.Age).Skip(p * n).Take(n).ToListAsync();
```

OrdreBy、Skip、TakeといったIQueryableを返すメソッドをメソッドチェーンで呼び出した後、ToListAsyncでリストを取り出しています。SkipとTakeはセットで利用されることが多いので、上記のような書き方を基本として覚えてしまって良いでしょう。

生のSQLを実行する

Entity Frameworkは、直接SQLを使わず、LINQの構文を使ってメソッドやキーワードなどでデータベースにアクセスをします。が、何らかの理由で、直接SQLのクエリを送信して実行したいこともあるかもしれません。

そのような場合は、「**FromSqlRaw**」メソッドを利用します。

■生のSQLクエリを実行する

《DbSet》.FromSqlRaw(クエリ文)

FromSqlRawの使い方は簡単で、引数に実行するSQLクエリをテキストとして用意するだけです。戻り値は、やはりIQueryableインスタンスになります。従って、そこからToListAsyncなどでリストを取得し利用すればいいでしょう。

簡単な利用例を挙げておきましょう。RazorページアプリのFindModelクラスにあるOnGetAsyncを次のように修正します。

リスト5-17

```
public async Task OnGetAsync()
{
    IQueryable<Person> result = _context.Person
        .FromSqlRaw("select * from person order by PersonId desc");
    People = await result.ToListAsync();
}
```

図5-14：/FindにアクセスするとPersonIdが大きいものから順にリスト表示される。

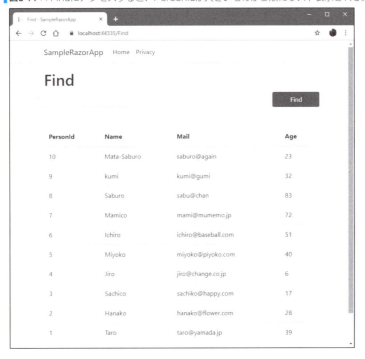

アクセスすると、PersonIdが大きいものから順に一覧表示されます。ここでは、次のようにしてSQLクエリを実行しています。

```
FromSqlRaw("select * from person order by PersonId desc")
```

引数には、「**select * from person order by PersonId desc**」というクエリ文が用意されています。これを実行するためのIQueryableが変数resultに代入され、そこから更にToListAsyncを呼び出してPersonのリストを取得しています。

5.3 値の検証

入力値の検証について

レコードを新しく作成したり編集したりするとき、注意しなければいけないのが「**正しく値を入力する**」ということです。レコードによっては、特定の形式の値が必要なこともありますし、数値の値でも入力可能な範囲が限られることもあります。このようなとき、正しく値が入力されているかをチェックし、その上でレコードの作成などを行う必要があります。

こうした「**入力された値の検証**」のための機能は、Entity Framework Coreに標準で用意されています。これを利用することで、非常に簡単に値の検証を行うことができるようになります。

Personモデルクラスを修正する

では、実際に検証機能を使ってみましょう。Person.csファイルを開き、そこにあるPersonクラスを次のように書き換えてみましょう。

リスト5-18
```csharp
// using System.ComponentModel.DataAnnotations;

public class Person
{
    public int PersonId { get; set; }
    [Required]
    public string Name { get; set; }
    [EmailAddressAttribute]
    public string Mail { get; set; }
    [Range(0,200)]
    public int Age { get; set; }
}
```

これで、値の検証ルールがPersonモデルに設定されました。実際にCreateページ（Createアクション）にアクセスしてレコードの新規作成をしてみましょう。入力フィールドに正しく値が入力されていないと、レコードは作成されず、フォームが再表示されます。フォームの入力フィールドの下には、発生した問題の内容が赤いテキストで表示されます。

図5-15：フォームを送信し、値に問題があるとエラーメッセージが現れる。

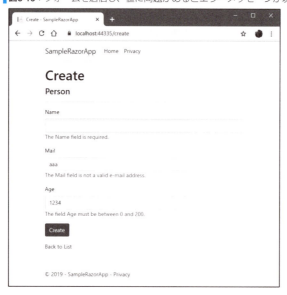

検証属性と検証結果の確認

ここでは、Personクラスのプロパティに**検証のための属性**を追記しています。今回、用意したのは次のような属性です。

[Required]	必須項目の指定
[EmailAddressAttribute]	メールアドレス
[Range(0,200)]	0以上200以下の範囲内

これらの属性をプロパティに用意することで、そのプロパティには**検証のルール**が設定されます。そして、フォームが送信されPersonインスタンスが作成される時になると、これらの検証ルールを元に値の内容がチェックされるのです。

CreateでPOST送信されたときにどのような処理が行われていたか思い出してみましょう。RazorページアプリのCreate.cshtml.csでは、CreateModelクラスに次のような形で送信時の処理が用意されていました。

リスト5-19

```
public async Task<IActionResult> OnPostAsync()
{
    if (!ModelState.IsValid)
    {
        return Page();
    }

    _context.Person.Add(Person);
    await _context.SaveChangesAsync();

    return RedirectToPage("./Index");
}
```

ifで、**ModelState.IsValid**の値をチェックしています。このIsValidは、検証に問題が発生しているかどうかを示すプロパティでしたね。この値がfalseだったならば、問題が発生したとして return Page(); を実行しています。これで、再度このページが表示されるようになります。

ここで重要なのは、「**ModelState.IsValidをチェックする際に検証が行われているわけではない**」という点です。CreateModelクラスでは、送信されたフォームを次のようなプロパティにバインドしていました。

リスト5-20

```
[BindProperty]
public Person Person { get; set; }
```

Chapter 5 データベースを使いこなす

　フォームが送信されると、送られた値を元にPersonプロパティに値がバインドされます。フォーム送信された値が、Personの各プロパティに設定され、インスタンスが作られるわけですね。このとき、**送られた値を取り出した段階で既に値の検証が行われています**。

　つまり、プログラマが検証の作業を行う必要はなく、ただモデルクラスに検証のための属性を用意するだけで、自動的に検証作業が行われるのです。

エラーメッセージの表示について

　Createページでは、フォームに入力して送信すると、自動的にエラーメッセージが表示されました。これは、スキャフォールディングにより生成されたフォームのコードに秘密があります。Create.cshtmlでは次のように記述されていました。

リスト5-21

```html
<form method="post">
    <div asp-validation-summary="ModelOnly" class="text-danger"></div>
    <div class="form-group">
        <label asp-for="Person.Name" class="control-label"></label>
        <input asp-for="Person.Name" class="form-control" />
        <span asp-validation-for="Person.Name" class="text-danger"></span>
    </div>
    <div class="form-group">
        <label asp-for="Person.Mail" class="control-label"></label>
        <input asp-for="Person.Mail" class="form-control" />
        <span asp-validation-for="Person.Mail" class="text-danger"></span>
    </div>
    <div class="form-group">
        <label asp-for="Person.Age" class="control-label"></label>
        <input asp-for="Person.Age" class="form-control" />
        <span asp-validation-for="Person.Age" class="text-danger"></span>
    </div>
    <div class="form-group">
        <input type="submit" value="Create" class="btn btn-primary" />
    </div>
</form>
```

▌エラーメッセージ用のタグ

　ここでは、エラーメッセージのためのタグが全部で4つ用意されています。これは大きく2種類に分かれています。

■モデル全体に関するエラーメッセージ

```html
<div asp-validation-summary="ModelOnly" class="text-danger"></div>
```

■モデルの各プロパティに関するエラーメッセージ

```
<span asp-validation-for="Person.Name" class="text-danger"></span>
<span asp-validation-for="Person.Mail" class="text-danger"></span>
<span asp-validation-for="Person.Age" class="text-danger"></span>
```

asp-validation-summaryは、検証に関するサマリーを表示するものです。ここでは
"ModelOnly"と値が設定されており、これでモデル固有のメッセージのみが表示される
ようになっています。

残りの**asp-validation-for**は、指定したモデルのプロパティに関するエラーメッセージ
を表示するものです。asp-validation-forを用意するだけで、特定のプロパティに関する
エラーメッセージが表示されるようになるのです。

全エラーメッセージをまとめて表示する

リスト5-18の例では、各フィールドごとに個別にエラーメッセージが表示されました。
が、すべてのエラーメッセージをまとめて表示させることも可能です**<form>**タグの部
分を次のように修正してみましょう。

リスト5-22

```
<form method="post">
    <div asp-validation-summary="All" class="text-danger"></div>
    <div class="form-group">
        <label asp-for="Person.Name" class="control-label"></label>
        <input asp-for="Person.Name" class="form-control" />
    </div>
    <div class="form-group">
        <label asp-for="Person.Mail" class="control-label"></label>
        <input asp-for="Person.Mail" class="form-control" />
    </div>
    <div class="form-group">
        <label asp-for="Person.Age" class="control-label"></label>
        <input asp-for="Person.Age" class="form-control" />
    </div>
    <div class="form-group">
        <input type="submit" value="Create" class="btn btn-primary" />
    </div>
</form>
```

修正したら、実際にフォームを送信してみましょう。すると、発生したエラーがフォー
ムの上部にまとめて表示されるようになります。

図5-16：送信すると、発生したエラーメッセージをフォームの上にまとめて表示する。

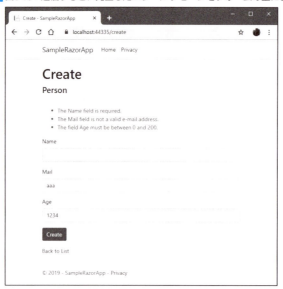

ここでは、<form>タグの一番上にある<div>タグに次のようにディレクティブを指定しています。

```
asp-validation-summary="All"
```

値を**"All"**とすることで、発生したすべてのエラーメッセージを表示するようになります。従って、各フィールドに用意したasp-validation-forを指定したタグは必要なくなります。フォーム内に余計なタグも減り、すっきりしますね！

フォームの表示名を変更する

スキャフォールディングのフォームでは、asp-forを使ってモデルのプロパティから自動的にコントロールの設定を行うようにしています。このやり方は非常に便利なのですが、「**モデルの内容そのままにしか表示されない**」という不満もあるでしょう。

各フィールドには、Name、Mail、Ageといった名前が表示されています。これらはPersonモデルクラスのプロパティ名がそのまま表示されているわけですが、日本人であればやはり日本語で表示したいものです。

このような場合、モデルクラスに**[Display]**という属性を用意することで、asp-forで表示されるDisplayNameを変更することができます。

■DisplayNameの設定

```
[Display(Name="名前")]
```

この[Display]属性を用意しておくと、<label asp-for="プロパティ">タグによるフィールド名の表示で、Nameのテキストが使われるようになります。

Person に Display 名を設定する

では、実際の例を挙げておきましょう。Personクラスを次のように修正してみて下さい。

リスト5-23

```
public class Person
{
    public int PersonId { get; set; }

    [Display(Name="名前")]
    [Required]
    public string Name { get; set; }
    [Display(Name="メールアドレス")]
    [EmailAddress]
    public string Mail { get; set; }
    [Display(Name="年齢")]
    [Range(0,200)]
    public int Age { get; set; }
}
```

保存し、Createページにアクセスしてみましょう。すると各フィールドの上に表示されていた名前が全て日本語に変わります。

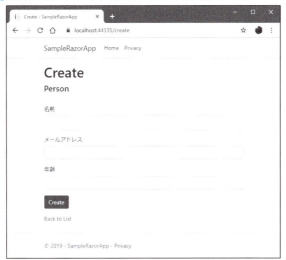

図5-17：各フィールドに表示される名前が日本語になった。

Chapter 5 データベースを使いこなす

エラーメッセージを変更する

フィールド名の表示が日本語にできるなら、エラーメッセージも日本語にしたいところですね。これは、各検証の属性に「**ErrorMessage**」という引数を用意することで可能になります。

■エラーメッセージの指定

```
[ 属性名 ( 引数, …… , ErrorMessage="エラーメッセージ" ]
```

検証用の属性に、このようにErrorMessageという引数を用意します。検証用の属性には、例えば [Required]のように引数を持たないものもありますし、[Range(0, 200)]のように既に引数が付けられているものもあります。どのようなものであっても、( )にErrorMessageと引数を追加すればメッセージを変更できます。

エラーメッセージを日本語化する

では、実際にエラーメッセージを日本語化しましょう。Personクラスを次のように修正して下さい。

リスト5-24

```csharp
public class Person
{
    public int PersonId { get; set; }
    [Display(Name="名前")]
    [Required(ErrorMessage = "必須項目です。")]
    public string Name { get; set; }
    [Display(Name="メールアドレス")]
    [EmailAddress(ErrorMessage = "メールアドレスが必要です。")]
    public string Mail { get; set; }
    [Display(Name="年齢")]
    [Range(0, 200, ErrorMessage = "ゼロ以上200以下の値にして下さい。")]
    public int Age { get; set; }
}
```

図5-18：エラーメッセージが日本語になった。**リスト5-22**で変更したエラーメッセージの表示はデフォルトの状態に戻してある。

実際にアクセスしてフォームを送信してみましょう。するとエラーメッセージがすべて日本語で表示されるようになります。

用意されている検証ルール

検証を使いこなすためには、どのような検証ルールが用意されているのかがわからなければいけません。次に、標準で用意されている検証ルールの属性を整理しておきましょう。

[Compare(プロパティ)]

指定したプロパティと等しいかどうかを検証します。

[CreditCard]

クレジットカードの番号であるか検証します。

[DataType(種類)]

プロパティに関連付ける追加の型の名前を指定します。これにはDataType列挙型として用意されている次の値が利用できます。

■DataType列挙型の値

CreditCard	クレジットカード番号を表します。
Currency	通貨値を表します。
Custom	カスタムデータ型を表します。

Chapter 5 データベースを使いこなす

Date	日付値を表します。
DateTime	日付と時刻で表現される時間を表します。
Duration	オブジェクトが存続する連続時間を表します。
EmailAddress	電子メールアドレスを表します。
Html	HTMLファイルを表します。
ImageUrl	イメージのURLを表します。
MultilineText	複数行テキストを表します。
Password	パスワード値を表します。
PhoneNumber	電話番号を表します。
PostalCode	郵便番号を表します。
Text	表示されるテキストを表します。
Time	時刻を表します。
Upload	ファイルアップロードのデータ型を表します。
Url	URLを表します。

[EmailAddress]

電子メール アドレスを検証します。

[MaxLength(整数)]

プロパティで許容される配列または文字列データの最大長を指定します。

[MinLength(整数)]

プロパティで許容される配列または文字列データの最小長を指定します。

[Phone]

データフィールドの値が適切な形式の電話番号であることを指定します。

[Range(最小値 , 最大値)]

データフィールドの数値範囲の制約を指定します。

[RegularExpression(パターン)]

指定した正規表現に一致しなければならないことを指定します。

[Required]

データフィールド値が必須であることを指定します。

[StringLength(最大値 [, MinimumLength= 最小値])]

最小と最大の文字長を指定します。

▌[Url]

URL検証規則を提供します。

検証可能モデルについて

これで一通りの検証ルールは使えるようになりました。が、それですべての検証が可能となるわけではありません。場合によっては独自のルールに従って値を検証しなければいけないこともあるでしょう。

そのような場合、検証ルールの属性を使うのではなく、独自に値をチェックする処理を実装して検証を行わせることもできます。このような場合には、モデルクラスを検証作業が可能な形に定義して、その中で検証作業を実装することができます。

次のような形でモデルクラスを定義します。

■検証可能モデルクラスの定義

```
public class モデルクラス :IValidatableObject
{

    ……モデルの内容……

    public IEnumerable<ValidationResult>
            Validate(ValidationContext validationContext)
    {
        ……検証処理……
    }
}
```

検証可能なモデルクラスは、**IValidatableObject**というインターフェイスを実装して作成します。このインターフェイスには、「**Validate**」というメソッドが1つだけ用意されており、このメソッドで値の検証作業を行います。このメソッドは引数に**ValidationContext**というクラスのインスタンスを持っています。これは検証に関する機能（**実行コンテキスト**）を提供します。ただし、必ずしも検証にこのオブジェクトが必要になるわけではありません。

Validateメソッドは、**ValidationResult**というクラスのインスタンスをまとめたIEnumerableを返します。これは、ValidationResultインスタンスをyieldで返すことで可能になります。

■検証処理の基本形

```
if ( 検証の条件 )
{
    yield return new ValidationResult( エラーメッセージ );
}
```

ifを使って値のチェックを行い、問題があると判断した場合は、**yield return new ValidationResult**を実行します。ValidationResultインスタンスは、引数にエラーメッセージを指定します。これで、設定したメッセージのエラーが戻り値のIEnumerableに追加されます。

この**IValidatableObject**を使った検証可能モデルクラスを作成する場合は、プロパティには検証用の属性を用意することはできません。つまり、すべての検証作業をValidateメソッドで行う必要があります。

Personで独自の検証を行う

実際に独自の検証処理を行ってみましょう。Personを書き換え、Create時に独自の検証を行うようにしてみます。

まず、Create.cshtmlの表示を修正しましょう。asp-validation-summaryを指定した<div>タグを次のように変更して下さい。

リスト5-25

```
<div asp-validation-summary="All" class="text-danger"></div>
```

わかりますか？ asp-validation-summaryの値を「**All**」に変更しています。ValidationResultでは個々のプロパティに対してエラーメッセージを設定できないので、asp-validation-summaryですべてのメッセージをまとめて表示するようにします。

では、Personクラスを修正しましょう。次のように書き換えて下さい。

リスト5-26

```
// using System.Text.RegularExpressions;

public class Person: IValidatableObject
{
    public int PersonId { get; set; }
    [Display(Name="名前")]
    public string Name { get; set; }
    [Display(Name="メールアドレス")]
    public string Mail { get; set; }
    [Display(Name="年齢")]
    public int Age { get; set; }

    public IEnumerable<ValidationResult>
            Validate(ValidationContext validationContext)
    {
        if (Name == null)
        {
            yield return new ValidationResult
                    ("名前は必須項目です。");
```

```
            }
            if (Mail != null && !Regex.IsMatch(Mail,
                    "[a-zA-Z0-9.+-_%]+@[a-zA-Z0-9.-]+"))
            {
                yield return new ValidationResult
                        ("メールアドレスが必要です。");
            }
            if (Age <  0)
            {
                yield return new ValidationResult
                        ("年齢はマイナスにはできません。");
            }
        }
    }
```

修正したら、実際にフォームを送信して動作を確かめてみましょう。入力した値に応じて、ちゃんとエラーメッセージが表示されます。

図5-19：フォーム送信すると、検証結果がフォーム上部にまとめて表示される。

Validate の検証内容をチェックする

では、Personクラスの内容を見てみましょう。Validateメソッドに、値の検証をしているif文がいくつか並んでいるのがわかります。次のようになっていますね。

Chapter 5 データベースを使いこなす

■Nameがnullかどうか

```
if (Name == null)
{
    yield return new ValidationResult("名前は必須項目です。");
}
```

■Mailがメールアドレスの形式かどうか

```
if (Mail != null && !Regex.IsMatch(Mail, "[a-zA-Z0-9.+-_%]+@[a-zA-Z0-9.-]+"))
{
    yield return new ValidationResult("メールアドレスが必要です。");
}
```

■Ageの値がゼロ以上かどうか

```
if (Age < 0)
{
    yield return new ValidationResult("年齢はマイナスにはできません。");
}
```

このように、ifで条件をチェックしては**yield return new ValidationResult**する、ということを必要なだけ繰り返していけばいいのです。1つひとつの検証作業を実装していくのはちょっと面倒ですが、その代わりにどのような検証でも自由に実装することができます。

「モデルごと」検証する必要があるか？

このIValidatableObjectを実装することによるモデルの検証は、モデル自身に検証機能がセットされるため、作ってしまえば後は余計なことを考えずに検証が行えるようになります。ただし、汎用性はありません。

作成したモデル固有の処理を作成することになるので、新しいモデルを作ればまたIValidatableObjectを実装し、一から検証処理を書かなければいけません。各プロパティに検証の属性を指定するほうがわかりやすいのは確かでしょう。

モデル自体に検証処理を実装するのは、例えば用意されている複数のプロパティの値が相互に関連し合う値をチェックするような場合に限られるでしょう。**プロパティに検証属性を指定すれば済むようなときにわざわざIValidatableObjectを実装してモデルクラスごと検証処理を用意するのはあまり意味がありません。**

IValidatableObjectは、「**そうしなければならないような検証なのか**」を考えた上で実施するかどうかを決めるべきでしょう。

5.4 複数モデルの連携

2つのモデルを関連付けるには？

データベースを利用する場合、複雑なデータを管理するようになると1つのテーブルだけですべてを扱うことができなくなってきます。複数のテーブルを作成し、それらが連携して動くような仕組みを作らなければいけないでしょう。

このような使い方をする場合、Entity Framework Coreでは複数のモデルをどのように連携し、処理していけばいいのでしょうか。実際にサンプルを作成しながら連携の仕組みを説明していきましょう。

Message モデルと Person モデルの連携

まず、サンプルとなるモデルを1つ用意しましょう。ここでは、「**Message**」というモデルを作成してみます。これはメッセージを投稿するのに使い、投稿されたメッセージや投稿者の情報を管理します。

投稿者は、既に作成したPersonモデルを利用します。MessageとPersonを連携させることで、Messageから投稿者の情報を取り出したり、Personからその人の投稿したメッセージを取り出したりできるようにしよう、というわけです。

では、プロジェクトにMessageモデルを用意して下さい。

Visual Studio Community for Windows の場合

プロジェクト内にある「**Models**」というフォルダを右クリックします。現れたメニューから、「**追加**」内の「**クラス...**」を選びます。

新しい項目作成のためのウィンドウが現れるので、「**クラス**」を選択し、名前を「**Message**」と入力して追加して下さい。

図5-20：「クラス」を選択し、名前を「Message」と記入して追加する。

Visual Studio Community for Mac の場合

プロジェクトから「**Models**」フォルダを右クリックし、現れたメニューから「**追加**」内の「**新しいファイル...**」を選びます。

現れたウインドウで、「**General**」「**空のクラス**」と選択し、名前に「**Message**」と入力して新規作成をします。

図5-21：「空のクラス」を選び、「Message」と名前を付けて新規作成する。

Visual Studio Code または dotnet コマンドの場合

Visual Studio Codeでは、「**Models**」フォルダを選び、「**ファイル**」メニューから「**新規ファイル**」を選んでファイルを作成します。コマンドベースの場合は、手作業で「**Models**」フォルダ内に「**Message.cs**」という名前でファイルを作成して下さい。

Messageモデルのソースコード

Messageモデルのソースコードを完成させましょう。作成されたMessage.csを開いて、次のように記述をして下さい。

リスト5-27

```
using System;
using System.Collections.Generic;
using System.Linq;
using System.Threading.Tasks;
using System.ComponentModel.DataAnnotations;

namespace SampleRazorApp.Models
```

```
{
    public class Message
    {
        public int MessageId { get; set; }
        [Display(Name="名前")]
        [Required]
        public string Comment { get; set; }
        [Display(Name="投稿者")]
        public int PersonId { get; set; } // ◉
        public Person Person { get; set; } // ◉
    }
}
```

外部キーと連携するオブジェクト

　ここでは、プライマリキーとなるMessageIdと、投稿するメッセージを保管するCommentというプロパティを用意しています。これらは、Messageモデルの基本的な要素です。

　このほかに、重要な役割を果たすプロパティが2つ用意されています。◉マークの「**PersonId**」と「**Person**」です。

　PersonIdは、連携するPersonクラスのプライマリキー（PersonIdプロパティの値）を保管します。そして**Person**は、PersonIdによって取得される関連Personインスタンスが保管されるプロパティです。

　Entity Framework Coreでは、関連するモデルと連携する場合、そのモデルのプライマリキー用プロパティと同名のプロパティを用意します。これを「**外部キー**」といいます。この外部キーを用意することにより、ほかのモデルとの連携を自動的に認識できるようになっているのです。

外部キーとなるプロパティ名

　このとき重要なのが、「**プロパティの名前**」です。先にPersonモデルを作成するとき、プライマリキーを保管するプロパティ名を「**PersonId**」と名付けました。これが、ここで活きてくるのです。

　PersonIdという名前の外部キーは、自動的に「**PersonモデルのIdとなる値だ**」と判断されます。このため、ただ同じ名前の外部キー用プロパティを用意するだけで、Personとの連携は自動的に認識されます。

ナビゲーションプロパティ

　外部キーとは別に、連携するモデルのインスタンスを保管するプロパティも用意されています。Messageの「**Person**」がそれです。こうした関連モデルのインスタンスを保管するためのプロパティを「**ナビゲーションプロパティ**」と呼びます。

　外部キー用プロパティとナビゲーションプロパティは、通常セットで用意されます。こうすることにより、外部キーによって関連付けられたモデルのインスタンスがナビ

ゲーションプロパティに自動的に代入されるようになります。

　ただし、実をいえばナビゲーションプロパティだけでも、連携モデルを代入すること
は可能です。プライマリキー用プロパティなどが正しく用意されていれば、外部キー用
プロパティがなくとも連携モデルは取得できます。ただし、両方がセットで用意されて
いるのが「**完全な定義**」の仕方であることは確かです。

外部キー用プロパティを変更する

　ここではPersonIdというプロパティを用意していますが、別の名前のプロパティに外
部キーを保管したいこともあります。このような場合は、外部キーのための属性をナビ
ゲーションプロパティに用意することで対応できます。

リスト5-28

```
// using System.ComponentModel.DataAnnotations.Schema; 追加

public class Message
{
    public int MessageId { get; set; }

    [Display(Name="名前")]
    [Required]
    public string Comment { get; set; }

    [Display(Name="投稿者")]
    public int PersonKey { get; set; }

    [ForeignKey("PersonKey")]
    public Person Person { get; set; }
}
```

　ここでは、ForeignKeyという属性をナビゲーションプロパティであるPersonに付けて
います。これにより、PersonKeyプロパティを外部キー用プロパティとして使用するよ
うになります。

Column 外部キーは、なくても必要！

　「**ナビゲーションプロパティ**だけしか用意しなくても**連携モデルのインスタンスが取れ
る**」といいましたが、これはナビゲーションプロパティの型と名前から連携モデルが類推
されるからです。そして連携モデルから関連するレコードのインスタンスを取得するた
めに、背後で外部キーを使ったSQLクエリが正しく実行されているからこそ可能なこと
なのです。

　ということは、外部キー用のプロパティが用意されていなくとも、実際に連携するに
は外部キーとなる値が必要である、ということになります。ただ、自動的に取り出し処
理しているからなくても問題ない、というだけなのです。

Personモデルを修正する

続いて、Personモデルの修正を行いましょう。MessageにPersonを関連付けるということは、Person側にも「**関連付けられたMessage**」の情報を得るためのプロパティを用意することができる、ということになります。

では、Person.csを開き、Personクラスを次のように修正して下さい。なお、先にIValidatableObjectインターフェイスを使って検証処理を組み込む修正をしていますが、今回は通常の状態に戻してあります。

リスト5-29

```
public class Person
{
    public int PersonId { get; set; }

    [Display(Name="名前")]
    [Required(ErrorMessage = "必須項目です。")]
    public string Name { get; set; }

    [Display(Name="メールアドレス")]
    [EmailAddress(ErrorMessage = "メールアドレスが必要です。")]
    public string Mail { get; set; }

    [Display(Name="年齢")]
    [Required(ErrorMessage = "必須項目です。")]
    [Range(0, 200, ErrorMessage = "ゼロ以上200以下の値にして下さい。")]
    public int Age { get; set; }

    [Display(Name = "投稿")]
    public ICollection<Message> Messages { get; set; } // ◉
}
```

ここでは、新たに◉マークのプロパティを追加しています。この**Messages**は、Personクラスに用意される**ナビゲーションプロパティ**です。値は、Messageインスタンスを保管するICollectionインターフェイス（実装はCollectionクラス）となっています。

このPersonとMessageのように、両者が**1対1の関係でない連携**は、よく利用されます。このような場合、一方は単純に連携モデルのインスタンスを1つ保管するだけで済みますが、もう一方は多数の連携モデルインスタンスが関連付けられることになります。

こうした場合のナビゲーションプロパティは、ICollectionやIListなどのように多数のオブジェクトを管理できる形で用意しておくのが基本です。

スキャフォールディングを作成する

　これでモデルの準備はできました。では、Messageにスキャフォールディングを作成しましょう。

　今回はRazorページアプリケーションで作成する形で説明をしていくことにします。まず、ファイル類をまとめておくものとして、「**Pages**」フォルダの中に「**Msg**」というフォルダを用意しましょう。Visual Studio Communityを使っている場合は「**Pages**」を右クリックして「**新規**」メニューの「**新しいフォルダ**」を選ぶと作成できます。そのほかの環境では、手作業でフォルダを用意して下さい。

　この「**Msg**」フォルダの中にスキャフォールディングのファイル類を作成します。

Visual Studio Community for Windows の場合

　ソリューションエクスプローラーで、「**Pages**」フォルダ内の「**Msg**」フォルダを右クリックしてメニューを呼び出し、「**追加**」から「**新規スキャフォールディングアイテム**」を選びます。画面に現れたウインドウで「**Entity Framework を使用するRazorページ(CRUD)**」を選んで追加します。

図5-22：ウインドウから項目を選んで追加する。

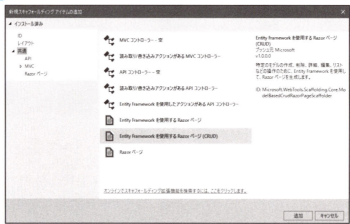

　追加の設定を行うダイアログウインドウが現れたら、次のように設定を行い、「**追加**」ボタンを押してスキャフォールディングを作成します。

モデルクラス	「Message」を選ぶ
データコンテキストクラス	「SampleRazorAppContext」を選ぶ
部分ビューとして作成	OFF
スクリプトライブラリの参照	ON
レイアウトページを使用する	ON（ファイル名部分は空）

図5-23：モデルクラスから「Message」を選び、スキャフォールディングを作成する。

それ以外の環境の場合

ターミナルまたはコマンドプロンプトから次のようにコマンドを実行して下さい。

```
dotnet aspnet-codegenerator razorpage -m Message -dc SampleRazorAppContext
--relativeFolderPath Pages/Msg --useDefaultLayout
```

マイグレーションと更新を行う

続いて、マイグレーションとデータベースの更新を行いましょう。Visual Studio Community for Windowsを利用している場合は、「**ツール**」メニューの「**NuGetパッケージマネージャ**」内にある「**パッケージマネージャコンソール**」を選びます。そして現れたコンソールで次のコマンドを実行します。

```
Add-Migration Initial
Update-Database
```

それ以外の環境の場合は、ターミナルまたはコマンドプロンプトを開き、プロジェクトのディレクトリに移動して次を実行して下さい。

```
dotnet ef migrations add InitialCreate
dotnet ef database update
```

SQLクエリで作成する場合

何らかの事情でこれらのコマンドが実行できない場合、直接SQLクエリを送信してMessageテーブルを作成して下さい。例えばSQLiteの場合、次のように実行します。

リスト5-30

```
CREATE TABLE "Message" (
        "MessageId"     INTEGER NOT NULL PRIMARY KEY AUTOINCREMENT,
        "Comment"       TEXT,
        "PersonId"      INTEGER NOT NULL,
)
```

Msgページの動作を確認する

作業が終わったら、実際にプロジェクトを実行して動作を確認しましょう。/Msgにアクセスすると、コメントの一覧を表示する画面になります。まだなにもコメントはありませんから「**Create New**」リンクをクリックして作成画面に移動して下さい。

ここでは、投稿するコメントと投稿者を指定してフォーム送信をします。特筆すべきは、投稿者はプルダウンメニューになっており、そこから投稿者の名前を選ぶだけ、という点です。

> **Note**
> 場合によっては、名前ではなく1、2、3……といったID番号がメニューに表示される場合もあるかもしれません。これについては後ほど修正できます。

図5-24：投稿フォームの画面。投稿者はメニューで選ぶだけ。

実際にいくつかサンプルとして投稿をしてみましょう。/Msgに投稿したコメントと投稿者の情報がリスト表示されます。MessageとPersonが連携して動いていることがわかるでしょう。

図5-25：投稿したコメントがリスト表示される。

5.4 複数モデルの連携

Dbコンテキストの確認

では、作成したMessageのDbコンテキストがどのように組み込まれている
か見てみましょう。**図5-23**で設定したように、MessageモデルもPersonと同
じ**SampleRazorAppContext**をDbコンテキストに指定して作成していました。
SampleRazorAppContext.csを見ると、クラスは次のように修正されています。

リスト5-31

```
public class SampleRazorAppContext : DbContext
{
    public SampleRazorAppContext (DbContextOptions
            <SampleRazorAppContext> options)
            : base(options)
    {
    }

    public DbSet<SampleRazorApp.Models.Person>
            Person { get; set; }

    public DbSet<SampleRazorApp.Models.Message>
            Message { get; set; }
}
```

PersonとMessageがプロパティとして用意されているのがわかります。どちらもDbSet
インスタンスを返すようになっていますね。これで、_contextからPersonとMessageの
両方のプロパティを使って双方のモデルを操作できるようになります。Dbコンテキスト
は、このようにモデルが複数ある場合も同じクラスを指定するのが一般的です。

IndexModelをチェックする

では、2つのモデルの連携がどのように行われているのかを見てみましょう。まず、
MsgのIndexページの内容を見てみます。ページモデルであるIndexModelは次のように
生成されています。

リスト5-32

```
using System;
using System.Collections.Generic;
using System.Linq;
using System.Threading.Tasks;
using Microsoft.AspNetCore.Mvc;
using Microsoft.AspNetCore.Mvc.RazorPages;
using Microsoft.EntityFrameworkCore;
using SampleRazorApp.Models;
```

277

```
namespace SampleRazorApp.Pages.Msg
{
    public class IndexModel : PageModel
    {
        private readonly SampleRazorAppContext _context;

        public IndexModel(SampleRazorAppContext context)
        {
            _context = context;
        }

        public IList<Message> Message { get;set; }

        public async Task OnGetAsync()
        {
            Message = await _context.Message
                .Include(m => m.Person).ToListAsync();
        }
    }
}
```

　SampleRazorAppContextのプロパティ（_context）と、IList<Message>のプロパティ
（Message）が用意されていることがわかります。Messageが、取得したMessageの一覧
を保管しておくところになります。

Include メソッドについて

　では、GET時に行われている処理を見てみましょう。OnGetAsyncメソッドでは、次の
ようにしてMessageを取得しています。

```
Message = await _context.Message.Include(m => m.Person).ToListAsync();
```

　ここでは、「**Include**」というメソッドを呼び出していますね。このIncludeメソッドは、
モデルを検索する際、関連する別のモデルを内包（インクルード）して取り出すことを設
定します。引数にはラムダ式が指定され、そこでインクルードするプロパティを指定し
ます。

　Messageクラスには、関連するPersonを保管するためのプロパティが用意されてい
ました。これをIncludeのラムダ式で指定しています。こうすることで、プロパティに
Personインスタンスが設定されるようになります。
　Includeがない場合、Personプロパティはnullのままです。PersonIdには値が用意され
ますから、これを元に自分でPersonを取得しないといけないでしょう。

5.4 複数モデルの連携

Index.cshtmlをチェックする

　では、取得したMessageを表示しているIndex.cshtmlを見てみましょう。ここでは`<table>`を使い、Messageのコメントと投稿者を表示しています。`<table>`タグの部分を見ると次のようになっています。

リスト5-33

```html
<table class="table">
    <thead>
        <tr>
            <th>
                @Html.DisplayNameFor(model => model.Message[0].Comment)
            </th>
            <th>
                @Html.DisplayNameFor(model => model.Message[0].Person)
            </th>
            <th></th>
        </tr>
    </thead>
    <tbody>
@foreach (var item in Model.Message) {
        <tr>
            <td>
                @Html.DisplayFor(modelItem => item.Comment)
            </td>
            <td>
                @Html.DisplayFor(modelItem => item.Person.Name)
            </td>
            <td>
                <a asp-page="./Edit" asp-route-id="@item.
                    MessageId">Edit</a> |
                <a asp-page="./Details" asp-route-id="@item.
                    MessageId">Details</a> |
                <a asp-page="./Delete" asp-route-id="@item.
                    MessageId">Delete</a>
            </td>
        </tr>
}
    </tbody>
</table>
```

　基本的な表示の内容はPersonのIndex.cshtmlとだいたい同じです。繰り返しを使い、MessageプロパティからMessageインスタンスを取り出しその内容を出力していますね。その部分を、HTMLタグなどを取り除いて整理すると次のようになるでしょう。

279

Chapter 5　データベースを使いこなす

```
@foreach (var item in Model.Message) {
    @Html.DisplayFor(modelItem => item.Comment)
    @Html.DisplayFor(modelItem => item.Person.Name)
}
```

　コメントは、**item.Comment**で表示していますが、投稿者は**item.Person.Name**を指定しています。PersonプロパティからNameの値を出力していることがわかるでしょう。ナビゲーションプロパティにより、関連する別のモデルのインスタンスをそのまま利用できることがわかります。

Column　投稿者がID番号表示の場合

　読者の中には、/Msgにアクセスしたとき、一覧リストの投稿者がID番号になっていた人も、いるかもしれません。モデルに用意した連携のためのプロパティが正しく認識できないと、ナビゲーションプロパティにPersonインスタンスが取得できません。この場合、投稿者の表示は次のようになってしまいます。

```
@Html.DisplayFor(modelItem => item.PersonId)
```

　Personが利用できなければ、外部キーであるPersonIdで「**どのPersonか**」を伝えるしかありません。このため、名前の代わりに番号が表示されていたのです。
　OnGetAsyncでMessageのリストを取得するところで、Includeが記述されているでしょうか。おそらくID番号しか表示されていない場合は、Includeされていないでしょう。手作業でitem.Person.Nameを表示するように修正すれば、名前がリスト表示されるようになります。

Createページの Person表示

　MessageとPersonの連携がはっきりとわかるもう1つのページが、Createです。ここでは新しいMessageを作成しますが、そこで投稿者を選択するのに、PersonのNameがメニューで表示されるようになっています。これは、どういう仕組で表示されているのでしょうか。
　ページモデルであるCreate.Modelクラスから見てみましょう。

リスト5-34

```
using System;
using System.Collections.Generic;
using System.Linq;
using System.Threading.Tasks;
using Microsoft.AspNetCore.Mvc;
using Microsoft.AspNetCore.Mvc.RazorPages;
using Microsoft.AspNetCore.Mvc.Rendering;
using SampleRazorApp.Models;
```

280

5.4 複数モデルの連携

```
namespace SampleRazorApp.Pages.Msg
{
    public class CreateModel : PageModel
    {
        private readonly SampleRazorAppContext _context;

        public CreateModel(SampleRazorAppContext context)
        {
            _context = context;
        }

        public IActionResult OnGet()
        {
            ViewData["PersonId"] = new SelectList(_context.Person,
                    "PersonId", "Name");
            return Page();
        }

        [BindProperty]
        public Message Message { get; set; }

        public async Task<IActionResult> OnPostAsync()
        {
            if (!ModelState.IsValid)
            {
                return Page();
            }

            _context.Message.Add(Message);
            await _context.SaveChangesAsync();

            return RedirectToPage("./Index");
        }
    }
}
```

　ここでのポイントは、POST送信された後の処理ではなく、実はOnGetにあります。投稿者のリストデータを次のように用意しているのです。

```
ViewData["PersonId"] = new SelectList(_context.Person,
        "PersonId", "Name");
```

　SelectListというのは、リストの選択項目をまとめて管理するクラスでした。newする際、引数にコレクションを指定することで、そこからの値を元にSelectListインスタンスを作成できます。

　ここでは、**_context.Person**を指定しています。PersonはDbSetインスタンスですが、

281

これは「**Personのコレクション**」としての働きも持っています（ToListAsyncで全レコードをPersonのリストとして取り出せることを思い出してください）。このPersonを引数に指定することで、Personのコレクションとして利用することができます。

ただし、Personには多数の値が用意されていますから、どの値を使ってリスト項目である**SelectListItem**を作成するのかがわかりません。そこで第2、3引数にPersonIdとNameを指定し、PersonIdをvalueとし、Nameを表示するテキストとしてSelectListItemを作成するようにします。

これで、ViewData["PersonId"]にPersonのデータを元にSelectListインスタンスが代入されるのです。後は、これを利用してプルダウンメニューを表示するだけです。

図5-26：/Msg/Createでは、PersonのNameがプルダウンメニューとして表示される。

Create フォームのタグについて

では、ページファイルであるCreate.cshtmlを見てみましょう。フォームタグの部分を抜き出すと次のようになります。

リスト5-35
```
<form method="post">
    <div asp-validation-summary="ModelOnly" class="text-danger"></div>
    <div class="form-group">
        <label asp-for="Message.Comment" class="control-label"></label>
        <input asp-for="Message.Comment" class="form-control" />
        <span asp-validation-for="Message.Comment" class="text-danger">
            </span>
    </div>
    <div class="form-group">
        <label asp-for="Message.PersonId" class="control-label"></label>
```

5.4 複数モデルの連携

```
            <select asp-for="Message.PersonId" class ="form-control"
                    asp-items="ViewBag.PersonId"></select>
    </div>
    <div class="form-group">
        <input type="submit" value="Create" class="btn btn-primary" />
    </div>
</form>
```

　<select>タグの部分を見て下さい。ここで次のようにしてプルダウンメニューを作成しています。

```
<select asp-for="Message.PersonId" class ="form-control"
        asp-items="ViewBag.PersonId"></select>
```

　asp-for="Message.PersonId"として、MessageのPersonIdを元に<select>を生成しています。このPersonIdは、先ほどの**ViewData["PersonId"]**のことです。asp-forで値を指定する場合、ViewData内の値もこんな具合にモデルクラスのプロパティとして指定できるのですね。

PersonでMessagesのリストを取得する

　これで、Message側から、関連するPersonを取り出して利用するという仕組みがわかりました。今度は逆に、Person側から関連するMessageを取り出す、ということをやってみましょう。

　これは、プロジェクトのトップページであるIndexページを修正して実装してみます。Index.cshtml.cs（「**Msg**」フォルダ内のIndex.cshtml.csではありません。「**Pages**」フォルダ内にあるIndex.cshtml.csです）を開き、IndexModelのOnGetAsyncを次のように修正しましょう。

リスト5-36
```
public async Task OnGetAsync()
{
    Person = await _context.Person.Include("Messages").ToListAsync();
}
```

　デフォルトでは、Personに値を設定するのに**_context.Person.ToListAsync()**と処理を用意してありました。これに、Includeメソッドの呼び出しを追加しています。Personモデルクラスには、Messagesというプロパティを次のように用意してありましたね（**リスト5-29**）。

```
public ICollection<Message> Messages { get; set; }
```

　これをIncludeしてデータベースから値を読み込むようにしていたわけです。これはコ

283

Chapter **5** データベースを使いこなす

レクションになっています。特定のPersonから投稿されたMessageは1つとは限りませんから、複数のものがここに保管されることになるでしょう。

リスト表示に Message を追加する

では、取得したPersonのリストを表示している部分を修正しましょう。「**Pages**」フォルダ内のIndex.cshtmlを開き、<table>の部分を次のように修正します。

リスト5-37

```
<table class="table">
    <thead>
        <tr>
            <th>
                @Html.DisplayNameFor(model => model.Person[0].Name)
            </th>
            <th>
                @Html.DisplayNameFor(model => model.Person[0].Mail)
            </th>
            <th>
                @Html.DisplayNameFor(model => model.Person[0].Age)
            </th>
            <th>
                @Html.DisplayNameFor(model => model.Person[0].Messages)
            </th>
            <th></th>
        </tr>
    </thead>
    <tbody>
    @foreach (var item in Model.Person) {
        <tr>
            <td>
                @Html.DisplayFor(modelItem => item.Name)
            </td>
            <td>
                @Html.DisplayFor(modelItem => item.Mail)
            </td>
            <td>
                @Html.DisplayFor(modelItem => item.Age)
            </td>
            <td>
                <ul>
                    @if (item.Messages.Count > 0)
                    {
                        @foreach (var msg in item.Messages)
                        {
```

284

5.4 複数モデルの連携

```
                    <li>@msg.Comment</li>
                }
            }
            else
            {
                <li>no-message.</li>
            }
        </ul>
    </td>
    <td>
        <a asp-page="./Edit" asp-route-id="@item.PersonId">
            Edit</a> |
        <a asp-page="./Details" asp-route-id="@item.PersonId">
            Details</a> |
        <a asp-page="./Delete" asp-route-id="@item.PersonId">
            Delete</a>
    </td>
    </tr>
    }
    </tbody>
</table>
```

　修正したらトップページにアクセスしてみましょう。すると、Personの一覧表示に「**投稿**」という項目が追加され、各Personが投稿したメッセージが表示されるようになります。

図5-27：トップページにアクセスすると、各Personの投稿部分に、その人が投稿したメッセージが表示されるようになった。

　ここでは、テーブルのヘッダーに次のように項目を追加しています。

285

```
<th>@Html.DisplayNameFor(model => model.Person[0].Messages)</th>
```

PersonのMessagesをDisplayNameForで指定することで、Messagesの名前が表示されるようになります。

そしてテーブルのボディ部分では、次のようにメッセージを表示しています。

```
@if (item.Messages.Count > 0)
{
    @foreach (var msg in item.Messages)
    {
        <li>@msg.Comment</li>
    }
}
else
{
    <li>no-message.</li>
}
```

まず、item.MessagesのCountで要素数を調べ、これがゼロより大きければ（つまり何か値が保管されているなら）@foreachを使ってitem.Messagesの内容を順に出力しています。Personに投稿したMessageがない場合も、Messagesプロパティはnullにはならず、空のコレクションになっていますから、Countで値の有無をチェックすればいいでしょう（ただし、当然ですがIncludeしていなければ値はnullになります）。

このように、プロパティをIncludeしてさえいれば、後は全く普通のプロパティとして値を取り出して利用できます。

5.5 シャドウプロパティとDBツール

シャドウプロパティについて

Entity Framework Coreのモデルは、基本的に「**用意されるプロパティ＝データベーステーブルに用意されるカラム**」というように認識されます。つまり、データベーステーブルにあるカラムは、基本的に全てモデルクラスにプロパティとして用意される、という考えです。

が、これは場合によっては不必要な値も常にまとめて扱わなければならないことにもなります。例えば、各レコードの検証などのために必要な値をカラムに書き出しておくことはよくありますが、こうしたものはそのテーブルに保管されるデータとして利用者が必要とすることはありません。開発者やプログラムの中でのみ使うものです。

こうしたものは、**モデルにプロパティと用意せず、データベーステーブルにのみカラ
ムとして用意する**ことになります。Enitity Framework Coreでは、データベーステーブ
ルにあるカラムをモデルクラスに用意しなくとも問題とはなりません。必要ないカラム
は省略してモデルクラスを作成してもいいのです。

シャドウプロパティとは？

こうした「**モデルクラスに用意されないカラム**」は、モデルクラスを利用した一般的な
操作では存在が見えません。モデルクラスには存在しないがデータベーステーブルには
カラムとして存在する。こうしたものを「**シャドウプロパティ**」といいます。「**モデルク
ラスに表示されない、影のプロパティ**」というわけですね。

シャドウプロパティを利用するには、そのための専用の手法を知っておかなければ
いけません。なにしろモデルクラスには存在しないのですから。

OnModelCreatingによるプロパティの登録

シャドウプロパティを利用するには、大きく2つの部分に処理を用意する必要があり
ます。

- Dbコンテキスト。ここで、モデルが作成される際にシャドウプロパティを登録す
  る。
- コントローラーやページモデルなど。実際にモデルを利用するところで、シャド
  ウプロパティを操作する処理を用意する。

つまり、通常のプロパティと異なり、「**事前に登録作業が必要になる**」というわけです。
また実際に利用する場合も、モデルクラスにある通常のプロパティとは異なるやり方を
しなければいけません。

OnModelCreating について

まずは、シャドウプロパティの登録について説明しましょう。これは、Dbコンテキス
トのクラスで行います（「**Data**」フォルダ内に作成されているクラス。サンプルでいえば、
SampleRazorAppContextクラスのことです）。

Dbコンテキストは、DbContextを継承しています。このクラスに、次のようなメソッ
ドが用意されています。

```
protected override void OnModelCreating(ModelBuilder modelBuilder)
{
        ……処理……
}
```

OnModelCreatingは、名前のとおり、**モデルが生成される際に呼び出されるメソッド**
です。引数には、**ModelBuilder**というクラスのインスタンスが用意されます。これはモ
デル作成のための専用ビルダークラスで、ここからメソッドを呼び出すことで、生成す

Chapter 5　データベースを使いこなす

るモデルに修正を加えることができます。

プロパティの登録

では、モデルクラスにシャドウプロパティを登録するにはどうするのでしょうか。次に作業の仕方を整理しましょう。

■プロパティの登録

```
《ModelBuilder》.Entity<モデル>().Property<タイプ>( 名前 );
```

ModelBuilderには、「**Entity**」というメソッドが用意されています。これは、特定タイプのモデルを取得するためのオブジェクト（EntityTypeBuilderというクラスのインスタンスです）を作成します。

ここから、モデルを操作するためのメソッドを呼び出します。シャドウプロパティの登録は、「**Property**」というメソッドを使います。ここで、登録したいプロパティの名前を引数で指定すれば、それがシャドウプロパティとして利用できるようになります。

SQLiteでMessageテーブルを操作する

では、実際にサンプルを作りながら説明をしていきましょう。まず、テーブルにカラムを追加します。今回は、Messageテーブルに「**Posted**」というテキスト値のカラムを用意することにします。これは、モデルには用意しないものなので、直接データベーステーブルにアクセスして追加をしておきましょう。

おそらく、使用しているプロジェクトでは既にSQLiteを利用するように設定変更してあることでしょう。SQLiteプログラムがインストールされており、これを起動してSQLコマンドを実行できる環境が整っている場合は、sqliteコマンドを実行後、次のようにSQLクエリを実行します。

```
alter table Message add column Posted text;
```

これで、MessageテーブルにPostedというカラムが追加されます。ただし、SQLiteを利用する環境を特に整えていない場合は、専用のツールを用意して利用すると良いでしょう。

> **Note**
> 本章の最後で、SQLiteとmssqllocaldbのデータベース編集について説明をしています。SQLコマンドが使えない場合は、そちらの説明に従って作業して下さい。

Dbコンテキストを編集する

テーブルが修正できたら、プログラムを修正しましょう。まず、Dbコンテキストの修正です。

ここではSampleRazorAppプロジェクトをベースに説明をしていきます。このプロジェ

5.5 シャドウプロパティと DB ツール

クトでは、**SampleRazorAppContext**クラスに次のメソッドを追加します。

リスト5-38

```
protected override void OnModelCreating(ModelBuilder modelBuilder)
{
    modelBuilder.Entity<Message>().Property<string>("Posted");
}
```

これで、MessageにPostedというテキスト型のシャドウプロパティが登録されました。後は、これを利用した処理を追加していくだけです。

Createで投稿日時を追加する

では、「**Msg**」フォルダのCreateページから修正をしましょう。ここでは、新しいMessageを投稿するとき、投稿日時をPostedプロパティに保管するようにしてみます。
「**Msg**」フォルダのCreate.cshtml.csを開き、CreateModelクラスのOnPostAsyncメソッドを次のように修正しましょう。

リスト5-39

```
public async Task<IActionResult> OnPostAsync()
{
    if (!ModelState.IsValid)
    {
        return Page();
    }
    _context.Entry(Message).Property("Posted").CurrentValue
            = DateTime.Now.ToString();
    _context.Message.Add(Message);
    await _context.SaveChangesAsync();


    return RedirectToPage("./Index");
}
```

Posted プロパティに値を設定する

ここでは、_context.Message.AddでMessageを追加する前に、MessageにPostedプロパティの値を設定しています。それを行っているのが次の文です。

```
_context.Entry(Message).Property("Posted").CurrentValue
        = DateTime.Now.ToString();
```

_contextは、Dbコンテキストでしたね。そのEntryメソッドは、EntityEntryというモデルへの変更追跡情報に関するクラスのインスタンスを返します。ここではEntityEntry

289

から更にPropertyを呼び出しています。この手順は、先ほどシャドウプロパティを登録したときと全く同じです。こうして、Propertyの引数に指定した名前のプロパティを扱うオブジェクトが得られます。

プロパティの現在の値は「**CurrentValue**」というプロパティとして用意されています。これに、DateTime.Now.ToStringで現在の日時の値をテキストにしたものを設定しています。

そして、_context.Message.AddでMessageインスタンスを追加すれば、Postedに値が設定されるようになる、というわけです。

Indexで投稿日時を表示する

では、Postedの値を取り出して利用する例を作成しましょう。今度は、「**Msg**」フォルダのIndexページを修正します。

まず、「**Msg**」フォルダ内のIndex.cshtml.csを修正しましょう。といっても、修正するのは、_contextプロパティをpublicにする処理だけです。IndexModelクラスにある_contextプロパティを次のようにして下さい。

リスト5-40

```
public readonly SampleRazorAppContext _context;
```

これで、SampleRazorAppContextがページファイルから利用できるようになりました。では、Index.cshtmlを開いて、メッセージを出力しているところ〔@Html.DisplayFor(modelItem => item.Comment)の文〕の下辺りに次のように追記をしましょう。

リスト5-41

```
(@Model._context.Entry(item).Property("Posted").CurrentValue)
```

これで、Postedの値が出力されるようになります。見ればわかるように、_context.Entry(item).Property("Posted")でPostedプロパティのオブジェクトを取得し、そのCurrentValueを書き出しているだけです。

修正ができたら、実際にいくつかメッセージを投稿し、表示を確かめてみましょう。Posted追加以前の投稿は、Postedは空の状態(値はnullなので)ですが、Postedを用意して以後は投稿時の日時が表示されるようになります。

■図5-28：Commentの後に投稿日時が表示されるようになった。

DB BrowserによるSQLiteデータベース編集

　シャドウプロパティのようにデータベーステーブルとモデルがイコールではない形でプログラムを作成するようになると、データベースを直接操作できるような手段を持たないと困ることになります。

　SQLiteなどでは、直接SQLコマンドを送信して操作する方法もありますが、やはり専用のツールを用意して操作できたほうが作業効率も高まるでしょう。ここでは、SQLiteと、標準のmssqllocaldbについてデータベースファイルを編集する方法を簡単にまとめておきます。

DB Browser を用意する

　まず、SQLiteからです。SQLiteでは、「**DB Browser for SQLite**」（以後、DB Browserと略）というツールが広く使われています。これは、SQLiteのデータベースファイルを直接編集するツールです。次のアドレスで配布されています。ここからダウンロードし、インストールして利用しましょう。

　　https://sqlitebrowser.org/

■図5-29：DB Browserのサイト。

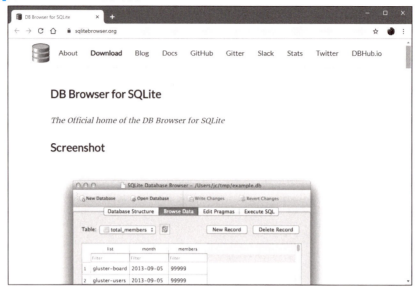

DB Browser の画面について

　DB Browserは、データベースファイルを開くと、その構造や保管レコードを視覚的に表示し、編集できるようになります。
　アプリを起動し、「**File**」メニューから「**Open Database...**」を選んでデータベースファイルを選びましょう（サンプルプロジェクトの場合、プロジェクト内に作成されているmydata.dbファイルを開きます）。
　画面に、データベースファイルの内容がリスト表示されます。「**Tables**」という項目に、データベーステーブルのリストが表示されます。

■図5-30：「Tables」内に、用意されているテーブルが表示される。

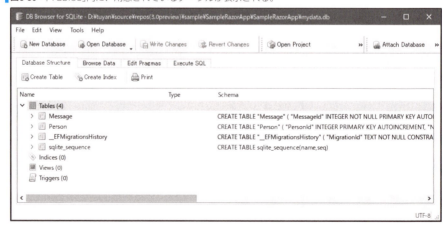

テーブルの作成・編集

新しいテーブルを作成したい場合は、「**Create Table**」というボタンをクリックします。これでテーブル作成のダイアログウインドウが現れます。

このウインドウでは、最上部にテーブル名を入力するフィールドがあり、その下に各カラムの内容を表示したリストがあります。「**Add field**」ボタンをクリックすると新しいカラムの項目が追加されるので、ここでカラムを作成して名前とタイプなどを設定していきます。

テーブルを編集する場合も基本的な操作は同じです。「**Tables**」から編集したいテーブルを選択し、「**Modify Table**」をクリックします。編集ダイアログが現れるので、ここで内容を書き換えていくだけです。

図5-31：Create TableやModify Tableを選ぶと、テーブルの編集ダイアログが現れる。

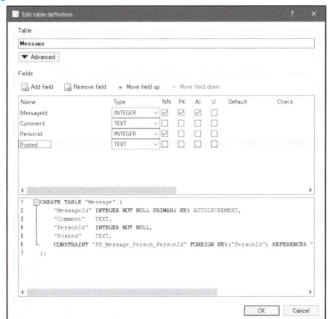

レコードの作成・編集

テーブルに保管されているレコードの作成や編集は、「**Browse Data**」タグをクリックして表示を切り替えます。これで、テーブルのレコードがリスト表示されるようになります。複数のテーブルがある場合は、「**Table**」プルダウンメニューで切り替えできます。

新しいレコードを作成する場合は、「**New Record**」ボタンをクリックします。また既にあるレコードを編集する場合は、編集したい項目をダブルクリックすると、右側に値が表示され、編集できるようになります。

レコードを編集した後は、ウインドウ上部にある「**Write Changes**」というボタンをクリックして下さい。これで変更が保存されます。

図5-32：「Browser Data」に切り替えると、テーブルのレコードが一覧表示され、編集できるようになる。

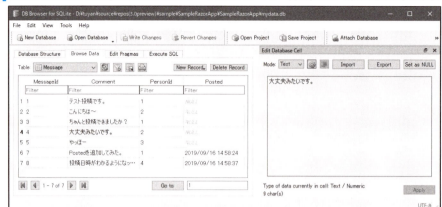

サーバーエクスプローラーでSQL Serverファイルを編集する

　デフォルトのmssqllocaldbをそのまま使っている場合は、Visual Studio Community for Windowsに用意されているデータベース接続の機能を使ってデータベースファイルを開いて編集することができます。

　これまでmssqllocaldbと記号のような名前で読んでいましたが、デフォルトで使われているのは、「**Microsoft SQL Server Express**」という、マイクロソフトが提供するSQL Serverのライト版です。このサーバープログラムにより、直接データベースファイルにアクセスするプロバイダがデフォルトでプロジェクトに設定されていたのです。

データベースファイルに接続する

　このデータベースファイルは、Visual Studio Community for Windowsの「**サーバーエクスプローラー**」を使い、データベースファイルに接続をすることで編集可能になります。次の手順で接続を行いましょう。

　なお、次の作業はWebアプリケーションが起動中だとファイルを開けません。必ず終了してから作業するようにして下さい。

❶ Visual Studio Community for Windowsのサーバーエクスプローラーを開きます。これはウインドウ左端にタグが表示されているはずです（ない場合は「**表示**」メニューから「**サーバーエクスプローラー**」を選びます）。

❷ 「**データ接続**」という項目を右クリックし、「**接続の追加…**」メニューを選びます。

▌図5-33：「接続の追加...」メニューを選ぶ。

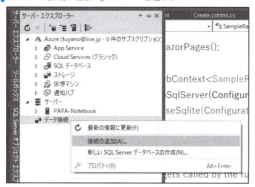

❸ データソースを選択するダイアログが現れます。ここで「**Microsoft SQL Serverデータベースファイル**」を選んでOKします。

▌図5-34：Microsoft SQL Serverデータベースファイルを選ぶ。

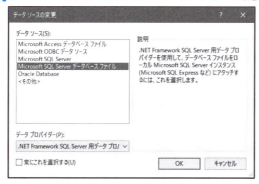

❹ データベースファイルを選択するダイアログになります。「**データベースファイル名**」の「**参照**」ボタンを押し、データベースファイルを選択します。ほかの項目はデフォルトのままにしておきます（なお、プロジェクトで自動生成されるデータベースファイル名についてはこの後のコラムで説明します）。

図5-35：データベースファイルを選択してOKする。

これでサーバーエクスプローラーの「**データ接続**」に項目が追加されます。その中の「**テーブル**」内に、作成されているテーブルが表示されます。

図5-36：サーバーエクスプローラーにデータベースファイルが接続され、ファイルの内容が表示されるようになった。

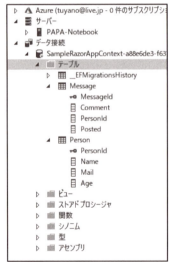

テーブルの作成・編集

テーブルを新たに作成する場合は、サーバーエクスプローラーから「**テーブル**」を右クリックし、「**新しいテーブルの追加**」メニューを選びます。また、既にあるテーブルを編集する場合も、テーブル名の項目を右クリックして「**テーブル定義を開く**」メニューを選びます。

図5-37：サーバーエクスプローラーからテーブルを右クリックし、メニューを選ぶ。

　これで、テーブル定義のウインドウが現れます。ここで、テーブルに用意するカラムの名前・データ型などを入力してテーブルを作成していきます。

図5-38：テーブルにカラムを追加していく。

テーブルのプロパティについて

　テーブルを作成・編集するとき、頭に入れておいてほしいのが「**プロパティウインドウで編集する項目もある**」ということでしょう。例えば、次のようなものはプロパティウインドウで値を設定する必要があります。

テーブル名	テーブルを選択し、「(名前)」で設定をします。
プライマリキー	フィールドを選択し、プロパティウインドウの「IDENTITYの指定」をTrueに変更します。
日本語のカラム	日本語を保管するテキストのフィールドは、プロパティウインドウの「照合順序」で「Japanese_XJIS_100_BIN」と値を設定しておきます。

図5-39：プロパティウインドウにもテーブルやカラムの細かな設定が表示される。

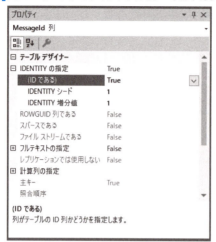

データベースの更新

編集が終わったら、上部にある「**更新**」というリンクをクリックして下さい。画面に「**データベース更新のプレビュー**」とウインドウが現れるので、そのまま「**データベースの更新**」ボタンをクリックするとデータベースの内容が変更されます。

図5-40：「更新」をクリックすると、更新のためのダイアログが現れる。

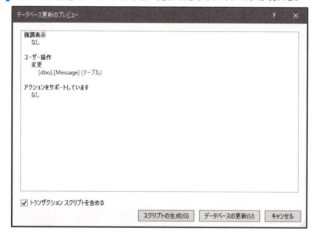

レコードの編集

テーブルに保管されているレコードを編集する場合は、サーバーエクスプローラーから編集したいテーブル名を右クリックし、「**テーブルデータの表示**」メニューを選びます。

5.5 シャドウプロパティと DB ツール

図5-41：テーブルから「テーブルデータの表示」を選ぶ。

画面に新しいウインドウが開かれ、テーブルのレコードが一覧表示されます。ここから項目を選んで値を編集できます。また一番下の空のフィールドに記入をしていけば、新しいレコードを追加できます。

編集後は、「**更新**」をクリックしてデータベースを更新すると変更が反映されます。

図5-42：テーブルのレコード一覧。ここで値を編集できる。

Column プロジェクトのデータベースファイルについて

データベース接続を行うには、データベースファイルを選択して開く必要があります。が、「**どこにデータベースファイルがあるのかわからない**」という人も多いことでしょう。

データベースファイルは、ホームディレクトリに保存されています。ファイル名は、「**Dbコンテキスト-ランダムなテキスト.mdf**」といった名前になっています。例えば、SampleRazorAppのデータベースファイルならば、「**SampleRazorAppContext-xxx.mdf**」（xxxはランダムなテキスト）となっています。この名前のファイルを探して、サーバーエクスプローラーでデータ接続すれば、データベースの内容が編集できるようになります。

なお、正確なファイル名は、appsettings.jsonの"ConnectionStrings"に用意されている接続文字列で確認して下さい。

299

Chapter **6**

さまざまな
プロジェクトによる開発

.NET Coreは、一般的なWebアプリケーション開発以外
にもさまざまな開発に対応しています。ここではその代表例
として「Web API」「Blazor」「React」といったプロジェクト
について説明しましょう。

C#フレームワークASP.NET Core 3入門

Chapter 6 さまざまなプロジェクトによる開発

6.1 Web APIプロジェクトの作成

Web APIとは？

ここまで、MVCアプリケーションとRazorページアプリケーションのプロジェクトを作成してきました。これらはいずれも「**サーバーサイドで処理を実行するWebアプリケーション**」の開発を目的とするものでした。

が、ASP.NET Coreには、このほかにもさまざまなプログラムの作成を行うことができます。それらは、いくつかのプロジェクトテンプレートとして用意されており、簡単にプロジェクトを作成できるようになっています。こうした「**一般的なWebアプリケーション以外のプロジェクト**」について、ここで簡単に説明をしていきましょう。

まずは、Web APIの開発プロジェクトからです。

Webアプリと Web API

Web APIというのは、Webアプリケーションのようにアプリケーション然としたものをつくるのが目的ではなく、「**Webベースで提供される機能を実装する**」プログラムです。

一般的なWebアプリケーションは、アクセスすればHTMLによるWebページが表示されます。表示内容はきれいにレイアウトされ、ボタンやリンクなどにより各種の機能が実装され、誰でも直感的に利用できます。送られてくるのはHTMLだけでなく、スタイルシートやJavaScript、イメージファイルなど実に多種多彩なもので、それらを組み合わせ、統合してWebページを作成し、表示するのです。

一方、Web APIが提供するのは、その機能によって用意される「**結果**」（わかりやすくいえば「**データ**」）だけです。例えば、現在の天気を提供するWeb APIがあったとしましょう。そこにアクセスすると、得られるのは日付、天候、気温、降水量といったデータだけです。それらのデータが、例えばJSONやXMLなどの形にまとめられて送られてきます。HTMLによる画面表示などはありません。

こうした「**アクセスすると必要な処理・情報だけが提供される**」のがWeb APIです。ですから、これはWebブラウザでアクセスして使うというより、スマートフォンのアプリやほかのWebアプリの内部などからアクセスして利用することを前提に作られている、といっていいでしょう。

302

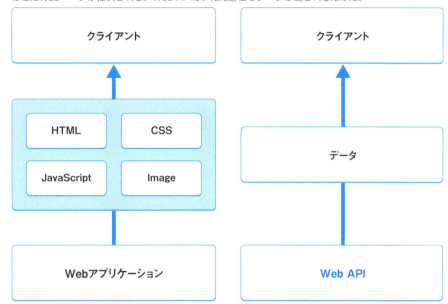

図6-1：Webアプリケーションは、HTMLにCSSやJavaScript、イメージなどさまざまな情報を組み合わせたWebページが提供される。Web APIは、ただ必要なデータが送られるだけだ。

Web API と REST

　Web APIは、開発するそれぞれが好き勝手に実装してしまうと、ほかの人が利用しにくくなってしまいます。統一された手続きに従って作られており、決まった形でアクセスすれば決まった動作が返ってくる——そういう仕組みになっていたほうが圧倒的に使いやすいですね。

　そこで、Web APIのための標準的なアーキテクチャーがいくつか考えられてきました。現在、最も広く使われているのが「**REST**」です。RESTは、「**Representational State Transfer**」の略で、Web APIのアクセスのあり方を決めたサービスモデルといってよいでしょう。

　RESTでは、サーバーとのやり取りは、特定のアドレスとHTTPメソッドによって実現されます。「**このメソッドでこういう形式でアクセスするとこの機能が処理され、こういうデータが返される**」といった基本的な仕様が決まっており、それに従って設計されます。

　RESTは、**ステートレス**なサービスです。送信されるHTTPメッセージに必要なすべての情報がまとめられており、それを元に情報が提供されます。従って、セッションのようなクライアントとサーバ間の接続を維持するような仕組みを必要としません。誰でも同じ形式でアクセスすれば同じ結果が得られます。

　RESTが決める原則に従って設計されて動くWeb APIは、一般に「**RESTful**」と呼ばれます。ASP.NET CoreのWeb APIプロジェクトは、RESTfulなWebプログラムの開発を目的とするもの、といえるでしょう。

Web APIプロジェクトを作成する

では、実際にプロジェクトを作成してみましょう。Visual Studio Communityを利用している場合は、ソリューションを閉じて下さい。そしてスタートウインドウから作成作業を進めていきましょう。

Visual Studio Community for Windows の場合

❶ スタートウインドウから「**新しいプロジェクトの作成**」を選びます。

図6-2：「新しいプロジェクトの作成」を選ぶ。

❷ プロジェクトのテンプレートを選択します。「**ASP.NET Core Webアプリケーション**」を選んで次に進みます。

6.1 Web APIプロジェクトの作成

■図6-3:「ASP.NET Core Webアプリケーション」を選ぶ。

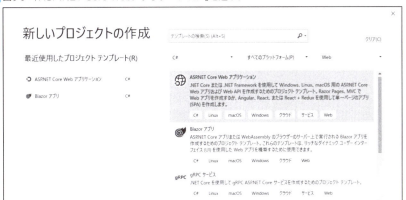

❸ プロジェクト名・ソリューション名と保存場所を指定します。プロジェクト名は「**SampleAPIApp**」としておきます。そのほかは特に理由がない限りデフォルトのままにしておき、「**作成**」ボタンを押します。

■図6-4:「SampleAPIApp」と名前を入力する。

❹ 新しいASP.NET Core Webアプリケーションのテンプレートを選びます。ここでは「**API**」という項目を選んで作成して下さい。

305

▌図6-5：「API」を選んで作成する。

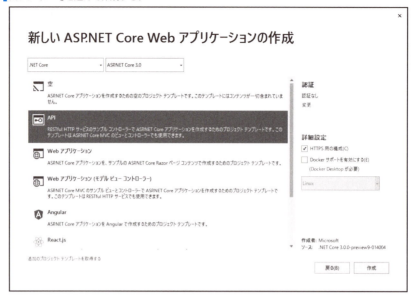

Visual Studio Community for Mac の場合

❶ スタートウインドウで「**新規**」をクリックします。

▌図6-6：「新規」を選ぶ。

❷ プロジェクトのテンプレートを選択します。左のリストから「**.NET Core**」内の「**アプリ**」を選択し、右側のリストから「**API**」を選んで次に進みます。

6.1　Web API プロジェクトの作成

■図6-7：「API」を選択する。

❸ 対象のフレームワークを選びます。「.NET Core 3.0」を選択します。

■図6-8：対象フレームワークを選ぶ。

307

❹ プロジェクト、ソリューションの名前、保存場所などを指定します。プロジェクト名に「**SampleAPIApp**」と入力します。それ以外のものはデフォルトで設定されたままにしておき、「**作成**」ボタンを押すと、プロジェクトが作成されます。

図6-9：プロジェクト名を「SampleAPIApp」とする。

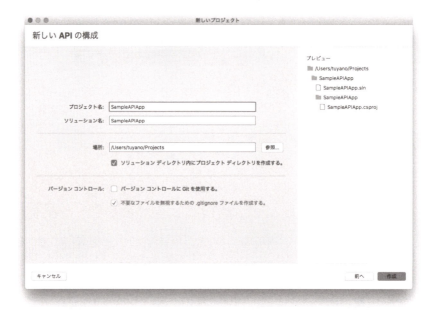

dotnet コマンド利用の場合

コマンドプロンプトまたはターミナルを起動し、プロジェクトを作成する場所にカレントディレクトリを移動します。そして次のようにコマンドを実行します。

```
dotnet new webapi -o SampleAPIApp
```

これで、「**SampleAPIApp**」というフォルダが作成され、その中にプロジェクトが保存されます。

プロジェクトを実行する

では、作成されたプロジェクトを実行してみましょう。Webブラウザで/weatherforecastにアクセスすると、JSONデータが表示されます。これが、サンプルで作成されているWeb APIです。

ここでは、ダミーデータとして、いくつかの天気情報をJSON形式にまとめたものが表示されます。これはあくまでダミーなので、表示内容はランダムに生成されたデータです。が、「**Web APIがどういうものか**」はよくわかるでしょう。

■図6-10：/weatherforecastにアクセスし、JSONデータを表示する。

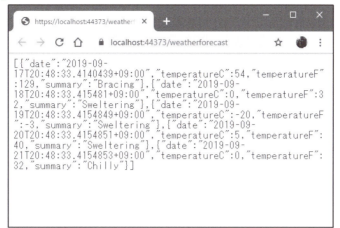

プロジェクトの内容をチェックする

では、作成されたプロジェクトの内容はどのようになっているのでしょうか。生成されるプロジェクトの内容を整理しましょう。

■SampleAPIAppの内容
- appsettings.json
- Program.cs
- Startup.cs
- WeatherForecast.cs
- 「**Controllers**」フォルダ
- 「**Properties**」フォルダ

「**Controllers**」というフォルダが用意されていることから、「**これはMVCアプリケーションなのか？**」と思ったかもしれません。が、「**その通り**」ですが「**違います**」。コントローラーを作成しますからMVCアプリケーションと同じようなスタイルとはいえますが、作られるコントローラーはMVCアプリケーションとは異なるものです。従って、MVCアプリケーションとは別物と考えたほうがいいでしょう。

Productモデルを作成する

サンプルで作成されているコントローラーは、非常に単純なものであり、REST全体を学ぶには少々内容が不足しています。それよりも、もっと適したサンプルがあります。それは「**スキャフォールディング**」です。

RESTでは、データの表示だけでなく、データベースのCRUDに相当する基本的な機能の実装が一通り決められています。モデルを作成し、Web APIとしてスキャフォールディングすることで、基本的なRESTの機能を実装したサンプルが用意できるのです。

では、簡単なモデルを作成しましょう。ここでは、簡単な商品データのモデルを作成してみます。

■「Product」モデル

ProductId	プライマリキー用のintプロパティ
Name	商品名。stringプロパティ
Price	価格。intプロパティ
Description	説明文。stringプロパティ

これらを持ったモデルクラスを作成しましょう。では、プロジェクトフォルダ内に、「**Models**」というフォルダを作成して下さい。その中にモデルクラスのC#ソースコードファイルを用意します。

Visual Studio Community for Windows の場合

作成した「**Models**」フォルダを右クリックし、「**追加**」メニューから「**クラス...**」を選びます。そして現れたウインドウで「**クラス**」を選択し、名前を「**Product**」と入力して追加をします。

図6-11：ウインドウで「クラス」を選び、名前を「Product」と入力する。

Visual Studio Community for Mac の場合

作成した「**Models**」フォルダを右クリックし、「**追加**」メニューから「**新しいファイル...**」を選びます。そして現れたウインドウで、「**General**」項目内の「**空のクラス**」を選び、名前を「**Product**」と入力して新規作成します。

図6-12：「空のクラス」を選び、「名前を「Product」としておく。

そのほかの環境の場合

手作業で、「**Models**」フォルダ内に「**Product.cs**」という名前でテキストファイルを作成して下さい。

Product モデルクラスのソースコード

作成されたProduct.csのソースコードを作成しましょう。といっても、必要なプロパティを用意するだけです。

リスト6-1

```
using System;
using System.Collections.Generic;
using System.Linq;
using System.Threading.Tasks;
using System.ComponentModel.DataAnnotations;

namespace SampleAPIApp.Models
{
    public class Product
    {
        public int ProductId { get; set; }
        [Required]
        public string Name { get; set; }
        [Required]
        [DataType(DataType.Currency)]
        public int Price { get; set; }
```

```
            public string Description { get; set; }
    }
}
```

4つのプロパティを用意しておきました。必要に応じて検証ルールの属性を追加してありますが、特に難しいものはないでしょう。

スキャフォールディングの作成

では、Productモデルにスキャフォールディングを作成しましょう。それぞれ次のような手順で作業して下さい。

Visual Studio Community for Windowsの場合

「**Controllers**」フォルダを右クリックし、「**追加**」メニューから「**新規スキャフォールディングアイテム...**」を選びます。そして現れたダイアログで、「**Entity Frameworkを使用したアクションがあるAPIコントローラー**」を選んで追加します。

図6-13：「Entity Frameworkを使用したアクションがあるAPIコントローラー」を選ぶ。

APIコントローラーの設定ダイアログが現れるので、次のように設定を行い、追加します。

モデルクラス	Product
データコンテキストクラス	SampleAPIAppContext(「＋」で追加)
コントローラー	ProductsController

図6-14：APIコントローラーの設定を行う。

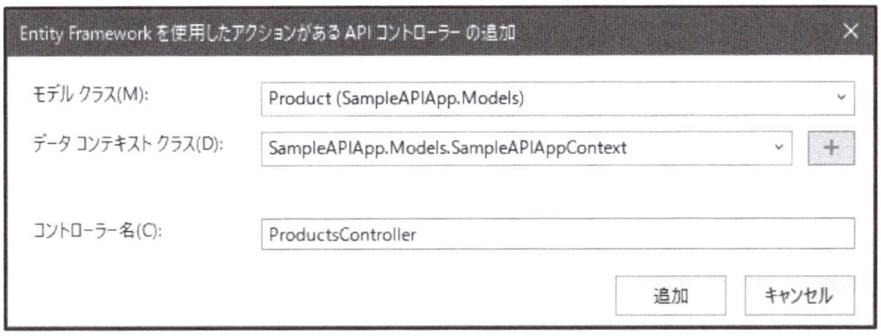

```
Entity Framework を使用したアクションがある API コントローラー の追加          ✕

モデル クラス(M):              Product (SampleAPIApp.Models)                    ˅

データ コンテキスト クラス(D):   SampleAPIApp.Models.SampleAPIAppContext      ˅    +

コントローラー名(C):           ProductsController

                                                         追加        キャンセル
```

そのほかの環境の場合

Visual Studio Community for Windows以外の環境では、dotnetコマンドを使って作成をします。次の手順でコマンドを実行していって下さい。

```
dotnet tool install -g dotnet-aspnet-codegenerator
dotnet add package Microsoft.EntityFrameworkCore
dotnet add package Microsoft.VisualStudio.Web.CodeGeneration.Design

dotnet aspnet-codegenerator controller —controllerName ProductsController
—relativeFolderPath Controllers -m Product -dc SampleAPIAppContext
—restWithNoViews
```

なお、コマンドが正しく実行できない場合は、プロジェクトの設定が正しくない可能性があります。**リスト4-3**を参考にプロジェクトファイルを修正し、「**dotnet build**」でビルドしてから再度実行して下さい。

プロバイダ、マイグレーション、アップデート

そのほかの必要な作業を一通り終わらせておきましょう。データベースを利用するには、プロバイダのインストール、マイグレーション、データベースのアップデートといった作業が必要になりました。

プロバイダのインストール

Visual Studio Communityを利用している場合、「**プロジェクト**」メニューから「**NuGet パッケージの管理（または、追加）**」を選び、「**Microsoft.EntityFrameworkCore.Sqlite**」を検索してインストールして下さい。

そのほかの環境の場合は、dotnetコマンドを利用して必要なパッケージをインストールして下さい。

```
dotnet add package Microsoft.EntityFrameworkCore.SqlServer
dotnet add package Microsoft.EntityFrameworkCore.Sqlite
```

Chapter 6 さまざまなプロジェクトによる開発

■マイグレーションとアップデート

マイグレーションとデータベースのアップデートは、コマンドで行います。Visual Studio Communityを利用している場合は、「**ツール**」メニューから、「**NuGetパッケージマネージャ**」内にある「**パッケージマネージャコンソール**」を選び、次のように実行して下さい。

```
Add-Migration Initial
Update-Database
```

それ以外の環境の場合は、dotnetコマンドを使って作業します。次のようにコマンドを実行して下さい。

```
dotnet ef migrations add InitialCreate
dotnet ef database update
```

Startupの処理について

では、生成されたプロジェクトの内容をチェックしておきましょう。まずはStartup.csからです。ここではStartupクラスに**ConfigureServices**と**Configure**メソッドが用意されていますね。Configureについては、Webアプリケーションとほぼ同じです。違いはConfigureServicesです。

リスト6-2
```
public void ConfigureServices(IServiceCollection services)
{
    services.AddControllers();

    services.AddDbContext<SampleAPIAppContext>
            (options => options.UseSqlServer(
            Configuration.GetConnectionString("SampleAPIAppContext")));
}
```

AddDbContextでDbコンテキストを追加していますが、その前に**AddControllers**というメソッドが呼び出されています。ここで、API用のコントローラーの機能を使えるようにしています。

MVCアプリケーションの場合、ここでは**AddControllersWithViews**というメソッドを呼び出していました。AddControllersは、ビューを利用せず、コントローラーのみを利用するためのメソッドです。Web APIではビューは不要なので、AddControllersを使っているのです。

そのほか、Program.csやDbコンテキストであるSampleAPIAppContext.csなどが作成されていますが、これらは通常のWebアプリケーションで用意されるソースコードとほぼ同じものです。

314

ProductsControllerクラスについて

では、スキャフォールディングにより生成されたコントローラーがどのようになっているのか見てみましょう。ProductsController.csを開くと、思いの外に長いコードが記述されています。

ProductsControllerクラスは、次のような形で定義されています。

```
[Route("api/[controller]")]
[ApiController]
public class ProductsController : ControllerBase
{
    ……クラスの内容……
}
```

[Route]でコントローラーが公開されるルートを設定しています。その下の**[ApiController]**は、Web API用のコントローラーであることを示します。

また、このクラスは**ControllerBase**というクラスを継承して作られています。MVCアプリケーションのコントローラーは、Controllerクラスを継承していました。ControllerBaseは、Controllerのベースとなるもので、コントローラー関係の機能はありますが、ビューに関する機能は持っていません。

Web APIのコントローラーは、必ずこのControllerBaseを継承して作成されます。

/api/Products への GET アクセス

GetProductメソッドは、もっとも基本となるアクションを提供し、アクセスすると、すべてのレコードをJSON形式で出力します。

リスト6-3
```
[HttpGet]
public async Task<ActionResult<IEnumerable<Product>>> GetProduct()
{
    return await _context.Product.ToListAsync();
}
```

図6-15：/api/Productsにアクセスすると、保存されたProductsのレコードがすべて表示される（図はダミーとしていくつかのレコードを登録した状態）。

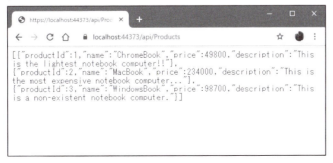

ここでは、_context.ProductのToListAsyncをそのまま返しているだけです。これだけで問題なくレコードの内容がJSON形式で表示されます。ToListAsyncは、モデルクラスのインスタンスをリストとして返すメソッドでしたが、API用コントローラーでは、モデルのリストがそのままJSONテキストに変換され出力されます。

/api/Products/id 番号への GET アクセス

GetProductには、引数にint値を渡すメソッドもオーバーロードされています。これは、/api/Products/id番号というように、最後にID番号を付けてアクセスした際に呼び出されます。メソッドは次のように実装されています。

リスト6-4
```
[HttpGet("{id}")]
public async Task<ActionResult<Product>> GetProduct(int id)
{
    var product = await _context.Product.FindAsync(id);

    if (product == null)
    {
        return NotFound();
    }

    return product;
}
```

図6-16：/api/Products/1とアクセスすると、ProductsId = 1のレコードデータがJSON形式で表示される。

_context.ProductのFindAsyncメソッドで、指定したID番号のProductインスタンスを取得しています。

後は、戻り値がnullでないかチェックし、nullだった場合はNotFoundインスタンスを返します。そうでないなら、そのまま取得したProductインスタンスを返すだけです。これで、指定IDのレコードがJSON形式で表示されます（JSON形式のデータに変換するような作業は不要です）。

/api/Products/id 番号への PUT アクセス

RESTでは、データの取得をGETアクセスを利用しますが、そのほかの操作（CRUDのCUDに相当するもの）についてはGET以外のHTTPメソッドが使われます。

6.1 Web API プロジェクトの作成

　既にあるデータの更新は、PUTメソッドを使います。これを行っているのが、**PutProduct**メソッドです。

リスト6-5
```
[HttpPut("{id}")]
public async Task<IActionResult> PutProduct(int id, Product product)
{
    if (id != product.ProductId)
    {
        return BadRequest();
    }
    _context.Entry(product).State = EntityState.Modified;
    try
    {
        await _context.SaveChangesAsync();
    }
    catch (DbUpdateConcurrencyException)
    {
        if (!ProductExists(id))
        {
            return NotFound();
        }
        else
        {
            throw;
        }
    }
    return NoContent();
}
```

　メソッドには**[HttpPut]**属性が付けられ、これがPUTメソッドで呼び出されることを示しています。このとき、アドレスのパスからidの値が得られるようにパスを指定します。
　おそらくこのPutProductメソッドの処理が、APIコントローラーの中でもっともわかりにくいものでしょう。ここで行っている処理手順を整理していきましょう。

❶ メソッドの引数でID番号とProductインスタンスを受け取る
　　MVCアプリケーションのスキャフォールディングでは、CreateのPOST用メソッドで、送信フォームを元にモデルクラスのインスタンスが引数として渡されました。あれと同様に、送られてきたデータから指定IDのProductインスタンスが用意され、引数として渡されます。

❷ ステートを設定する

```
_context.Entry(product).State = EntityState.Modified;
```

317

Chapter **6** さまざまなプロジェクトによる開発

　　送られてきた_context.Entryを使い、引数のProductインスタンスのStateを
EntityState.Modifiedに変更します。このStateは、そのモデルクラスのインスタン
スの状態を示すプロパティです。これをEntityState.Modifiedにすることで、この
インスタンスが変更された状態であることを設定します。

❸ Dbコンテキストの変更を反映する

```
await _context.SaveChangesAsync();
```

　　SaveChangesAsyncで、変更をデータベースに反映します。このとき、引数で
渡されたProductインスタンスはStateの設定により「**変更された**」と判断されるた
め、自動的にレコードの更新が行われます。

　　このほか、引数で渡されたidがProductのProductIdと異なっていたらBadRequestを
送ったり、ProductExists(id)で引数のidのインスタンスが存在しなかったらNotFoundを
送ったり、といったエラー関係の処理が用意されています。
　　しかし、基本的な流れは上記のようになります。「**引数でモデルクラスのインスタン
スを受け取り、そのStateを変更し、SaveChangesAsyncで保存する**」という手順です。

/api/Products への POST アクセス

　　新しいデータを追加するには、HTTPのPOSTメソッドが用いられます。このときの処
理を行うのが、**PostProduct**メソッドです。

リスト6-6
```
[HttpPost]
public async Task<ActionResult<Product>> PostProduct(Product product)
{
    _context.Product.Add(product);
    await _context.SaveChangesAsync();

    return CreatedAtAction("GetProduct", new { id = product.ProductId },
        product);
}
```

　　送られたデータを元に引数としてProductインスタンスが渡されます。従って、やる
ことは、ただ**Add**で送られたProductを追加し、SaveChangesAsyncするだけです。非常
に単純ですね。

　　ただし、その後に一工夫してあります。**CreatedAtAction**は、引数に指定したアクショ
ンのResult（CreatedActionResultというクラスのインスタンス）です。これをreturnする
ことで、指定したアクションを呼び出した結果が返されるようになります。

　　ここでは、第1引数に**"GetProduct"**を指定し、第2引数に**new { id = product.
ProductId }**という形で一緒に渡す情報を用意しています。第3引数には、保存した

318

Productインスタンスを指定します。これにより、引数にidを持つGetProductアクションが実行されreturnされます。つまり、新しいProductを保存後、保存したProductがJSONデータとして返信されるようになる、というわけです。

/api/Products/id番号へのDELETEアクセス

残るは、データの削除です。これは、HTTPのDELETEメソッドを使って行います。削除するID番号を指定してアクセスすることで、そのID番号のレコードを削除できるようにします。

リスト6-7

```
[HttpDelete("{id}")]
public async Task<ActionResult<Product>> DeleteProduct(int id)
{
    var product = await _context.Product.FindAsync(id);
    if (product == null)
    {
        return NotFound();
    }

    _context.Product.Remove(product);
    await _context.SaveChangesAsync();

    return product;
}
```

これも引数としてidの値が渡されます。FindAsyncメソッドで指定IDのProductインスタンスを取得し、それがnullでなければ、_context.ProductのRemoveメソッドで削除後、SaveChangesAsyncでデータベースに反映させます。最後に削除したProductインスタンスをそのままreturnすることで、削除したProductの内容がJSONデータで返信されるようになります。

REST APIはメソッドとパスが決め手

これで、基本的なデータベース操作が一通り用意できました。RESTは、アクセスするHTTPメソッドとアクセス先のパスが全てです。整理すると、RESTは次のように機能が整理されます。

/パス	[GET]	全データを表示します。
/パス/id	[GET]	指定IDのデータを表示します。
/パス	[POST]	送信された値を元に新しいデータを追加します。
/パス/id	[PUT]	指定IDのデータを送信された値に変更します。
/パス/id	[DELETE]	指定IDのデータを削除します。

Chapter 6　さまざまなプロジェクトによる開発

　スキャフォールディングは、これらの処理を一式まとめて自動生成してくれた、というわけです。基本的なデータを配信するためのWeb APIであれば、スキャフォールディングの生成プログラムにほとんど手を加えることなく公開APIが完成します。

　ただし、データの表示だけならまだしも、データの改変を伴う操作については、誰でも利用できるというのは危険でしょう。認証機能などを利用し、特定の人間だけがアクセスできるような仕組みも考える必要があるでしょう。

6.2 Blazorプロジェクトの作成

Blazorアプリとは何か？

　昨今のWebアプリの大きな特徴といえば、「**サーバーサイドとクライアントサイドが次第に融合しつつある**」という点でしょう。その昔であれば、Webアプリの開発は「**サーバー側で必要な処理をし、クライアント側はテンプレートなどで結果を表示する**」という、両者がはっきりと分かれたものでした。

　が、最近のJavaScriptライブラリの進化により、クライアントサイドはただ静的な表示を行えばいいといったものではなくなってきています。クライアントサイドでもダイナミックにプログラムが動き、その中で必要に応じてサーバーに非同期アクセスしてデータがダウンロードされ、リアルタイムに更新される——そうした複雑な処理が求められるようになってきています。

　そうなると、「**クライアントサイドとサーバーサイドをいかに切り分け、それぞれ実装するか**」が、より難しくなっていくでしょう。既にクライアントサイドは高度なJavaScriptのコーディングが求められるようになっています。クライアントのJavaScriptでも、そしてサーバーサイドのC#などの言語でも、それぞれ高度な処理を実装し、両者を巧みに融合しなければいけません。従来型アプリに比べ、開発者に掛かる負担は圧倒的に大きなものとなります。

　こうした複雑な開発スタイルを、なんとかもっとわかりやすく、シンプルに統合できないか。フレームワークの開発元の中には、そのことを考えるところも登場してきています。そして、ASP.NET Coreにおける一つの回答として用意されたのが「**Blazorアプリ**」です。

▌Blazor はすべてを C# でコーディングする

　Blazorは、「**C#ですべてを作る**」ことを考えた**フレームワーク**です。すべてとは？　文字通り、すべてです。サーバーサイドのみならず、クライアントサイドもすべてC#で作成する。1つのファイルの中にクライアントサイドからサーバーサイドまですべての処理が同じ1つのプログラムとして書かれる。それがBlazorの考え方です。

　もちろん、Webブラウザの中ではC#は動きません。すべてC#で書かれたコードは、

320

ビルドされ、クライアント側はJavaScriptベースに、サーバーサイドはC#になり、両者が融合して機能するようになります。が、ビルドして作られたものを開発者が理解する必要はありません。開発者は、あくまで「**すべてC#で作成する**」という前提の下にプログラミングすればいいのです。後は、Blazorが最適な形でクライアントサイドとサーバーサイドを生成し融合してくれます。

図6-17：従来型のフレームワークでは、クライアント側はテンプレートやJavaScriptを使ってサーバーサイドプログラムとは別に作成していた。Blazorでは1つのファイルを作成すれば、そこでサーバーサイドとクライアントサイドがフレームワークにより自動生成され、表示される。

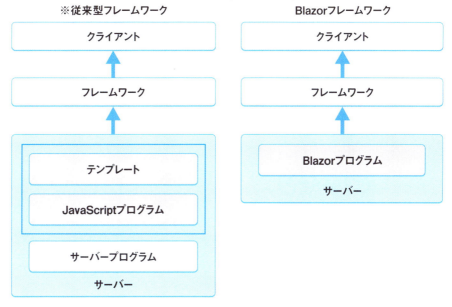

Blazorプロジェクトを作る

Blazorアプリケーションは、ASP.NET Coreにプロジェクトテンプレートとして用意されています。では、実際にプロジェクトを作成しながら説明をしていきましょう。

Visual Studio Community の場合

新しいプロジェクトを作成する際、プロジェクトのテンプレートに「**Blazorアプリ**」を選択し、プロジェクト名を「**SampleBlazorApp**」として作成します。Blazorアプリのテンプレート選択には「**Blazorサーバーアプリ**」を選んで下さい。

dotnet コマンド利用の場合

コマンドプロンプトまたはターミナルを起動し、プロジェクトを作成する場所にカレントディレクトリを移動します。そして次のようにコマンドを実行します。これで「**SampleBlazorApp**」フォルダにBlazorアプリのプロジェクトが作成されます。

```
dotnet new blazorserver -o SampleBlazorApp
```

サンプルプロジェクトを実行する

では、生成されたサンプルプロジェクトを実際に動かしてみましょう。実行すると、画面の左側にメニューとなるリンクが表示され、右側にコンテンツが表示されます。サンプルでは、3つのページを持つアプリが用意されています。起動時は「**Home**」という項目が選択された状態となっています。

図6-18：起動すると「Home」が表示された状態となる。

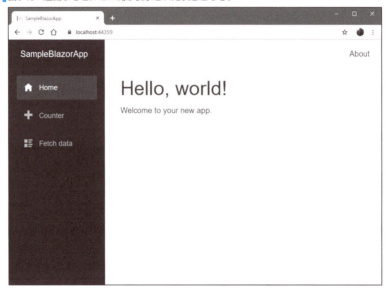

そのまま左側のリンクから「**Counter**」をクリックすると、カウンター表示のサンプルになります。ボタンをクリックすることで、カウンターの数字が増えていきます。

図6-19：Counterの表示。ボタンをクリックすると数字が増える。

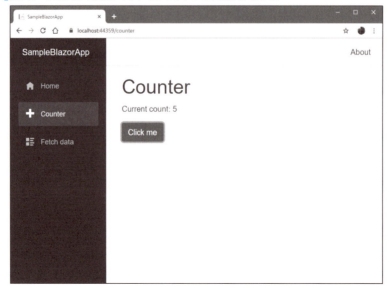

更に「**Fetch data**」をクリックすると、Weather forecastというサービスから得たデータを一覧表示します。これは、先にWeb APIでサンプルとして生成されたものと同じサービスです。ランダムに天気のデータを生成して表示します。

図6-20：Fetch dataでは、Weather forecastのデータを表示する。

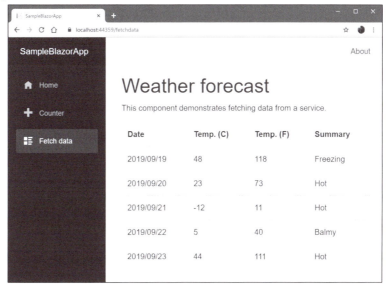

プロジェクトの構成

では、作成されたプロジェクトがどのようになっているか、見てみましょう。基本的なファイル・フォルダ類を整理すると次のようになるでしょう。

■フォルダ

「Data」フォルダ	Dbコンテキストが保管されます。
「Pages」フォルダ	Razorのページファイルが保管されます。
「Shared」フォルダ	共用されるページファイル（レイアウトなど）が保管されます。
「wwwroot」フォルダ	CSSファイルなどの静的ファイルがまとめられます。

■ファイル

_Imports.razor	Razorのページファイル。各種パッケージのインポートを行います。
App.razor	Razorのページファイル。アプリケーション全体のレイアウトを行います。
appsettings.json	アプリケーションの設定情報です。
Program.cs	起動プログラムです。
Startup.cs	アプリ起動時の初期化処理です。

323

見ればわかるように、用意されるファイルやフォルダの多くは既に見覚えのあるものです。「**Data**」「**Pages**」「**Shared**」「**wwwroot**」といったフォルダ類は、一般的なプロジェクトでも使われているものですから、役割はわかるでしょう。

Razorページについて

「**Pages**」フォルダにページファイルが用意されていることから想像がつくように、Blazorアプリは基本的にRazorアプリに非常に近いものがあります。

ページのレイアウト関係などのファイルは**.razor**という拡張子のファイルとして用意されていますが、これは「**Razorファイル**」です。Razorアプリでは、各ページはページファイル（.cshtml）とページモデル（.cshtml.cs）の2つで構成されていましたが、この2つを1つにまとめたものがRazorファイルと考えればいいでしょう。

このRazorページは、Razor構文で記述されています。Razor構文とは、既にRazorページアプリケーションのページで使用した「**@の後にC#文を記述する**」という書き方で、処理をHTML内に埋め込む、あの記法です。つまり、Blazorアプリの基本技術は、既に知っているものなのです。

Startup.csをチェックする

では、生成されているファイルについて内容をチェックしましょう。まずは、Startup.csです。これは、コンストラクタのほか、ConfigureServicesとConfigureという2つのメソッドが用意されていましたね。

AddServerSideBlazorメソッド

この中で注目すべきはConfigureServicesメソッドです。ここでは次のような内容になっています。

リスト6-8

```
public void ConfigureServices(IServiceCollection services)
{
    services.AddRazorPages();
    services.AddServerSideBlazor();
    services.AddSingleton<WeatherForecastService>();
}
```

AddRazorPagesは、Razorページアプリでも出てきましたね。Razorページを実装します。Blazorも基本はRazorページですから、これが必要です。

その次の「**AddServerSideBlazor**」が、Blazorアプリのサービスを追加します。これによりBlazorの機能が使えるようになります。

最後のAddSingletonは、サンプルで用意したWeatherForecastServiceというサービスを追加します。これはサンプル用のものですので、実際のアプリ開発時には削除して構いません。

6.2 Blazor プロジェクトの作成

▌Configure メソッドのエンドポイント設定

Configureメソッドでは、エンドポイントの設定を行っているUseEndpointsメソッド
の呼び出し部分が変わっています。次のようになっていますね。

リスト6-9
```
app.UseEndpoints(endpoints =>
{
    endpoints.MapBlazorHub();
    endpoints.MapFallbackToPage("/_Host");
});
```

MapBlazorHub で、Blazorをデフォルトのパスに設定します。そして
MapFallbackToPageで、汎用的なパスのアクセスを設定するためのミドルウェアを設
定します。このミドルウェアは、ファイル名以外の要求を可能な限り低い優先度で照合
します。リクエストは、指定されたパスと一致するページにルーティングされます。
この2文により、Blazorのルーティング関係がセットアップされている、と考えてよい
でしょう。

Configureの修正はややわかりにくい内容ですが、少なくともこれらを開発者が直接編
集することはあまりないでしょう。大まかな役割だけ把握していれば開発に支障はあり
ません。

Blazorアプリのページ設計について

Blazorアプリでは、デフォルトで複数ページを統合したレイアウトが用意されていま
す。これらは、必ずしもこの通りにページを作成しなければいけないわけではありませ
ん。が、さまざまな要因により1つのページが構成されていることを理解する意味でも、
このデフォルトのページがどう作成され、動いているかを知ることは非常に重要でしょ
う。
Blazorのページは、次のようなファイルによって構成されています。

```
_Host.cshtml
  └App.razor
     └MainLayout.razor
        ├NavMenu.razor
        └各ページのコンテンツ
```

それぞれの組み込み状態を階層的に表しました。組み込まれる各ファイルの内容と働き
を整理しましょう。

❶ 一番のベースとなっているのが、**_Host.cshtml**です。ここでは、「**Appコンポーネント**」
をレンダリングして表示しています。Appコンポーネントというのは、**App.razor**の
ことです。

325

Chapter 6 さまざまなプロジェクトによる開発

❷ Appは、@page指定されたページをロードし、レンダリング表示します。指定パスのページがなければメッセージを表示し、そうでない場合は特定のページを表示するための**MainLayout**を表示します。

❸ MainLayoutでは、ナビゲーションメニューを表示する**NavMenu**と、各ページのコンテンツとなるRazorページファイルを組み込んで表示します。

❹ これらの基本的な階層とは別に、Razorページで使用するパッケージのimport文をまとめた**_imports.razor**が用意されており、これにより必要なパッケージが読み込まれRazor内で使えるようになっています。

これらのうち、「**_imports.razor**」「**_Host.cshtml**」「**App.razor**」については、画面表示のベースとなる部分としてこのまま利用するものだ、と考えておきましょう。実際、これらを編集してカスタマイズする必要が生ずることはあまりありません。

表示やレイアウトのカスタマイズを行う場合は、MainLayout.razor以降を編集します。MainLayout.razorで全体のレイアウトを編集し、後は個々のページ用のRazorファイルを編集していけばいいでしょう。

Razorコンポーネントについて

このレイアウトの構造を見ればわかるように、Razorアプリでは、「**〇〇.razor**」という拡張子のファイルがいくつも用意され、それらがほかのページ内に**<〇〇 />**というタグの形で組み込まれています。例えば、App.razorは、**<App>**タグとして組み込まれ、NavMenu.razorは**<NavMenu />**タグで組み込まれています。

このように、.razor拡張子のファイルは、タグを使ってRazorファイル内に簡単に組み込むことができます。.razor拡張子のファイルはそれ自体が独立して機能するため、どこに組み込んでも動作するのです。

「**〇〇.razor**」という拡張子のファイルを「**Razorコンポーネント**」と呼びます。Blazorでは、Razorコンポーネントを組み合わせて画面を構成していたのです。Razorコンポーネントは、Blazorアプリでしか使えないわけではありません。Razorページアプリなどでも同様に利用することができます。

▌コンポーネントをページに統合する

コンポーネントは、.razor拡張子のファイル内ならばタグを書くだけで追加できます。が、考えてみれば、追加できる.razor拡張子のファイルというのは、それ自体が既にRazorコンポーネントなのです。では、一番ベースとなっているコンポーネントは、最終的にどのような形でページに組み込まれているのでしょうか？

答えは、**_Host.cshtml**を見るとわかります。これは、拡張子からわかるようにRazorページのファイルです。これに、ベースとなるコンポーネントであるAppを組み込んでいます。

リスト6-10

```
<app>
    @(await Html.RenderComponentAsync<App>(RenderMode.ServerPrerendered))
</app>
```

これが、その部分です。**RenderComponentAsync**は、**HTMLヘルパーメソッド**と呼ばれます。引数にはレンダリングモードを示す値を指定し、RenderMode列挙型の値を使います。**ServerPrerendered**は、サーバーサイドレンダリングを指定します。

これでAppコンポーネントがレンダリングされ、ここに組み込まれます。そしてApp内には更にMainLayoutコンポーネントがあり、その中に更にNavMenuと各ページのコンテンツのコンポーネントが組み込まれる……という形になっているのです。

Appとルートコンポーネント

_Host.cshtmlに最初に組み込まれるコンポーネントとして「**App**」が用意されています。これがすべてのコンポーネントのベースとなります。

APPコンポーネントは、そのほかの画面に何かを表示するコンポーネントとは役割が違います。最初に.cshtmlファイルに組み込まれるので「**ルートコンポーネント**」と呼ばれ、次のような内容になっています。

リスト6-11　App.razor

```
<Router AppAssembly="@typeof(Program).Assembly">
    <Found Context="routeData">
        <RouteView RouteData="@routeData"
            DefaultLayout="@typeof(MainLayout)" />
    </Found>
    <NotFound>
        <LayoutView Layout="@typeof(MainLayout)">
            <p>Sorry, there's nothing at this address.</p>
        </LayoutView>
    </NotFound>
</Router>
```

見てわかるように、いわゆるHTMLの「**画面に何かを表示するためのタグ**」は一切ありません。すべてRazorのコンポーネントを組み合わせて作られています。ルートコンポーネント自体は、何も表示しません。アクセスされたパスを元にコンポーネントをルーティングします。

画面に表示するコンテンツとなるコンポーネントでは、「**このパスにアクセスしたらこのコンポーネントを表示する**」といった情報を内部に持っています。ルートコンポーネントはそれらの情報を元に、「**アクセスしたパスに応じたコンポーネントをルーティングする**」という機能の土台となる部分を提供します。

ルートコンポーネント上に、実際に表示されるページのレイアウトとなるコンポーネ

Chapter 6 さまざまなプロジェクトによる開発

ントを組み込み、そこに各ページのコンテンツとなるコンポーネントが組み込まれます。そして、特定のパスにアクセスされると、コンテンツのコンポーネントに用意されている情報を元に、そのパスにルーティングされているコンポーネントが自動的に表示されるようになります。

ルートコンポーネントは、ここに書かれた形が基本です。あれこれと書き換えることはほとんどありません。ですから、これも「**基本的な働きだけわかっていればいい**」コンポーネントと考えましょう。

MainLayout.razorについて

Appコンポーネントには、画面の基本的なレイアウトを担当している**MainLayout**コンポーネントが組み込まれます。MainLayoutがどのように記述されているか、見てみましょう。

リスト6-12　MainLayout.razor
```
@inherits LayoutComponentBase

<div class="sidebar">
    <NavMenu />
</div>

<div class="main">
    <div class="top-row px-4">
        <a href="https://docs.microsoft.com/en-us/aspnet/"
                target="_blank">About</a>
    </div>

    <div class="content px-4">
        @Body
    </div>
</div>
```

非常にシンプルな内容ですね。ベースとなるレイアウトといっても、本当にページ全体のレイアウトとなる部分は_Host.cshtmlにまとめられており、このMainLayoutは**ボディ**部分のベースとなるレイアウトファイルです。従って、ボディに表示される内容だけが記述されています。

▌<div class="sidebar">

これは、ナビゲーションメニューを表示するエリアです。この中で、**<NavMenu />**と記述をされていますが、これは**NavManu.razor**をレンダリングして表示します。NavManuは、画面左側のメニュー部分です。このメニューをカスタマイズする場合は、NavMenu.razorを編集すればいいのです。

328

▐ <div class="main">

これがメインコンテンツの部分です。上部に「**About**」というリンクを表示し、その下の**<div class="content px-4">**タグ内にコンテンツを表示します。**@Body**は、選択されたパスで表示するコンテンツが保管されている値です。@Bodyと記述することで、そのパスのコンテンツが、ここに出力されます。

この2つのタグの働きがわかっていれば、カスタマイズは容易です。メニュー部分は別途NavMenuを編集すればいいですし、「**メニューはいらない**」というなら<div class="sidebar">タグを削除すればいいだけです。

Counterページをチェックする

サンプルでは3つのコンテンツが用意されていますが、それぞれに機能が異なっています。まず、基本的なアクションと表示更新を行っているCounterページから見てみましょう。Counter.razorに記述されている「**Counter**」コンポーネントを表示するページです。
「**Pages**」フォルダ内のCounter.razorは、次のような内容です。

リスト6-13

```
@page "/counter"

<h1>Counter</h1>
<p>Current count: @currentCount</p>
<button class="btn btn-primary"
        @onclick="IncrementCount">Click me</button>

@code {
    int currentCount = 0;

    void IncrementCount()
    {
        currentCount++;
    }
}
```

▐ ページの指定

では、Counterコンポーネントの内容を見ていきましょう。まず、冒頭には次のような**@page**ディレクティブが記述されています。これはRazorページアプリのRazorページでも使われていましたね。

```
@page "/counter"
```

これで、**"/counter"**にアクセスされたときに呼び出されるコンテンツであることが示

Chapter **6** さまざまなプロジェクトによる開発

されます。@pageは、Blazorのコンテンツ用ページなら必ず冒頭に記述しています。

変数の表示

その下には、カウントした回数を表示しているタグがあります。

```
<p>Current count: @currentCount</p>
```

ここでは、**@currentCount**という変数を表示しています。この変数は、**@code**で宣言されている値です。

見たところ、ただの変数が出力されているように思えるでしょう。が、この@currentCountは、単に「**レンダリング時に変数が表示される**」というだけではありません。これは「**活きている**」のです。つまり、ページが表示された後も、@currentCountの値を変更すると、その部分がリアルタイムに更新されるのです。

ボタンクリックの処理

では、ボタンのカウントはどのようにしているのか。ここでは次のように<button>タグを用意しています。

```
<button class="btn btn-primary" @onclick="IncrementCount">Click me</button>
```

@onclickに"IncrementCount"が設定されています。これにより、クリックするとIncrementCountメソッドが実行されるようになります。

コードの記述

その下には、@codeというディレクティブがあります。これは、C#のコードを記述する際に利用します。

```
@code {
    int currentCount = 0;

    void IncrementCount()
    {
        currentCount++;
    }
}
```

currentCountという変数と、**IncrementCount**というメソッドが用意されています。これを、先ほど<button>タグの@onclickで呼び出していたのです。

currentCount変数は、ページ内に@currentCountとして埋め込まれていました。このように、@code内に用意された変数が、ページ内で使われていたのです。

IncrementCountメソッドでは、currentCountの値を1増やしているだけです。これだけなのに、ページに埋め込まれている@currentCountの値が更新され、自動的に最新の値に変わるのです。

330

この「@で表示した変数は常に最新の値に更新される」というのが、Blazorアプリの一番大きな特徴でしょう。

Sampleコンポーネントを作る

基本がわかったら、新しいコンポーネントを作成して簡単なサンプルを作ってみることにしましょう。例として、「**Sample**」というRazorコンポーネントを作成してみます。

Visual Studio Community の場合

ソリューションエクスプローラーの「**Pages**」フォルダを右クリックし、「**追加**」メニューから「**新しい項目（または、ファイル）**」を選びます。そして「**Razorコンポーネント**」を選択し、名前を「**Sample**」と入力して作成をして下さい。

図6-21：「Razorコンポーネント」を選択し、「Sample」と名前を入力する。

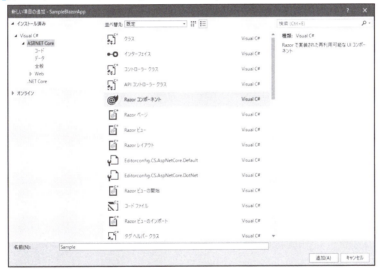

そのほかの環境の場合

「**Pages**」フォルダ内に、手作業で「**Sample.razor**」というテキストファイルを作成して下さい。

Sample コンポーネントのソースコード

では、作成されたSample.razorを開き、ソースコードを記述しましょう。

リスト6-14
```
@page "/sample"

<h1>Sample</h1>
```

Chapter 6 さまざまなプロジェクトによる開発

```
<p class="h3">Total: @total</p>
<div class="form-row">
    <input type="number" @bind="val" class="form-control col-9" />
    <button @onclick="Calc" class="btn btn-primary col">Click</button>
</div>

@code {
    int val = 0;
    int total = 0;

    void Calc()
    {
        total = 0;
        for (var i = 0;i <= val;i++)
        {
            total += i;
        }
    }
}
```

　これで、Sampleコンポーネントが用意できました。後は、これをナビゲーションメニューに追加して表示できるようにします。

■ナビゲーションメニューに追加する

　ナビゲーションメニューであるNavMenuコンポーネントでは、**<ul>**タグを使ってメニュー項目を作成しています。ソースコードを見ると、次のように記述されていることがわかるでしょう。

```
<div class="@NavMenuCssClass" @onclick="ToggleNavMenu">
    <ul class="nav flex-column">

        ……<li>によるメニュー項目……

    </ul>
</div>
```

　この<ul>タグ内に、新たに<li>タグによるメニュー項目を追加すればいいのです。では、次のように<li>タグを追加して下さい。

リスト6-15

```
<li class="nav-item px-3">
    <NavLink class="nav-link" href="sample">
        <span class="oi oi-badge" aria-hidden="true"></span> Sample
    </NavLink>
```

```
</li>
```

図6-22：数値を入力してボタンをクリックすると、ゼロからその値までの合計を計算し、表示する。

完成したら、実際にアクセスしてみましょう。ナビゲーションメニューに「**Sample**」という項目が追加されるので、これをクリックすると、入力フィールドとボタンの画面が表示されます。

ここでフィールドに数字を入力し、ボタンをクリックすると、ゼロからその数字までの合計を計算して表示します。簡単なサンプルですが、「**入力と実行**」という操作の基本は実現しています。

Sample コンポーネントをチェックする

では、記述した内容をチェックしていきましょう。ここでは、結果の表示、入力、実行の3つのタグが次のように用意されています。

■結果の表示

```
<p class="h3">Total: @total</p>
```

■値の入力

```
<input type="number" @bind="val" class="form-control col-9" />
```

■処理の実行

```
<button @onclick="Calc" class="btn btn-primary col">Click</button>
```

結果の表示では、**@total**という変数を使っています。ここに、合計を収めておきます。

値の入力を行う\<input>タグでは、**@bind**というディレクティブが用意されています。これは、引数に指定した変数に値をバインドします。**@bind="val"**とすることで、変数valに\<input>の値がバインドされます。

この値のバインドは双方向に機能します。すなわち、値を変更すれば変数valの値が変わりますし、変数valに値を代入すれば\<input>の値が変わります。どちらか一方を変更

Chapter **6** さまざまなプロジェクトによる開発

すれば、他方も同じ値に変わるのです。

　処理の実行は、<button>タグを使っています。ここでは、**@onclick="Calc"**とディレクティブを用意していますね。これにより、クリックしたらCalcメソッドが呼び出されるようになります。

@code について

　では、処理を担当する@codeはどのようになっているでしょうか。ここでは、次のような内容を記述しています。

```
@code {
    int val = 0;
    int total = 0;

    void Calc()
    {
        ……略……
    }
}
```

　変数valとtotalは、それぞれ<input>の@bindと結果表示の@totalで利用していました。そしてCalcメソッドは、<button>の@onclickに割り当てられています。

　<input>の値を入力すると、それにより変数valの値が変更されます。そしてボタンをクリックするとCalcが実行され、変数totalの値が変更されます。このようなメソッドと変数の操作をHTML内に組み込み、バインドすることで動作しているのです。

C# はサーバーでレンダリングされる

　非常に重要なことは、「**ここに書かれたC#の処理は、すべてサーバー側で処理されている**」という点です。C#は、当然ですがWebブラウザでは動きません。サーバー側でページがレンダリングされ、それによりC#のコードからはサーバー側で動くC#とクライアント側で動くJavaScriptのコードが生成されます。両者の間は、「**SignalR**」(シグナルアール)という.NET CoreのサーバーサイドWeb機能によってリアルタイム通信され、協調して動きます。

　すべての処理はC#で書かれ、レンダリング後にどのような形で実装されるかは、開発者は意識する必要はありません。ただ、C#のコードとして正しく動くことを考えて記述すればいいのです。

モデルを利用したフォーム送信

　先ほどのように、<input>を1つだけ用意して値を入力してもらうような場合は、比較的簡単に処理を実装できます。が、フォームの項目数が増えていくと、フォームの値の管理も面倒になってきます。5つも6つも項目があった場合、それら1つひとつに変数をバインドして……というのは、あまりスマートなやり方とは思えないでしょう。

6.2 Blazor プロジェクトの作成

　このような場合には、フォームの内容に対応するモデルクラスを定義しておき、それを元にフォームを作成するという手法があります。

　モデルクラスは、単に「**データのセットをまとめて扱うクラス**」であり、データベースと連携しなければ使えないわけではありません。フォームで送信するデータを管理するためにモデルクラスを利用するのです。では、実際にやってみましょう。

Mydata モデルの作成

　まず、モデルクラスを作成しましょう。「**Data**」フォルダに、「**Mydata.cs**」というファイルを用意して下さい。Visual Studio Communityを利用している場合は、「**Data**」フォルダを右クリックし、「**追加**」メニューから「**クラス**」を選んでMydataクラスを作成すればいいでしょう。それ以外の環境の場合は、直接Mydata.csファイルを作成して下さい。

　作成したら、次のようにソースコードを記述します。

リスト6-16
```
using System;
using System.Collections.Generic;
using System.Linq;
using System.Threading.Tasks;
using System.ComponentModel.DataAnnotations;

namespace SampleBlazorApp.Data
{
    public class Mydata
    {
        [Required]
        public string Name { get; set; }
        public string Password { get; set; }
        [EmailAddress]
        public string Mail { get; set; }

        public override string ToString()
        {
            return "[" + Name + " (" + Password + ") " + Mail + "]";
        }
    }
}
```

　これまで何度も作成したモデルとほぼ同じような内容ですね。これまでのモデルとの違いといえば、「**データベースを使わない**」という点です。これは、フォーム利用のために用意したモデルクラスです。このモデルクラスの内容に従い、フォームを作って送信できるようにするのです。

335

Chapter **6** さまざまなプロジェクトによる開発

▎Sample コンポーネントを修正する

では、Sampleコンポーネントを修正し、Mydataモデルクラスを利用したフォーム送信を行ってみましょう。Sample.razorを開き、次のように内容を書き換えて下さい。

リスト6-17

```
@page "/sample"
@using SampleBlazorApp.Data

<h1>Sample</h1>

<p class="h3">@message</p>

<EditForm Model="@mydata" OnValidSubmit="@doAction">
    <DataAnnotationsValidator />
    <ValidationSummary />
    <div class="form-group">Name
        <InputText id="name" @bind-Value="@mydata.Name"
                    class="form-control" />
    </div>
    <div class="form-group">Password
        <InputText type="password" id="password"
                    @bind-Value="@mydata.Password"
                    class="form-control" />
    </div>
    <div class="form-group">Mail
        <InputText id="mail" @bind-Value="@mydata.Mail"
                    class="form-control" />
    </div>
    <button type="submit" class="btn btn-primary">
        Click</button>
</EditForm>

@code {
    private Mydata mydata = new Mydata();
    private string message = "Please input form:";

    private void doAction()
    {
        message = mydata.ToString();
    }
}
```

図6-23：フォームに記入して送信すると、Mydataが作成され、その内容が表示される。

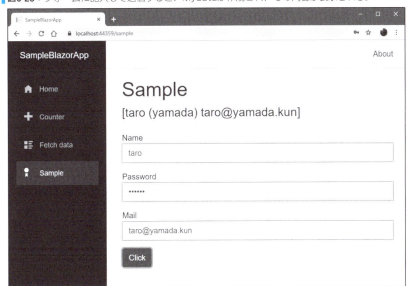

　完成したらアクセスし、/sampleを表示しましょう。3つの入力フィールドからなるフォームが表示されます。それぞれに値を入力し、ボタンをクリックすると、その内容が表示されます。また検証機能も働いているので、Nameが未入力だったり、Mailがメールアドレスではないテキスト（途中に@が含まれないもの）だったりするとエラーメッセージが表示されます。

<EditForm> によるフォーム

　では、作成された内容を見ていきましょう。ここでは、フォームの作成を**<EditForm>**というタグを使って行っています。これは次のような形で記述されています。

```
<EditForm Model="@mydata" OnValidSubmit="@doAction">
    <DataAnnotationsValidator />
    <ValidationSummary />

    ……フォームコントロール……

</EditForm>
```

　<EditForm>というタグはHTMLにはありません。ということは、これはRazorコンポーネントとして用意されているものと考えることができます。このタグには、Modelと**OnValidSubmit**という属性が用意されています。

Model
　バインドするモデルインスタンスを指定します。ここでは、@mydataという変数を割

Chapter **6** さまざまなプロジェクトによる開発

り当てています。送信すると値が検証され、問題なければModelに指定されたモデルの
インスタンスに値がバインドされます。

■OnValidSubmit

検証して送信するためのイベント用属性です。ここで送信時の処理(メソッド)を割り
当てます。このイベントは、モデルに用意された検証機能を使って検証を行い、問題な
い場合に処理が呼び出されます。値に問題があった場合は自動的にエラーメッセージが
表示され、再度入力待ちに戻ります。

用意されているコントロール類

では、ここに用意されているコントロール用のタグを見ていきましょう。これも、一
般的な<input>タグではなく、**<InputText>**というコンポーネントを使っています。用意
されているコントロールの記述を次に整理しましょう。

■Name用フィールド

```
<InputText id="name" @bind-Value="@mydata.Name" class="form-control" />
```

■Password用フィールド

```
<InputText type="password" id="password" @bind-Value="@mydata.Password"
        class="form-control" />
```

■Mail用フィールド

```
<InputText id="mail" @bind-Value="@mydata.Mail" class="form-control" />
```

■送信ボタン

```
<button type="submit" class="btn btn-primary">Click</button>
```

<InputText>では、**@bind-Value**という属性が用意されています。これには、例えば**@
mydata.Name**というように、@mydata変数に代入されているモデルクラスインスタン
スのプロパティを指定しています。このようにすることで、1つひとつのコントロール
がインスタンスのプロパティに設定されるようにしているわけです。

このようにして作成されたフォームは、検証を通過し、OnValidSubmitの処理が呼び
出された時点で、既にModelに設定されたモデルクラスインスタンスとして値がまとめ
られています。後は、このインスタンスを使って必要に応じた処理を行っていけばいい
のです。

6.3 Reactプロジェクトの作成

SPA開発とJavaScriptフレームワーク

最近のWebアプリケーションのトレンドの一つに「**SPA**」(Single Page Application)があります。1枚のページで完結するタイプのWebアプリで、そのページの中でダイナミックに表示などを操作し、PCやスマートフォンのアプリのような操作感を実現します。

こうしたSPAの開発には、JavaScriptのフロントエンドフレームワークが利用されます。中でも非常に広く利用されているのが「**React**」でしょう。Reactはオープンソースのフレームワークで、「**仮想DOM**」と呼ばれる独自のシステムを使い、Webページをダイナミックに操作することができます。

Reactを導入した開発を行う場合、一般的なWebアプリとはまた違った形で開発を行うことになります。SPAでは、ページ内のフォームなどを使って送信し、ページを再ロードする、といったアプローチをしません。Webページが表示されたら、その状態のままリロードなど一切せずに動きます。またサーバー側で何かの処理を行う場合は、Ajaxを使い、サーバー側と通信して必要な情報を得ます。

つまり、WebページはReactベースで作成し、C#などによるサーバー側の処理はWeb APIのように「**アクセスしたら結果を返す**」という形で作成して、フロントサイドとAjaxで通信していくことになります。

図6-24：一般的なWebアプリケーションでは、サーバー側で処理を実行し、表示をレンダリングして結果をクライアントに送る。SPA利用の場合は、サーバー側にはWeb APIのような機能だけが用意されて、クライアントのSPA内からAjaxでアクセスする。

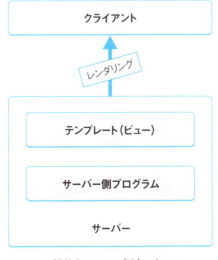
一般的なWebアプリケーション

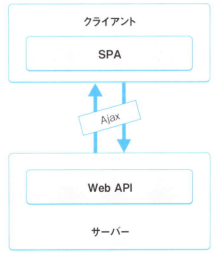
Single Page Application

Chapter **6** さまざまなプロジェクトによる開発

Reactプロジェクトの作成

　ASP.NET CoreのプロジェクトでReactを利用する場合、サーバー側の処理はWeb API のような形で実装し、ReactベースのWebページ内からAPIにアクセスする形になるで しょう。MVCやRazorページによるWebアプリケーションとはかなり基本的な仕組みが 違ってきます。

　ASP.NET Coreには、「**フロントエンド＝React、サーバーサイド＝APIコントローラー**」 という形で作成されるプロジェクトのテンプレートが用意されています。これを使うこ とで、簡単にReactベースのプロジェクトが作成できます。では、実際にプロジェクト を作成しましょう。

▌Visual Studio Community の場合

　新しいプロジェクトを作成する際、プロジェクトのテンプレートに「**ASP.NET Core Webアプリケーション**」を選択し、プロジェクト名を「**SampleReactApp**」として作成し ます。Webアプリのテンプレート選択には「**React**」を選んで下さい。

▌dotnet コマンド利用の場合

　コマンドプロンプトまたはターミナルを起動し、プロジェクトを作成する場所にカ レントディレクトリを移動します。そして次のようにコマンドを実行します。これで 「**SampleReactApp**」フォルダにBlazorアプリのプロジェクトが作成されます。

```
dotnet new react -o SampleReactApp
```

▌プロジェクトを実行する

　プロジェクトが作成できたら、実際に動かして動作を確認しましょう。プロジェクト を実行(あるいは、dotnet runを実行)してWebブラウザからアクセスをしてみて下さい。 なお、このプロジェクトは、フロントエンドのフレームワークをインストールするのに パッケージ管理ツール**npm**をインストールし、そこから更にインストール作業をします。 このため、初回のみ実行までにかなり時間がかかります。

340

図6-25：ビルドして表示されるWebアプリ。起動までにかなり時間がかかる。

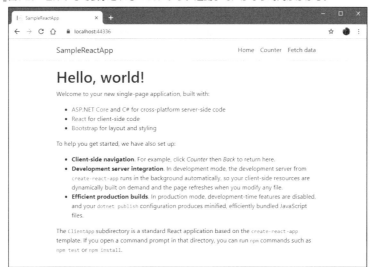

　Webブラウザからアクセスすると、上部に「**Home**」「**Counter**」「**Fetch data**」というリンクが表示されます。これらをクリックすることで3つのページを切り替えることができます。これらのリンク表示、どこかで見たことがありますね？　そう、Blazorプロジェクトに用意されていた3つのWebページと同じものなのです。メニューなどのレイアウトは異なりますが、用意されているページが同じなので、両者を比べることでBlazorアプリとReactアプリの違いがよくわかるでしょう。

図6-26：「Counter」「と「Fetch data」の画面。

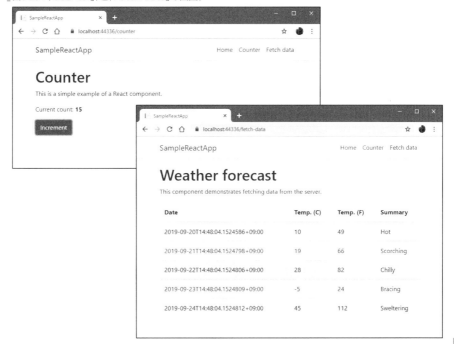

Chapter 6 さまざまなプロジェクトによる開発

プロジェクトの構成を見る

では、作成されたプロジェクトがどのようになっているのか、主なファイルとフォルダを見てみましょう。

■フォルダ

「Client App」フォルダ	クライアント側のファイル。これがWebアプリの本体部分といえます。
「Controllers」フォルダ	サーバー側に用意されるAPIコントローラーが保管されます。
「Pages」フォルダ	ページのフォルダ。importをまとめた_ViewImports.cshtmlと、エラー表示のError.cshtmlが用意されます。
「Properties」フォルダ	プロパティファイルが保管されます。

■主なファイル

appsettings.json	アプリの設定情報ファイルです。
Program.cs	アプリの起動プログラムです。
Startup.cs	アプリの初期化処理のプログラムです。
WeatherForecast.cs	サンプルで用意されるデータ用のモデルクラスです。

ファイル類は既に見慣れたものばかりですが、フォルダは少し感じが違いますね。「**Controllers**」「**Pages**」といったフォルダは今まで何度も登場したものですが、これらがWebアプリの本体部分ではありません。

「**Controllers**」は、MVCアプリのコントローラーではありません。ここには、サンプルのAPIコントローラーが保管されています。ReactアプリではAjaxを使ってデータを送受しますが、フロントエンド側からAjaxでアクセスするためのサーバー側のプログラムとしてAPIコントローラーを使うのです。デフォルトでは、「**WeatherForecastController**」というAPIコントローラーが用意されていますが、これはWeb APIアプリに用意されていたコントローラーと同じものです。アクセスするとダミーの天気データを返します。

また「**Pages**」は、importをまとめたものとエラーページのみで、具体的なWebページの表示には使われていないことがわかります。

「ClientApp」フォルダとクライアント側の処理

Reactアプリでは、利用者がアクセスした際に表示されるWebページの画面は「**ClientApp**」フォルダにまとめられています。ここにあるファイル類によってWebアプリのフロントエンド部分が作られています。

このフォルダ内を見ると、次のようなファイルが用意されているのがわかります。

■「ClientApp」フォルダの主な内容

「public」フォルダ	公開フォルダ。トップページであるindex.html、マニフェスト情報を記述したmanifest.json、アイコンファイルなどが保管されています。そのほか、直接アクセスして利用できる静的ファイル類(イメージファイルなど)はここにまとめます。
「src」フォルダ	Reactによるプログラム(JavaScriptファイル)がまとめられます。
package.json	npmが使うパッケージ情報のファイルです。
README.md	リードミーファイルです。

　Reactによるプログラム部分は、「**src**」フォルダの中にまとめられます。この中には、多数のJavaScriptファイルが用意されており、それらによりフロントエンド部分が作られていきます。

　Webアプリにアクセスした際に表示されるトップページ部分は、「**public**」フォルダ内にindex.htmlとして用意されています。これは次のような内容になっています。

リスト6-18

```html
<!DOCTYPE html>
<html lang="en">
  <head>
    <meta charset="utf-8">
    <meta name="viewport" content="width=device-width, initial-scale=1,
      shrink-to-fit=no">
    <meta name="theme-color" content="#000000">
    <base href="%PUBLIC_URL%/" />
    <link rel="manifest" href="%PUBLIC_URL%/manifest.json">
    <link rel="shortcut icon" href="%PUBLIC_URL%/favicon.ico">
    <title>SampleReactApp</title>
  </head>
  <body>
    <noscript>
      You need to enable JavaScript to run this app.
    </noscript>
    <div id="root"></div>
  </body>
</html>
```

　これは、実は「**テンプレート**」です。コードの中に**%PUBLIC_URL%**といった値が埋め込まれていますね。このページはアクセスされた際にASP.NET Coreのシステムによってレンダリングされ、結果がクライアント側に出力されます。

　実際に画面に表示される**<body>**部分には、**<div id="root">**というタグが1つだけ用意されています(<noscript>というタグはJavaScriptが動かない場合のものです)。

　このid="root"が指定されたタグが、Reactによる表示を行います。トップページのベースとなるHTMLは、このタグ1つだけあればいいのです。

Chapter **6**　さまざまなプロジェクトによる開発

Reactコンポーネントの組み込み

　では、この<div id="root">に組み込まれるのは、どういうものなのでしょうか。それは、「**Reactのコンポーネント**」です。

　Reactは、Blazorなどと同じく「**コンポーネント**」指向のプログラムです。画面に表示されるものはコンポーネントとして定義し、それを組み合わせていきます。

　<div id="root">に組み込まれるルートコンポーネントは、「**ClientApp**」フォルダの「**src**」内にある「**index.js**」というスクリプトファイルに記述されています。中身を見てみましょう。

リスト6-19

```
import 'bootstrap/dist/css/bootstrap.css';
import React from 'react';
import ReactDOM from 'react-dom';
import { BrowserRouter } from 'react-router-dom';
import App from './App';
import registerServiceWorker from './registerServiceWorker';

const baseUrl = document.getElementsByTagName('base')[0].
getAttribute('href');
const rootElement = document.getElementById('root');

ReactDOM.render(
  <BrowserRouter basename={baseUrl}>
    <App />
  </BrowserRouter>,
  rootElement);

registerServiceWorker();
```

　Reactの基本的な知識がなければよくわからないでしょうが、これがReactのルートコンポーネントです。ここでは、次のようにコンポーネントがレンダリングされています。

```
ReactDOM.render( 表示内容 , エレメント );
```

　ReactDOM.renderは、第1引数の表示内容をレンダリングして第2引数のエレメントに組み込みます。第1引数の表示内容は、**JSX**と呼ばれる技術を使って書かれています。JSXは、JavaScriptの構文拡張の一種で、HTMLのようなタグを直接、値として記述できます。ここでは、こんな内容が値として書かれていますね。

```
<BrowserRouter basename={baseUrl}>
  <App />
</BrowserRouter>,
```

　いずれもReactのコンポーネントです。**BrowserRouter**はReactに用意されているルー

344

ターコンポーネントです。これによりアドレスのパスから表示するコンポーネントを
ルーティングします。

そして、この中にある**\<App /\>**が、コンテンツの表示を行うコンポーネントになります。

App コンポーネント

Appコンポーネントは、**App.js**というファイルとして用意されています。この中には、
デフォルトで次のようなコードが書かれています。

リスト6-20

```
import React, { Component } from 'react';
import { Route } from 'react-router';
import { Layout } from './components/Layout';
import { Home } from './components/Home';
import { FetchData } from './components/FetchData';
import { Counter } from './components/Counter';

import './custom.css'

export default class App extends Component {
  static displayName = App.name;

  render () {
    return (
      <Layout>
        <Route exact path='/' component={Home} />
        <Route path='/counter' component={Counter} />
        <Route path='/fetch-data' component={FetchData} />
      </Layout>
    );
  }
}
```

export default class App extends Componentで、**Component**クラスを継承して
Appクラスを定義しています。この中にはrenderメソッドがあり、その中で次のような
JSXコードを返しています。これがAppコンポーネントの表示内容になります。

```
<Layout>
  <Route exact path='/' component={Home} />
  <Route path='/counter' component={Counter} />
  <Route path='/fetch-data' component={FetchData} />
</Layout>
```

Chapter 6 さまざまなプロジェクトによる開発

　<Layout>は、「**components**」フォルダ内にあるLayout.csで定義されるコンポーネントです。その中に、3つの**<Route>**タグがあり、それぞれにHome、Counter、FetchDataというコンポーネントのルート設定がされています。

　<Route>は、ルートの設定を行うのであり、実際に何か表示するわけではありません。表示は、Layoutコンポーネントで行います。これらの<Route>は、pathで指定されたパスにアクセスがあったとき、**component**に指定されたコンポーネントをコンテンツとして表示するルートを設定します。

Layout コンポーネント

　実際のレイアウトを行っているのが「**components**」フォルダ内にあるLayout.csです。これには次のような記述がされています。

リスト6-21

```javascript
import React, { Component } from 'react';
import { Container } from 'reactstrap';
import { NavMenu } from './NavMenu';

export class Layout extends Component {
  static displayName = Layout.name;

  render () {
    return (
      <div>
        <NavMenu />
        <Container>
          {this.props.children}
        </Container>
      </div>
    );
  }
}
```

　<NavMenu /> と**<Container>** がrenderで表示されています。<NavMenu />は、NavMenu.jsによるナビゲーションメニューの表示です。そして、<Container>が、実際に表示されるコンポーネントを組み込む部分になります。ここに、先ほどの<Route>で指定されたパスにアクセスがあると、componentで指定されたコンポーネントの表示が組み込まれることになります。

　これで、ページ全体の基本的なレイアウトの構造がだいぶわかってきました。後は、各ページのコンテンツとして表示されるコンポーネントがどのようなものかわかれば、Reactアプリの全体像が見えてくるでしょう。

Counterコンポーネントによるアクションと更新

では、Reactのコンポーネントがどのように機能しているのか、Counterコンポーネントを使って簡単に説明しましょう。

リスト6-22

```javascript
import React, { Component } from 'react';

export class Counter extends Component {
  static displayName = Counter.name;

  constructor(props) {
    super(props);
    this.state = { currentCount: 0 };
    this.incrementCounter = this.incrementCounter.bind(this);
  }

  incrementCounter() {
    this.setState({
      currentCount: this.state.currentCount + 1
    });
  }

  render() {
    return (
      <div>
        <h1>Counter</h1>

        <p>This is a simple example of a React component.</p>

        <p aria-live="polite">Current count:
              <strong>{this.state.currentCount}</strong></p>

        <button className="btn btn-primary"
              onClick={this.incrementCounter}>Increment</button>
      </div>
    );
  }
}
```

ステート（state）

ReactのコンポーネントはJavaScriptのオブジェクトですが、いくつか非常に重要な機能を持っています。それは、「**ステート**」と「**メソッドのバインド**」です。

これらは、コンストラクタで実行している文を見るとわかってきます。まず、ステー

トについて見てみましょう。コンストラクタには次のような文がありますね。

```
this.state = { currentCount: 0 };
```

この**this.state**がステートで、「**表示の更新が可能な特別な値**」です。ここでは、stateに**currentCount**という値が設定されていますね。これは、renderで表示するHTML部分で次のようにして使われています。

```
{this.state.currentCount}
```

これで、この部分にcurrentCountステートの値が表示されるようになります。このcurrentCountステートは、ボタンをクリックした際に実行されるincrementCounterメソッドの中で次のように更新されています。

```
this.setState({
  currentCount: this.state.currentCount + 1
});
```

ステートの更新は、このように**setState**というメソッドで行います。これで、this.state.currentCountの値が1増えます。すると、自動的に{this.state.currentCount}で表示されていた値も更新されます。

この「**ステートを更新すると表示も更新する**」というのが、Reactのもっとも大きな特徴でしょう。

メソッドのバインド

もう1つの重要なポイントである、メソッドのバインドによる「**イベント処理**」についても見てみましょう。<button>では、次のようにしてボタンをクリックした際のイベント処理を設定しています。

```
this.incrementCounter = this.incrementCounter.bind(this);
```

<button>にも、クリックのイベントを設定するonClikにincrementCounterメソッドが設定されています。

```
onClick={this.incrementCounter}
```

JavaScriptをかじったことがあれば、「**このonClickだけで十分じゃないか。incrementCounterへの設定は何のためにやっているんだ？**」と思うかもしれません。が、この**this.incrementCounter.bind(this)**を行わないと、クリックしてもincrementCounterは正しく実行されません。

onClick={this.incrementCounter}で、incrementCounterがonClickで呼び出されるようになります。が、このincrementCounter内で実行している**setState**がわからないので、エラーになってしまうのです。

6.3 Reactプロジェクトの作成

このため、ステートなどReactの機能を利用する場合は、必ずbindの戻り値をメソッドとして再設定する作業を行います。

FetchDataによるAPIコントローラーとの連携

もう1つの重要な処理例となるのが「**FetchData**」です。これはサーバーのAPIコントローラーにAjaxでアクセスし、必要なデータを受け取ってテーブルに表示しています。このFetchData.jsの内容を見てみましょう。

リスト6-23

```javascript
import React, { Component } from 'react';

export class FetchData extends Component {
  static displayName = FetchData.name;

  constructor(props) {
    super(props);
    this.state = { forecasts: [], loading: true };
  }

  componentDidMount() {
    this.populateWeatherData();
  }

  static renderForecastsTable(forecasts) {
    return (
      <table className='table table-striped' aria-labelledby="tabelLabel">
        ……forecastsデータを元にテーブルを生成する……
      </table>
    );
  }

  render() {
    let contents = this.state.loading
      ? <p><em>Loading...</em></p>
      : FetchData.renderForecastsTable(this.state.forecasts);

    return (
      <div>
        <h1 id="tabelLabel" >Weather forecast</h1>
        <p>This component demonstrates fetching data from the server.
          </p>
        {contents}
      </div>
```

349

```
    );
  }

  async populateWeatherData() {
    const response = await fetch('weatherforecast');
    const data = await response.json();
    this.setState({ forecasts: data, loading: false });
  }
}
```

　一部、HTMLによるテーブル生成処理は省略しました。このコンポーネントでは、**componentDidMount**というメソッドの中で**populateWeatherData**メソッドを呼び出しています。componentDidMountは、コンポーネントがマウントされたとき（つまり指定の場所にコンポーネントの組み込み作業が完了したとき）、populateWeatherDataを実行するようになっています。

　このpopulateWeatherDataメソッドで、サーバーからデータを取得しています。このメソッドを見てみると、こうなっていますね。

■指定のパスからデータを取得する

```
const response = await fetch('weatherforecast');
```

■JSONデータのオブジェクトとして取り出す

```
const data = await response.json();
```

■ステートを更新する

```
this.setState({ forecasts: data, loading: false });
```

　APIコントローラーは、weatherforecastというパスに公開されています。「**fetch**」という関数を使い、このパスにアクセスしてデータを取得しています。Ajaxによるサーバーからのデータ取得は、実はたったこれだけです。

　ただし、戻り値はレスポンス情報を管理するオブジェクトになっているため、そこからJSONデータのオブジェクトを取り出してステートを更新します。このステート更新で重要なのは、実はforecastsではなく、**loading**のほうです。

　表示のレンダリングをする**render**メソッドでは、最初にこのような三項演算子による文が書かれています。

```
let contents = this.state.loading
  ? <p><em>Loading...</em></p>
  : FetchData.renderForecastsTable(this.state.forecasts);
```

　loadingステートがfalseに変わると、contentsの値がFetchDataコンポーネントのrenderForecastsTableメソッドによる戻り値に変わります。これにより、forecastsステートのデータを元に<table>タグを生成したものがcontentsに代入されるのです。そしてそ

れが、renderでreturnされる表示内容の{contents}に組み込まれ画面に表示される、という
わけです。

WeatherForecastController について

では、fetchでアクセスしているAPIコントローラー（WeatherForecastController）では、
どのような処理をしているのでしょうか。GETアクセスを行っているGetメソッドは次の
ようになっています。

リスト6-24
```
[HttpGet]
public IEnumerable<WeatherForecast> Get()
{
    var rng = new Random();
    return Enumerable.Range(1, 5).Select(index => new WeatherForecast
    {
        Date = DateTime.Now.AddDays(index),
        TemperatureC = rng.Next(-20, 55),
        Summary = Summaries[rng.Next(Summaries.Length)]
    })
    .ToArray();
}
```

ここでは、**Enumerable.Range(1, 5).Select(……).ToArray()**という文の結果をreturn
しています。最後がToArrayですから、何らかのデータを配列として取り出していること
とはわかるでしょう。そして、APIコントローラーですから、返された配列データがそ
のままJSONデータとしてクライアントに送られている、ということも想像がつきます
ね。

Enumerableは、LINQによるデータ検索のためのクエリ演算より得られる、繰り返し
処理可能な値のまとまりを扱うクラスです。リストのようなものですが、LINQによるデー
タ取得の機能を持っている点が大きく違います。

Rangeは、多数のデータから1～5番目を取り出します。そして**Select**は、引数に
指定したラムダ式を元にオブジェクトを取得する働きをします。つまり、この一連
の呼び出しにより、「**Selectのラムダ式で生成されたオブジェクトが5個まとめられた
Enumerableインスタンス**」が得られることになります。それがJSONデータとしてクラ
イアント側に送り返されるわけですね。

返送されたJSONデータが、fetchにより取り出され、表示されていた、というわけです。

Reactでサーバーから必要な情報を得るという作業は、こんな具合に「**APIコントロー
ラー**」と「**Reactコンポーネントからのfetch**」によって行われます。データのやり取り部
分で明確に両者は分かれているため、APIコントローラー側は純粋に「**必要なデータをい
かに生成するか**」だけを考えて作成すれば良く、またReact側も「**データのことは考えず、**

Chapter **6** さまざまなプロジェクトによる開発

クライアント側で行うべき処理」だけを考えて作成すればよいのです。また、明確に両者が分かれていることで、それぞれを別々の開発者が担当することも容易でしょう。

Column Angularプロジェクトもある！

　ここではReactベースのプロジェクトについて説明しましたが、ASP.NET Coreにはこのほかに「**Angular**」をフロントエンドのフレームワークに使うプロジェクトテンプレートも用意されています。これも、やはりフロントエンド側は「**ClientApp**」フォルダに全てまとめられており、サーバーとのやり取りは「**Controllers**」フォルダに用意されたAPIコントローラーにアクセスして行うようになっています。

　どちらも、サンプルで生成されるサーバー側の処理はほぼ同じです。またクライアント側のプログラムも、（ReactとAngularという違いはありますが）基本的なページの構成や機能などはほぼ同じです。Reactプロジェクトがわかれば、そしてAngularの基礎的な知識があれば、十分理解できますので、興味のある人は一度Angualrプロジェクトを作成して解読してみましょう。

Chapter 7

アプリケーションを
強化する

Webアプリケーションでは、ページやMVCといった基本
部分以外にもさまざまな機能が必要になります。それらの
中から、ここでは「ユーザー認証」「ミドルウェアとサービス」
「タグヘルパーの作成」「検証属性の作成」について説明しま
しょう。

C#フレームワークASP.NET Core 3入門

Chapter 7 アプリケーションを強化する

7.1 Identityによるユーザー認証

Identityとは？

基本的なWebアプリケーションの機能が一通り使えるようになっても、それだけでアプリケーションのすべての機能が実装できるとは限りません。ほかにも覚えておくべき事柄はたくさんあります。そうしたものの中から重要なものをピックアップして説明していくことにしましょう。

まずは「**ユーザー認証**」についてです。

多くのWebアプリケーションでは、利用するユーザーごとにサービスを提供します。ユーザーを特定し、あらかじめ登録されている人にだけサービスを提供するようなことも多々あるでしょう。こうしたサービスを実現するためには、ユーザー認証が必要です。登録されたユーザーでログインしてサービスを利用するような仕組みです。

ASP.NET Coreでは、「**Identity**」というユーザー認証システムを標準で用意しています。これを利用することで、ほとんどノンプログラミングで認証機能が実装できます。では、実際に使ってみましょう。

■認証付きプロジェクトの作成

Identityは、プロジェクト作成の際に設定をしておくことで、認証機能組み込み済みのアプリケーションを作成します。ここでは例として、Razorページアプリにユーザー認証機能を組み込んだものを作ってみましょう。

■Visual Studio Communityの場合

新しいプロジェクトを作成する際、プロジェクトのテンプレートに「**ASP.NET Core Webアプリケーション**」を選択し、プロジェクト名を「**SampleAuthApp**」として作成します。

Webアプリのテンプレート選択では「**Webアプリケーション**」を選びます。このとき、右側に「**認証**」という表示があり、そこに「**認証なし**」と表示されています。その下にある「**変更**」リンクをクリックします。

現れたダイアログで「**個別のユーザーアカウント**」を選択してOKして下さい（右側に現れる選択メニューはデフォルトの「**アプリ内のストア ユーザーアカウント**」のままにしておく）。これで「**認証**」の表示が「**個別のユーザーアカウント**」に変わります。

この状態で「**作成**」ボタンを押してプロジェクトを作成して下さい。これでユーザー認証機能が組み込まれた状態でプロジェクトが作成されます。

354

7.1 Identityによるユーザー認証

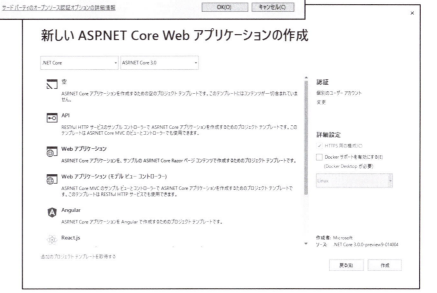

図7-1：「認証」の「変更」リンクで現れるダイアログで「個別のユーザーアカウント」を選ぶ。これで認証の設定が変更される。

■dotnetコマンド利用の場合

コマンドプロンプトまたはターミナルを起動し、プロジェクトを作成する場所にカレントディレクトリを移動します。そして次のようにコマンドを実行します。これで「**SampleAuthApp**」フォルダにユーザー認証が組み込まれたRazorページアプリのプロジェクトが作成されます。

```
dotnet new webapp -au Individual -uld -o SampleAuthApp
```

マイグレーションとアップデート

作成されたプロジェクトのマイグレーションとデータベースのアップデートを行います。なお、SQLite利用の場合はプロバイダのインストールも忘れないで下さい。

Visual Studio Communityを利用している場合は、パッケージマネージャーコンソールから次のコマンドを実行して下さい。

```
Add-Migration Initial
Update-Database
```

そのほかの環境の場合は、コマンドプロンプトまたはターミナルでカレントディレクトリを「**SampleAuthApp**」フォルダ内に移動し、次のコマンドを実行して下さい。

```
dotnet tool install —global dotnet-ef
dotnet add package Microsoft.EntityFrameworkCore.Design
dotnet ef migrations add InitialCreate
dotnet ef database update
```

これでプロジェクトの準備が整いました。後は実際に動かして動作を確認するだけです。サンプルでページが用意されているので、ログインの基本的な動作については特にページなどを追加しなくとも確認できます。

プロジェクトを実行する

では、実際にプロジェクトを実行してみましょう。サンプルで作成されたWebアプリケーションでは、上部にナビゲーションメニューがあり、そこで選択したページが下に表示されるようになっています。デフォルトでは「**Home**」「**Privacy**」の2つのページと、ログイン・ログアウト関係のページが用意されています。

図7-2：サンプルのWebアプリの画面。上部にナビゲーションメニューがある。

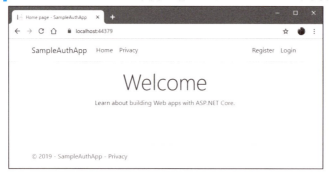

では、ナビゲーションメニューの右側にある「**Register**」リンクをクリックしてみて下さい。アカウント登録のためのページが現れます。ここでメールアドレスとパスワード（2回入力）を記入し、送信すればそれが保存されます。

7.1 Identityによるユーザー認証

■**図7-3**：アカウントの登録画面。

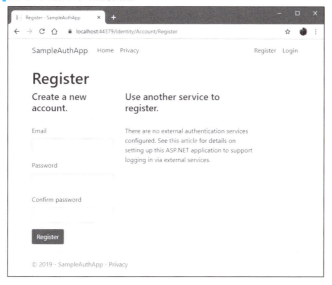

アカウントが登録されると、「**Register confirmation**」という表示が現れます。登録したメールアドレスの確認作業を行って登録が完了します。表示されているテキストの末尾に「**Click here to confirm your account**」というリンクをクリックすると確認され、アカウントが利用可能になります。

■**図7-4**：登録後、Click here to confirm your accountをクリックすると利用可能になる。

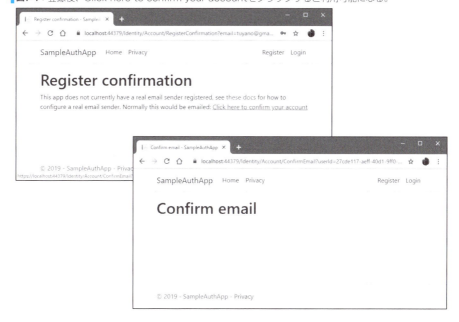

357

ログインすると、ナビゲーションメニューの右側に「**Hello, ○○!**」とログインしたアカウント名が表示されます。右端の「**Logout**」リンクをクリックすればログアウトできます。

図7-5：ログインすると、上部に「Hello, ○○!」とアカウント名が表示される。

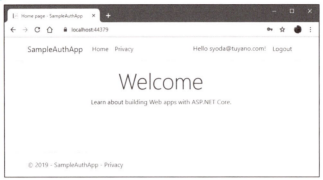

Identityの組み込み

では、Identityがどこで組み込まれているのか確認しましょう。これは、Startup.csで行われています。

まず、ConfigureServicesメソッドがどのようになっているのか、見てみましょう。

リスト7-1
```
public void ConfigureServices(IServiceCollection services)
{
    services.AddDbContext<ApplicationDbContext>(options =>
        options.UseSqlServer(
            Configuration.GetConnectionString("DefaultConnection")));

    // ●Identityの追加
    services.AddDefaultIdentity<IdentityUser>(options =>
        options.SignIn.RequireConfirmedAccount = true)
            .AddEntityFrameworkStores<ApplicationDbContext>();

    services.AddRazorPages();
}
```

ここでは、AddDbContextでDbコンテキストを組み込む作業を行った後で、「**AddDefaultIdentity**」というメソッドを呼び出しています（●マークの部分）。これが、Identityをサービスとして組み込んでいる部分です。

このメソッドでは、引数にラムダ式が用意されており、そこで**RequireConfirmedAccount**という値を設定しています。これはアカウント登録の際の確認機能をONにするかどうかを示します。これがON（true）になっていると、登録後、確認を行って初めて使えるようになります。falseにすると、登録フォームを送信したらすぐにアカウントが使えるようになります。

その後にある「**AddEntityFrameworkStores**」が、ユーザー認証に用いるEntity FrameworkによるDbコンテキストを追加します。ここでは**ApplicationDbContext**が追加されています。

これでIdentityが使える状態になりました。後は、認証機能を利用するようにStartupクラスのConfigureメソッドで処理を追記しています。

リスト7-2

```
app.UseAuthentication();
app.UseAuthorization();
```

これにより認証機能が使えるようになりました。この2つは厳密には違うもの（ユーザー認証機能と、ログイン・ログアウトなどの機能）ですが、基本的にセットで用意すると考えて下さい。

これらの文は、必ずapp.UseEndpointsより前に記述して下さい。app.UseEndpointsがエンドポイントを設定しているので、それより後に書いたミドルウェアは使われません。

ApplicationDbContext について

Identityでは、データベースアクセスに**ApplicationDbContext**というDbコンテキストを使っています。これがどのようなものか、見てみましょう。

リスト7-3

```
public class ApplicationDbContext : IdentityDbContext
{
    public ApplicationDbContext(DbContextOptions<ApplicationDbContext>
        options)
        : base(options)
    {
    }
}
```

これがデフォルトで用意されているソースコードです。見たところ、何も処理らしいものはありません。が、一般のDbコンテキストとは異なる点があります。それは、「**IdentityDbContextを継承している**」という点です。

このIdentityDbContextは、Identityで使うために用意されているDbコンテキストのクラスです。これを継承することで、Identityに必要なモデルなどが一通り用意されます。ApplicationDbContextには何もありませんが、継承しているIdentityDbContextに必要な機能が揃っているため、Identity関係のモデル類はすべて利用可能になります。

認証が必要なページを作る

サンプルで作成されたアプリケーションでは、単純に「**ログインし、そのアカウントを表示する**」というだけでした。が、認証機能は、基本的に「**認証されていなければアクセスできない**」といったページやサービスを作成します。

では、認証が必要なページはどのように作成するのでしょうか。これは、RazorページとMVCで設定の仕方が異なります。ここではRazorページアプリを使っていますから、この設定の仕方をまず説明しましょう。

Razorページアプリの場合、認証ページの設定はStartupクラスの**ConfigureServices**メソッドで行います。試しに、Privacyページを、ログインしていないと見られないようにしてみましょう。

リスト7-4

```
public void ConfigureServices(IServiceCollection services)
{
    services.AddDbContext<ApplicationDbContext>(options =>
        options.UseSqlServer(
            Configuration.GetConnectionString("DefaultConnection")));

    services.AddDefaultIdentity<IdentityUser>(options =>
        options.SignIn.RequireConfirmedAccount = false)
            .AddEntityFrameworkStores<ApplicationDbContext>();

    services.AddRazorPages().AddRazorPagesOptions(options =>
    {
        options.Conventions.AuthorizePage("/Privacy");
    });
}
```

図7-6：Privacyのリンクをクリックすると、ログインページに移動する。ログインするとPrivacyにリダイレクトされ、内容が表示されるようになる。

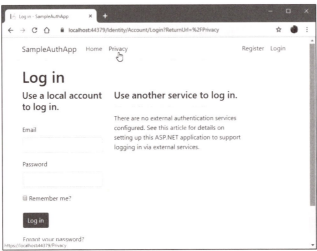

修正したら、ログアウトした状態でナビゲーションメニューから「**Privacy**」のリンクをクリックしてみましょう。すると、Privacyの表示が現れず、ログイン画面にリダイレクトされます。ここでログインを行うと、Privacyにリダイレクトされ内容が表示される

ようになります。

AddRazorPagesOptions の指定

ここでは、AddRazorPagesでRazorページのサービスを組み込むところで、更に「**AddRazorPagesOptions**」というメソッドが追加されています。整理すると次のようになっているのがわかるでしょう。

```
services.AddRazorPages().AddRazorPagesOptions(options =>……);
```

このAddRazorPagesOptionsは名前の通り、Razorページのオプション設定を行い、引数にはラムダ式が用意されます。これは、オプションをまとめて扱うOptionsクラスのインスタンスを引数に持ちます。

ここでは、ラムダ式の中で次の文が実行されています。

```
options.Conventions.AuthorizePage("/Privacy");
```

Conventionsは、PageConventionCollectionというクラスのインスタンスが設定されています。これはIPageConventionというインターフェイスのコレクションです。IPageConventionは、Razorページに適用されるルートやアプリケーションモデルに関するルールを扱うためのクラスで、このコレクションである**PageConventionCollection**からメソッドを呼び出すことで、新たなルールを組み込んだりできます。

ここでは、AuthorizePageというメソッドで認証が必要なページを設定しています。このようにRazorページアプリでは、1つひとつのページやフォルダなどに、認証のルールを組み込んでいくのです。

PageConventionCollection の認証に関するメソッド

ここではAuthorizePageというメソッドを使いましたが、認証に関するメソッドはほかにも色々と用意されています。次に主なものをまとめておきましょう。

■特定のパスに認証を設定する

```
AuthorizePage( パス )
AuthorizeFolder( パス )
```

指定したページまたはフォルダについて、認証が必要に設定します。引数にはページやフォルダのパスを指定します。これにより、ログインしていなければ指定したページやフォルダにアクセスできなくなります。

■特定のパスに匿名アクセスを設定する

```
AllowAnonymousToPage( パス )
AllowAnonymousToFolder( パス )
```

指定したパスについて、匿名のアクセスを許可します。これは、例えばAuthorizeFolderで認証が必要なフォルダの中で特定のページだけ非認証でもアクセスできるようにしたい場合などに用いられます。

Chapter 7 アプリケーションを強化する

MVCアプリケーションの認証設定

では、MVCアプリケーションでページに認証を設定するにはどうすればいいのでしょうか。

実は、これはRazorページアプリよりも遥かに簡単です。**Authorize**という属性をアクションメソッドに追記するだけでいいのです。例えば、Privacyアクションに認証を設定する場合は、次のようになるでしょう。

リスト7-5

```
// using Microsoft.AspNetCore.Authorization; 追記

[Authorize]
public IActionResult Privacy()
{
    return View();
}
```

これで、/Ptivacyにアクセスするとログインページにリダイレクトされるようになります。

また、匿名でのアクセスを許可するのに、「**AllowAnonymous**」という属性も用意されています。これを次のように指定することで匿名アクセスを許可します。

```
[AllowAnonymous]
public IActionResult Privacy() ……
```

これで、そのページだけ認証せずにアクセスできるようになります。とりあえずこの2つの属性がわかれば、MVCアプリの基本的な認証は作成できるでしょう。

ユーザー情報を取得する

では、ログインしたユーザーの情報はどのように取得すればいいのでしょうか。

これは、モデルクラスに用意される「**User**」というプロパティを使います。ユーザー情報を管理する**ClaimsPrincipal**というクラスのインスタンスです。ここから「**Identity**」というプロパティの値を取得します。これは「**Identity**」インターフェイスのインスタンスで、この中にIdentityによる認証情報がまとめられています。

では、実際にユーザー情報を表示するサンプルを作成してみましょう。ここでは、「**Pages**」フォルダ内にあるIndex.cshtmlファイルを開き、直接ユーザー情報を表示するように書き換えてみます。

リスト7-6

```
@page
@model IndexModel
@{
```

362

```
    ViewData["Title"] = "Home page";
}

<div class="text-center">
    <h1 class="display-4">Welcome</h1>
    <p>Learn about <a href="https://docs.microsoft.com/aspnet/core">
        building Web apps with ASP.NET Core</a>.</p>
    <!--●以下、追記-->
    <p class="h4">ID:
        @(User.Identity.Name==null ? "no-data" : User.Identity.Name)
        @(User.Identity.IsAuthenticated + "/"
            + User.Identity.AuthenticationType)</p>
</div>
```

図7-7：アクセスすると、ログインしているユーザーのアカウント、認証状態、認証タイプといった情報が表示される。

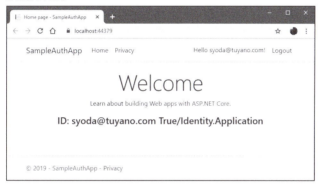

　●マーク以降が追記です。実際にログインしてトップページにアクセスすると、「**ID: ○○　True/Identity.Application**」といったテキストが表示されます。ここでは、User.Identityから次のプロパティを表示しています。

Name	アカウント名。通常はメールアドレスです。
IsAuthenticated	認証状態。認証されている（ログインしている）とTrue、そうでないとFalseになります。
AuthenticationType	認証タイプ。これは認証システムの名称で、Identityならば「Identity.Application」となります。

　これらの情報を元にログインの状態などを調べることができます。**IsAuthenticated**でログイン済みかを調べ、Nameでアカウントをチェックすれば、利用者を識別した処理が作成できるでしょう。

Google認証を利用する

　ASP.NET Core Identityには、ソーシャル認証の機能も用意されています。ここでは一例として、Googleアカウントによる認証を実装してみます。
　これには、GoogleのAPIを管理する「**Google APIコンソール**」での作業とプロジェクト側の作業が必要になります。

Google 側の作業

❶ まず、Google Sign-in for WebSitesのサイトにアクセスして下さい。

　　https://developers.google.com/identity/sign-in/web/sign-in

図7-8：Google Sign-in for WebSitesにアクセスする。

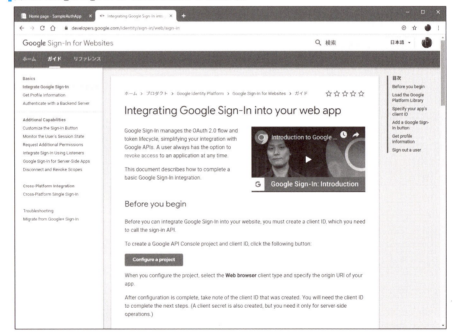

❷ ここにある「**Configure project**」ボタンをクリックします。ダイアログが現れるので、プルダウンメニューから「**Create a new project**」を選び、プロジェクト名を入力します。ここでは「**DotnetAppAuth**」としておきました。

7.1 Identityによるユーザー認証

図7-9：DotnetAppAuthとプロジェクトを作成する。

❸「Your're all set!」と表示されたダイアログが現れたら、そこにある「**API Console**」リンクをクリックします。

図7-10：ダイアログで「API Console」をクリック。

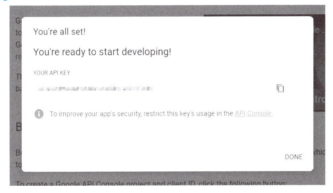

❹ Google APIコンソールの画面になります。作成したDotnetAppAuthプロジェクトの認証情報が表示されます。

365

Chapter 7 アプリケーションを強化する

■図7-11：Google APIコンソールが表示される。

❺「**認証情報を作成**」ボタンをクリックし、「**OAuthクライアントID**」を選びます。

■図7-12：OAuthクライアントIDを選択する。

❻ OAuthクライアントIDの作成画面になります。ここで「**クライアントID**」と「**クライアントシークレット**」が表示されます。これらの値をコピーしてどこかに保管しておいて下さい。そして「**承認済みのリダイレクト URI**」に次のようにアドレスを指定します。

> **Note**
> 　ポート番号はASP.NET Coreプロジェクトによって変わるので、作成したSampleAuthAppを実行した際のポート番号をチェックして指定して下さい。

https://localhost:ポート番号/signin-google

これで保存すれば、Google APIの認証に必要な情報が用意されます。

図7-13：OAuthクライアントIDの設定画面。リダイレクトURIを指定する。

ASP.NET Core プロジェクト側の作業

❶ まずdotnetコマンドを使い、クライアントIDとクライアントシークレットを設定します。コマンドプロンプトまたはターミナルを開き、プロジェクトのディレクトリにカレントディレクトリを移動して次のようにコマンドを実行して下さい。なお、"クライアントID"と"クライアントシークレット"には、Google APIコンソールで作成したOAuthクライアントの値をそれぞれ指定して下さい。

```
dotnet user-secrets set "Authentication:Google:ClientId" "クライアントID"
dotnet user-secrets set "Authentication:Google:ClientSecret" "クライアントシークレット"
```

❷ 必要なパッケージをインストールします。Visual Studio Communityを使っている場合は、「プロジェクトメニューの「NuGetパッケージの管理」を選び、「**Microsoft.AspNetCore.Authentication.Google**」パッケージを検索してインストールして下さい。

Chapter 7 アプリケーションを強化する

図7-14：Microsoft.AspNetCore.Authentication.Googleパッケージをインストールする。

Startupを修正する

では、Google認証のサービスをアプリケーションで有効にしましょう。これは、Startupクラスで行います。ConfigureServicesメソッドを次のように修正して下さい。

リスト7-7

```
public void ConfigureServices(IServiceCollection services)
{
    services.AddDbContext<ApplicationDbContext>(options =>
        options.UseSqlServer(
            Configuration.GetConnectionString("DefaultConnection")));

    services.AddDefaultIdentity<IdentityUser>(options =>
        options.SignIn.RequireConfirmedAccount = false)
            .AddEntityFrameworkStores<ApplicationDbContext>();

    // ●Google認証の追加
    services.AddAuthentication()
        .AddGoogle(options =>
        {
            IConfigurationSection googleAuthNSection =
                Configuration.GetSection("Authentication:Google");

            options.ClientId = googleAuthNSection["ClientId"];
            options.ClientSecret = googleAuthNSection["ClientSecret"];
        });

    services.AddRazorPages();
}
```

AddGoogle メソッドについて

ここでは、AddAuthenticationで認証サービスを組み込む際、更に「**AddGoogle**」というメソッドを呼び出しています（◉マーク部分）。整理するとこういう形ですね。

```
services.AddAuthentication().AddGoogle( ラムダ式 );
```

このAddGoogleが、Google認証を追加します。引数はラムダ式になっており、ここで必要な設定を行います。用意されているのは次の3文です。

IConfigurationSectionの取得

```
IConfigurationSection googleAuthNSection =
        Configuration.GetSection("Authentication:Google");
```

まず、IConfigurationSectionという値を取得します。これは特定の設定情報を扱います。Configuration.GetSectionを呼び出し、"Authentication:Google"というセクションの設定情報を取得します。

クライアントIDおよびクライアントシークレットの設定

```
options.ClientId = googleAuthNSection["ClientId"];
options.ClientSecret = googleAuthNSection["ClientSecret"];
```

取り出したIConfigurationSectionから、クライアントIDとクライアントシークレットの値を取り出し、optionsのClientIdとClientSecretに設定します。これらが正しく設定されていれば、Googleのソーシャル認証機能が利用できるようになります。

Google認証を試す

では、実際にGoogle認証を使ってみましょう。アクセスして「**Login**」リンクをクリックし、ログイン画面を表示すると、それまでなかった「**Google**」というボタンが表示されるようになります。これをクリックすると、ログインに使うGoogleアカウントの選択画面に変わります。ここで、アカウントを選ぶと、そのアカウントでログインをします。

図7-15：「Google」リンクをクリックすると、Googleアカウントを選択する画面になる。

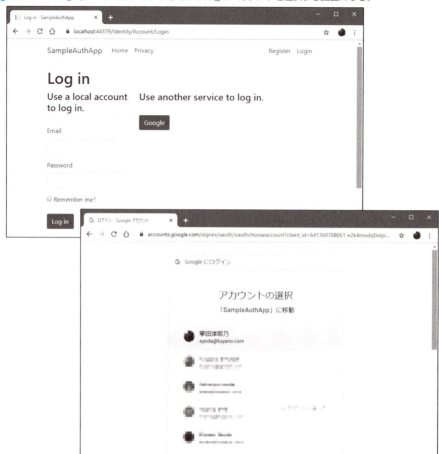

　アカウントを選択して無事ログインできると、「**Register**」画面にログインしたGoogleアカウントが表示されます。そのまま「**Register**」ボタンをクリックすれば、使用したGoogleアカウントが登録され、そのアカウントでログインできます。
　次回からは、Register画面は現れず、LoginでGoogleアカウントを選択すればそのままログインできるようになります。

■図7-16：「Register」ボタンをクリックすれば、Googleアカウントで登録される。

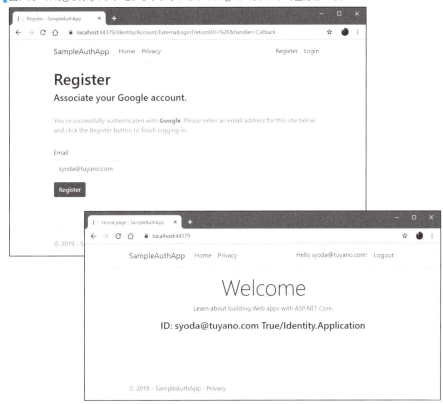

　ソーシャルログインの機能は、Googleのほかにもマイクロソフト、Facebook、Twitterといったものが利用可能です。基本的な使い方は同じですが、ソーシャルサービス側の設定方法は異なります。いずれも、アプリ開発者として登録し、アプリ開発のページで作業を行いますので、まずはそれぞれのサービスの開発者登録について調べてみて下さい。

7.2 ミドルウェアとサービス

Startupの処理の流れ

　ASP.NET CoreにはWebアプリケーションの種類がいろいろと用意されていますが、どのようなWebアプリケーションでも必ず用意されるのがProgram.csとStartup.csです。特にStartup.csは、アプリケーションの様々な設定などを行うのに多用されています。
　このStartupクラスでは、Configureメソッドの中でさまざまなミドルウェアを読み込んでいます。メソッド内にある「**Use○○**」といった名前のものは、すべてミドルウェア組み込みを行っていると思って良いでしょう。

ミドルウェアというプログラムは、クライアントがサーバーにアクセスし、必要な処理をして結果を返送するという一連の処理の流れに割り込み、独自の機能を追加する働きをします。

なぜ、いくつもミドルウェアを組み込んでも、それらがすべてきちんと動作するのか。その理由を知るためには「**パイプライン**」という考え方を理解する必要があります。

パイプライン再び

パイプラインは、「**1-3 Startup.csについて**」で説明をしました。ASP.NET Coreサーバーでは、クライアントがアクセスしてきてから再びクライアントへと結果を返送するまでの流れを「**要求**」を受け渡すパイプラインとして考えます。

クライアントからリクエストがあると、まず最初のミドルウェアの処理が実行されます。すると次のミドルウェアに要求が渡されます。その処理が実行されると、今度は3番目のミドルウェアに……という具合に、エンドポイントのミドルウェアにたどり着くまで、次々と要求を渡して行くのです。エンドポイントのミドルウェアまで来たらリクエストの要求は完了します。

そして、今度はクライアントへ返送されるレスポンスの要求が送られます。今度は最後のエンドポイントのミドルウェアから、その前のミドルウェアへと逆順に要求が送られていくのです。そして、1番目のミドルウェアまで要求が渡され処理が実行されたら、最終的にレスポンスはクライアントへと送られていきます。

図7-17：パイプラインの流れ。リクエストが次々とミドルウェア間を渡されていき、レスポンスは逆方向に渡されていく。

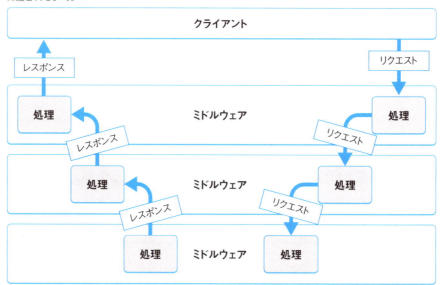

7.2 ミドルウェアとサービス

Mapメソッドとルーティング

　ここまで、StartupクラスのConfigureでは、パイプラインを利用するさまざまなメソッドが使われてきました。その多くはミドルウェアを組み込むためのものでした。それらの中で、「**特定のパスにアクセスをしたら処理を実行する**」という、ルーティングに関する設定を行うものとしては、UseEndpointsを使い、エンドポイントとしてMapControllerRouteなどを呼び出すのが基本でした。

　しかし、このほかにも、もっとシンプルにルーティングを設定する機能も用意されています。それは「**Map**」というメソッドです。

　Mapは、IApplicationBuilderに用意されているメソッドで、リクエストのパイプラインを分岐する働きをします。

■Mapの基本形

```
《IApplicationBuilder》.Map( パス ,《Action<IApplicationBuilder>》);
```

　引数のActionは、実行する処理として用意するもので、一般的にはStaticメソッドの形で定義しておきます。Mapは、第1引数のパスにアクセスした際、第2引数のActionを実行するようパイプラインの分岐を設定します。

　Actionとして用意するStaticメソッドは、次のような形で記述します。

■Actionメソッド

```
private static void メソッド(IApplicationBuilder app)
{
    app.Run(async context =>
    {
        ……実行する処理……
    });
}
```

Map を割り当てる

　では、実際に簡単な処理をMapで割り当ててみましょう。Startupクラスに次のようなメソッドを追加して下さい。

> **Note**
> ここでも**7-1**で作成したSampleAuthAppプロジェクトをそのまま利用して説明をします。

リスト7-8

```
private static void Hello(IApplicationBuilder app)
{
    app.Run(async context =>
    {
        await context.Response.WriteAsync("Hello!");
```

373

```
        });
    }

    private static void Bye(IApplicationBuilder app)
    {
        app.Run(async context =>
        {
            await context.Response.WriteAsync("Good-Bye!");
        });
    }
```

　ここでは、HelloとByeという2つのメソッドを用意してあります。いずれも、**WriteAsync**を使い、簡単なテキストを書き出すだけの単純なものです。これが、特定のパスに割り当てて実行する処理になります。
　では、これらをパスに割り当てましょう。Configureメソッド内に次の文を追記して下さい。

リスト7-9
```
app.Map("/map1", Hello);
app.Map("/map2", Bye);
```

　ここでは、/map1にHelloを、/map2にByeをそれぞれ割り当てています。実際にこれらにアクセスをして表示を確認してみて下さい。割り当てたメソッドで出力している値が表示されるのが確認できます。

図7-18：/map1、/map2にアクセスすると、それぞれ「Hello!」「Good-Bye!」と表示される。

　このように、Mapは「**特定のパスに特定のActionを割り当てる**」という働きをしますが、これも「**パイプラインを設定する**」ものである、ということは理解しておきましょう。Mapは、特定のパスにアクセスされた際に指定のActionを実行するという分岐を設定しているのです。

　MVCやRazorページのルート割当以外のところで、特定のパスに処理を割り当てたい場合に、Mapは役立ちます。

UseとRun

パイプラインで割り当てるミドルウェアには、内部で「**next**」と呼ばれるメソッドが呼ばれています。このnextは、「**次のミドルウェアに処理を渡す**」という働きをします。このnextにより、パイプラインで連結されているミドルウェアが次々に呼び出されていくわけです。

が、このパイプラインの流れを中断する働きをするメソッドもあります。「**Use**」と「**Run**」です。

■Useメソッドの基本形

```
app.Use(async (context ,next)=>
{
     ……処理……
});
```

Useは、パイプラインのショートカットをする働きを持ちます。通常、ミドルウェアはnextにより連結されますが、Useで処理を割り当てると、パイプラインに処理を割り込ませることができます。

パイプラインの処理は、第2引数nextに渡されています。これはTaskインスタンスになっており、処理の実行後、await nextすることで、割り込んだ次のミドルウェアにパイプラインのタスクが渡されます。nextしないとパイプラインは渡されません。

■Runメソッドの基本形

```
app.Run(async context =>
{
     ……処理……
});
```

Runは、ターミナル(終端)ミドルウェアを組み込むものです。これを実行することで、Runによる処理がパイプラインの終端となります。これ以後、ミドルウェアを組み込んでもそれらは機能しません。

終端ミドルウェアの働き

では、実際にこれらを利用する例を挙げておきましょう。先ほど、Configureメソッドでapp.Map文を2行追記しました。この部分を、次のように書き換えてみましょう。

リスト7-10

```
app.Map("/map1", Hello);
app.Run(async context =>
{
     await context.Response.WriteAsync("Run!");
});
```

```
app.Map("/map2", Bye);
```

このようにすると、/map1にアクセスするとHelloアクションが実行され「**Hello!**」と表示されますが、/map2にアクセスすると、「**Run!**」と表示されるようになります。それ以外のアドレスも、すべて「**Run!**」と表示されるはずです。

これは、app.Map("/map1", Hello);の実行後にapp.Runが実行されるため、このRunによる出力("Run!"を表示)した時点でパイプラインの終端となり、それ以降のミドルウェアが呼び出されなくなるためです。

では、終端の働きを確認するため、Runの部分にUseを割り当ててみましょう。

リスト7-11
```
app.Map("/map1", Hello);
app.Use(async (context , next) =>
{
    await context.Response.WriteAsync("Use 1 !");
    await next();
});
app.Map("/map2", Bye);
```

▌**図7-19**：/map2にアクセスすると、Use 1!の後にGood-Bye!が表示される。

Runの部分にUseを割り当ててみましょう。すると、/map1にアクセスすると「**Hello!**」と表示されますが、/map2にアクセスすると「**Use 1! Good-Bye!**」と表示されることがわかります。Useによる割り込み処理の後に更にByeが実行されているのです。パイプラインにより、UseからMapで割り当てたByeへとタスクが渡され、呼び出されていることがわかるでしょう。

実際にMapとRun/Useの呼び出し順をいろいろと変更して、動作を確かめてみましょう。

ミドルウェアを作成する

パイプラインによるミドルウェアの仕組みがだいたい理解できたところで、実際にミドルウェアを作成してみることにしましょう。

ミドルウェアは、特に継承するクラスもないシンプルなプログラムです。ただし、コンストラクタとは別に「**InvokeAsync**」というメソッドを用意しておく必要があります。基本的なクラスのフォーマットを整理すると次のようになるでしょう。

7.2 ミドルウェアとサービス

■ミドルウェアの基本形

```
public class ミドルウェアクラス
{
    public コンストラクタ(RequestDelegate next)
    {
        ……初期化処理……
    }

    public async Task InvokeAsync(HttpContext context)
    {
        ……実行する処理……
    }
}
```

　ミドルウェアのクラスでは、コンストラクタの引数に**RequestDelegate**というクラスのインスタンスが渡されます。これが、パイプラインのタスクとなります。このRequestDelegateは、名前の通りリクエストのためのデリゲート(メソッドを参照する型)です。このRequestDelegateを受け取り、処理を実行した後、RequestDelegateを実行することで次のパイプラインにデリゲートを渡して処理が引き継がれます。

　InvokeAsyncは、実際のミドルウェアの処理を実装するメソッドです。ここで必要な処理を実行した後、最後にコンストラクタで渡されるRequestDelegateを実行することで次のミドルウェアに処理を渡します。これを行わないと、このミドルウェアでパイプラインが停止します。

SampleMiddleware クラスの作成

　では、実際に簡単なミドルウェアを作成してみましょう。通常は新たにC#ファイルを作成して記述していきますが、ここではStartup.csの中に追記して済ませることにします。namespace SampleAuthApp内に次のクラスを追記して下さい。

リスト7-12

```
// using Microsoft.AspNetCore.Http; // 追記

public class SampleMiddleware
{
    private readonly RequestDelegate _next;

    public SampleMiddleware(RequestDelegate next)
    {
        _next = next;
    }

    public async Task InvokeAsync(HttpContext context)
```

377

```
    {
        SampleData data = new SampleData(
                "YAMADA-Taro", "taro@yamada", "999-9999");
        context.Session.SetString("SampleData", data.ToString());
        await _next(context);
    }
}


public class SampleData
{
    public string Name { get; set; }
    public string Mail { get; set; }
    public string Tel { get; set; }

    public SampleData(string name, string mail, string tel)
    {
        Name = name;
        Mail = mail;
        Tel = tel;
    }

    public override string ToString()
    {
        return "{ " + Name + ", " + Mail + ", " + Tel + " }";
    }
}
```

　SampleMiddlewareがサンプルとして作成したミドルウェアです。SampleDataは、サンプルとして用意したデータ用クラスです。

　ここでは、_nextというRequestDelegate変数を用意しておき、コンストラクタの引数で渡されたインスタンスをこれに格納しています。

　InvokeAsyncでは、ダミーとしてSampleDataを作成し、HttpContextのSessionにその内容を保存します。そして、await _next(context);というように、引数で渡されるHttpContextを実行しています。これにより、パイプラインが次のミドルウェアに渡されます。

ミドルウェア拡張の作成

　これでミドルウェアは完成ですが、これに加えて、ミドルウェアの組み込み機能を提供する「**ミドルウェア拡張**」と呼ばれるクラスも作成するのが一般的です。多くのミドルウェアでは、「**Use○○**」といった簡単なメソッドを呼び出すだけで組み込めるようになっていましたね。この「**Use○○**」メソッドを提供するのがミドルウェア拡張です。

　これは、次のような形で作成されます。

7.2 ミドルウェアとサービス

■ミドルウェア拡張の基本形

```
public static class ミドルウェア拡張クラス
{
    public static IApplicationBuilder メソッド (
        this IApplicationBuilder builder)
    {
        return builder.UseMiddleware<ミドルウェアクラス>();
    }
}
```

　ミドルウェア拡張は、静的クラスとして定義をします。このクラスには、ミドルウェアの組み込みを行うためのメソッドが1つ用意されます。この静的メソッドでは、thisとIApplicationBuilderが引数として渡され、更にIApplicationBuilderが戻り値として返されます。メソッドでは、IApplicationBuilderクラスの「**UseMiddleware**」メソッドを使い、ミドルウェアを登録します。単純にミドルウェアを組み込むだけのミドルウェア拡張ならば、上記の形そのままにクラスを定義するだけでいいでしょう。

SamleMiddleware 拡張を作る

　では、先ほどのSampleMiddlewareの拡張メソッドを用意しましょう。やはりこれもStartup内に追記して作成しましょう。

リスト7-13

```
public static class SampleMiddlewareExtensions
{
    public static IApplicationBuilder UseSample(
        this IApplicationBuilder builder)
    {
        return builder.UseMiddleware<SampleMiddleware>();
    }
}
```

　先の説明の通りに定義しています。ここではUseSampleというメソッドを定義し、その中でbuilder.UseMiddleware<SampleMiddleware>を実行し、その戻り値をreturnしています。書き方さえわかっていれば、特に難しいものではありません。

ミドルウェアを追加する

　では、作成したミドルウェアを追加しましょう。まず、Startupクラスの ConfigureServiceメソッドに次の文を追加しておきます。

リスト7-14

```
services.AddSession();
```

　続いて、Configureメソッドに、次の2文を追記して下さい。これでミドルウェアの組み込みは完了です。

379

Chapter 7 アプリケーションを強化する

リスト7-15

```
app.UseSession();
app.UseSample();
```

　SampleMiddlewareではセッションを利用しているので、UseSessionも追記してあります。肝心のSampleMiddlewareの組み込みは、ただ**app.UseSample**を呼び出すだけです。SampleMiddlewareExtensionsクラスにより、IApplicationBuilderクラスにUseSampleメソッドが追加され、これを呼び出すことでSampleMiddlewareがミドルウェアとして組み込まれるようになったのです。

SampleMiddlewareを利用する

　では、実際にSampleMiddlewareを使ってみましょう。トップページを修正して利用することにします。IndexModelクラスを次のように修正しましょう。

リスト7-16

```
using Microsoft.AspNetCore.Mvc.RazorPages;

namespace SampleAuthApp.Pages
{
    public class IndexModel : PageModel
    {
        private readonly ILogger<IndexModel> _logger;
        public string SampleData { get; set; };

        public IndexModel(ILogger<IndexModel> logger)
        {
            _logger = logger;
        }

        public void OnGet()
        {
            SampleData = HttpContext.Session.GetString("SampleData");
        }

    }
}
```

　ここでは、セッションから"SampleData"の値を取り出してSampleDataプロパティに保管しています。では、この値を表示するようにIndexページのindex.cshtmlを修正しておきましょう。

380

リスト7-17

```
@page
@model IndexModel
@{
    ViewData["Title"] = "Home page";
}

<div class="text-center">
    <h1 class="display-4">Welcome</h1>
    <p class="h4">@Model.SampleData</p>
</div>
```

図7-20：SampleDataのデータが表示される。

　実際にアクセスしてみると、SampleDataの内容が表示されます。といっても、IndexModelで行っていることは、"SampleData"という値をセッションから取り出して表示するだけです。IndexModelからは、SampleMiddlewareは全く見えません。

　が、SampleMiddlewareが組み込まれていなければ、"SampleData"という値がセッションに用意されることはありません。ですから、「**"SampleData"の値が表示される**」ということは、StartupでSampleMiddlewareが組み込まれ働いている、ということになりますね。

サービスについて

　システムに組み込まれ、常時利用できるようになるプログラムとしては、ミドルウェアのほかに「**サービス**」というものがあります。

　サービスは、アプリケーションに用意できるシンプルなクラスです。クラス内に必要なメソッドなどを用意しておき、それを必要に応じて呼び出して利用することができます。といっても、クラスをnewしてメソッドを呼び出して……ということではありません。

　サービスは、システムによって必要に応じてインスタンスが生成され、組み込まれます。そしてそのインスタンスを保持したまま、必要に応じてインスタンスを取得し、利用するようになっているのです。

　サービスのインスタンスは、ページモデルやコントローラー側で引数を追記するだけ

Chapter **7** アプリケーションを強化する

で自動的に取り出して利用することができます。これは、.NET Coreの**DI**（Dependency Injection、依存性注入）により実現されています。いつでも必要なときに必要なサービスを取り出して利用できる。これがサービスの大きな特徴です。

サービスの設計

サービスは、基本的に「**ただのクラス**」として作成するだけです。ただし、通常は「**インターフェイス**」と「**実装クラス**」という形で定義しておくのが一般的です。

これは、実例を見ながら説明したほうが理解しやすいでしょう。例として、「**SampleDependency**」という名前のサービスを作成してみます。例によって、Startup.csのSampleAuthApp名前空間内に追加しておきましょう。

リスト7-18

```
// インターフェイス
public interface ISampleDependency
{
    public SampleData getData();
}


// 実装クラス
public class SampleDependency : ISampleDependency
{
    private List<SampleData> _data;

    public SampleDependency()
    {
        _data = new List<SampleData>();
        _data.Add(new SampleData("YAMADA-Taro", "taro@yamda",
            "999-9999"));
        _data.Add(new SampleData("Tanaka-Hanako", "hanako@flwer",
            "888-888"));
        _data.Add(new SampleData("Ito-Sachiko", "sachico@happy",
            "777-7777"));
        _data.Add(new SampleData("Oda-mami", "mami@mumemo", "666-6666"));
        _data.Add(new SampleData("Nakamura-Jiro", "jiro@change",
            "555-5555"));
    }

    public SampleData getData()
    {
        int n = new Random().Next(_data.Count());
        return _data[n];
    }
}
```

ここでは、**ISampleDependency**というインターフェイスを定義し、その実装としてSampleDependencyクラスを作成しています。これは、getDataというメソッドが1つあるだけのシンプルなクラスです。SampleDependencyでは、コンストラクタでSampleDataインスタンスをまとめたListを作成しておき、getDataではそこからランダムに項目を取り出し返すようにしています。

ここで用意している処理そのものは非常に単純で、特に説明が必要なところではないでしょう。このごく簡単なクラスをサービスとして使えるようにしてみます。

AddScoped と AddSingleton

サービスの組み込みは、StartupのConfigureServicesメソッドで行います。引数で渡されるIServiceCollectionから、組み込みのためのメソッドを呼び出します。

この組み込みメソッドは複数のものが用意されています。次に整理しておきましょう。

■要求ごとに生成「AddTransient」

サービスが要求されるごとに新たなサービスを作成します。常に異なるインスタンスを作成するので、もっとも有効期間の短いサービスになります。

■接続ごとに生成「AddScoped」

クライアントからの接続ごとにサービスが作成され、割り当てられます。接続が維持されている間、同じインスタンスが使い続けられます。

■シングルトン「AddSingleton」

アプリケーション全体で1つのインスタンスだけが作成され、すべてそのインスタンスを利用します。

これらのメソッドは、すべて呼び出し方が同じです。引数はありませんが、総称型により、組み込むサービスのインターフェイスと実装クラスが指定されるようになっています。

■サービスの組み込み

```
services.Add○○< インターフェイス , 実装クラス >();
```

このように、**Add○○**の後に**< >**でインターフェイスと実装クラスをそれぞれ指定します。インターフェイスと実装クラスを分けて作成している理由は、ここにあります。また、実装が別クラスになっていますから、必要に応じて複数の実装クラスを用意し、Addする際に変更することで、サービスとして使用するクラスを変更することもできるようになります。

SampleDependencyサービスを利用する

では、作成したSampleDependencyサービスを組み込んでみましょう。ここでは、一般に多用される「**接続ごとの組み込み**」と「**シングルトン**」のそれぞれの組み込み方を挙げておきます。

Chapter 7 アプリケーションを強化する

リスト7-19

```
services.AddScoped<ISampleDependency, SampleDependency>();
```

リスト7-20

```
services.AddSingleton<ISampleDependency, SampleDependency>();
```

この組み込み処理は、StartupクラスのConfigureServicesメソッドで行います。メソッドに、上記のいずれかの文を追記することで、SampleDependencyサービスが利用可能になります。

ページモデルからサービスを利用する

では、実際にSampleDependencyサービスを利用してみましょう。Indexのページモデルを修正して使ってみます。

先ほど、IndexModelでSampleMiddlewareを利用してデータを表示するサンプルを作成しましたね。あれを書き換えて、SampleDependencyからデータを取り出して表示するようにしてみましょう。

リスト7-21

```csharp
using Microsoft.AspNetCore.Mvc.RazorPages;

namespace SampleAuthApp.Pages
{
    public class IndexModel : PageModel
    {
        private ISampleDependency _sample;
        public string SampleData;

        public IndexModel(ISampleDependency sample)
        {
            _sample = sample;
        }

        public void OnGet()
        {
            SampleData = _sample.getData().ToString();
        }

    }
}
```

384

図7-21：アクセスすると、ランダムにSampleDataを取得して表示する。

修正したら実際にアクセスしてみましょう。SampleDependencyサービスで、用意されているリストからランダムにSampleDataを取り出して表示します。何度か再アクセスしてランダムにデータが表示されるのを確認しましょう。

ここでは、IndexModelのコンストラクタでSampleDependencyを取得しています。

```
public IndexModel(ISampleDependency sample)
```

よく見るとわかるように、引数には**インターフェイス**を指定しています。これにより、サービス登録されている実装クラス（SampleDependency）のインスタンスが引数として渡されるようになります。

サービスは、このようにページモデルやコントローラーの引数にインターフェイスを指定することで、必要なインスタンスを取り出し利用できるようになります。

多くのページで必要になる機能などは、個々のページに同じような処理を繰り返し書いていくのは面倒ですし、後で修正するときもやり残しが出てきたりしてトラブルの原因となります。サービスとして機能を提供するようにしていれば、内容の変更時にもサービスを書き換えればそれを利用するすべてのページで反映されます。汎用的な機能をサービスとして切り分け、各ページはそのページ独自の機能だけを行うようにすれば、プログラムの構成も整理され、よりわかりやすくなるでしょう。

7.3 タグヘルパーの作成

タグヘルパーの仕組み

ページの作成を支援するものとして、ASP.NET Coreには「**タグヘルパー**」という機能が用意されています。HTMLのタグのような形で独自の機能を記述できるようにする、一種のテンプレート機能ですね。

このタグヘルパーは、基本的なものは用意されていますが、それほど高度な表現は標準では組み込まれていません。が、タグヘルパーは非常に簡単に作成できるため、「**後は必要に応じてそれぞれで作って下さい**」という考えなのかもしれません。

タグヘルパーは、ごく簡単なクラスとして定義することができます。基本的な書き方を整理すると次のようになるでしょう。

■タグヘルパーの基本形

```
public class タグヘルパー名 : TagHelper
{
    public override void Process(TagHelperContext context,
            TagHelperOutput output)
    {
        ……処理……
    }
}
```

タグヘルパーは「**TagHelper**」というクラスを継承して作成します。これは、Microsoft. AspNetCore.Razor名前空間にあるクラスです。このクラスには、「**Process**」というメソッドが用意されており、これがタグをレンダリングする際に実行する処理になります。

このProcessには、**TagHelperContext**と**TagHelperOutput**の2つの引数が用意されています。前者はタグのコンテキストに関するクラスで、後者はタグの出力に関するクラスです。これらのクラスにあるメソッドを呼び出して、出力される内容を設定していきます。

作成したクラスは、あらかじめタグヘルパーとして追加しておく必要がありますが、それによりすべてのページのテンプレートで自作のタグヘルパーを使えるようになります。

SampleTagHelperクラスの作成

では、実際に簡単なタグヘルパーを作成し、使ってみましょう。引き続き、SampleAuthAppプロジェクトを使ってサンプルを作っていきます。

まず、プロジェクト内に「**TagHelpers**」というフォルダを用意して下さい。タグヘルパーは、この中にソースコードを保管していきます。

フォルダが用意できたら、その中に「**SampleTagHelper.cs**」という名前でC#ファイルを用意します。そして、次のように内容を記述します。

リスト7-22

```
using System.Threading.Tasks;
using Microsoft.AspNetCore.Razor.TagHelpers;

namespace SampleAuthApp.TagHelpers
{
    public class SampleTagHelper : TagHelper
    {
        public override void Process(TagHelperContext context,
            TagHelperOutput output)
        {
```

```
            output.TagName = "h3";
            output.Content.SetContent("This is Sample Tag Helper!!");
        }
    }
}
```

これが今回作成したタグヘルパーのソースコードです。ごく単純なものですが、タグヘルパーの最も基本となる機能を使って簡単な表示を作成しています。

今回のサンプルには、「**SampleTagHelper**」という名前が付けられています。このうち、「**TagHelper**」はタグヘルパーのサフィックス（あとに付ける語）です。従って、このSampleTagHelperというクラスは「**Sample**」というタグヘルパーを定義するクラスだ、と考えて下さい。

タグの出力を設定する

ここでは、引数で渡されるTagHelperOutputインスタンスの機能を呼び出しています。まず、使用するタグ名を設定します。

```
output.TagName = "h3";
```

タグヘルパーは、**独自の名前でタグを記述**します。例えば、<sample>といった具合です。このタグ名を示す値が**TagName**です。これを"h3"とすることで、<h3>タグとして出力されるようにしています。

続いて、タグに書き出されるコンテンツを指定します。

```
output.Content.SetContent("This is Sample Tag Helper!!");
```

タグのコンテンツとは、開始タグと終了タグの間に表示される部分のことです。例えば、<sample>○○</sample>と記述されていたとき、○○の部分がコンテンツになります。

出力されるコンテンツは、outputの**Content**プロパティで扱います。これは、コンテンツを扱うための「**TagHelperContent**」というクラスのインスタンスが設定されています。このクラスにある「**SetContent**」で、出力されるコンテンツを設定しています。SetContentは、引数に指定したテキストを出力コンテンツに設定するメソッドです。

これで、タグヘルパーのタグを、次のようにレンダリングするタグヘルパーができました。

```
(出力前)<sample></sample>
  ↓
(出力後)<h3>This is Sample Tag Helper!!</h3>
```

タグヘルパーを登録する

作成したタグヘルパーは、あらかじめ登録をしておく必要があります。これは、ペー

Chapter 7 アプリケーションを強化する

ジファイルで使用するパッケージ等を設定する「**_ViewImports.cshtml**」ファイルを利用します。このファイルを開き、内容を次のように修正しましょう。

リスト7-23

```
@using Microsoft.AspNetCore.Identity
@using SampleAuthApp
@using SampleAuthApp.Data
@using SampleAuthApp.TagHelpers // ◉

@namespace SampleAuthApp.Pages
@addTagHelper *, Microsoft.AspNetCore.Mvc.TagHelpers

@addTagHelper *, SampleAuthApp // ◉
```

この_ViewImports.cshtmlは、ページファイルのテンプレート部分で使われるパッケージなどの設定を行います。次のようなディレクティブが使われています。

@using	指定したパッケージをusingして使えるようにします。
@namespace	テンプレートの名前空間を指定します。
@addTagHelper	タグヘルパーを追加します。タグヘルパーが保管される「TagHelpers」がある名前空間を指定します。

ここでは、◉マークの2文によりSampleタグヘルパーを追加しています。まず、**@using SampleAuthApp.TagHelpers** で「**TagHelpers**」内の名前空間にあるクラスをインポートし、続いて**@addTagHelper *, SampleAuthApp** でSampleAuthApp内の「**TagHelpers**」をタグヘルパーとして追加しています。

Sample タグヘルパーを使う

では、作成したSampleTagHelperを使ってみましょう。これは、既に述べたように「**Sample**」というタグヘルパーのクラスと考えることができます。従って、<sample>というタグで記述することができます。

Index.cshtmlを開き、HTMLタグの部分(@で始まるディレクティブの後にある部分)を次のように修正してみましょう。

リスト7-24

```
<div class="text-center">
    <h1 class="display-4">Welcome</h1>
    <sample></sample>
</div>
```

388

7.3 タグヘルパーの作成

図7-22：「This is Sample Tag Helper!!」というテキストが<sample>タグの表示。

修正したらWebブラウザでアクセスしてみて下さい。「**Welcome**」というテキストの下に「**This is Sample Tag Helper!!**」とメッセージが表示されています。これが、<sample>タグによるものです。問題なくSampleタグヘルパーが機能していることが確認できますね。

コンテンツを利用する

HTMLでは、単純にタグを記述するだけのものはどちらかといえば少数派で、多くは開始タグと終了タグでコンテンツの前後をくくって記述します。タグヘルパーでも、開始タグと終了タグの間のコンテンツ部分を取り出して利用することができます。

これには、2つの作業が必用です。

■TagHelperContentの取得

```
変数 = await 《TagHelperOutput》.GetChildContentAsync();
```

まず、TagHelperOutputから「**TagHelperContent**」というインスタンスを取得します。これは、タグヘルパーのタグ内に用意されているコンテンツ部分を管理するクラスです。

■コンテンツのテキスト取得

```
変数 = 《TagHelperContent》.GetContent();
```

TagHelperContentから、コンテンツ部分をテキストとして取り出します。これでコンテンツのテキストが得られます。

■SampleTagHelper を修正する

では、SampleTagHelperクラスを修正して、開始タグと終了タグの間のコンテンツを利用できるようにしてみましょう。

リスト7-25

```
using System.Threading.Tasks;
using Microsoft.AspNetCore.Razor.TagHelpers;

namespace SampleAuthApp.TagHelpers
```

```
{
    public class SampleTagHelper : TagHelper
    {
        public override async Task ProcessAsync(TagHelperContext context,
                TagHelperOutput output)
        {
            output.TagName = "h3";
            TagHelperContent child = await output.GetChildContentAsync();
            string content = child.GetContent();
            output.Content.SetHtmlContent(content.ToUpper());
        }
    }
}
```

これで完成です。説明は後で行うとして、これを利用するテンプレート部分を修正しておきましょう。Index.cshtmlのHTMLタグ部分を次のように書き換えて下さい。

リスト7-26
```
<div class="text-center">
    <h1 class="display-4">Welcome</h1>
    <sample>This is <span style="color:red">
        Sample</span>.</sample>
</div>
```

図7-23:「THIS IS SAMPLE.」とコンテンツが全て大文字で表示され、SAMPLEは赤くなっている。

保存したら実際にアクセスをしてみましょう。ここでは、「**THIS IS SAMPLE.**」というメッセージが表示されていますね。これが、<sample>タグによる表示です。ここでは、次のようにタグを記述していますね。

```
<sample>This is <span style="color:red">Sample</span>.</sample>
```

コンテンツとして用意したテキストは、すべて大文字に変換されて表示されていますね。コンテンツを表示していますが、そのままではなく加工して表示していることがわかります。

7.3 タグヘルパーの作成

また、ここではコンテンツ内に<span>タグを付けてテキストの一部を赤くしていますが、これもきちんと反映されていることがわかるでしょう。

ProcessAsync について

では、どのようにして処理を行っているのか見てみましょう。今回、タグの処理として用意しているのは、Processメソッドではなく「**ProcessAsync**」というメソッドです。

■非同期のタグヘルパー処理メソッド

```
public override async Task ProcessAsync(TagHelperContext context,
        TagHelperOutput output)
```

ProcessAsyncは、Processの非同期版です。メソッドにはAsyncが付けられ、戻り値はvoidからTaskに変わっています。今回は非同期処理をawaitで使っているため、同期処理のProcessではなく、非同期処理のProcessAsyncを使っているのです。

ProcessもProcessAsyncも、引数は全く同じなので、使い方も働きも全く変わりはありません。単に「**同期か非同期か**」というだけの違いです。

コンテンツの処理の流れ

では、実行している処理の流れを整理していきましょう。まずはタグ名の設定から行っていきます。

```
output.TagName = "h3";
```

これは既にやりましたね。これで、<sample>を<h3>に置き換えます。続いて、TagHelperContentインスタンスを取得します。

```
TagHelperContent child = await output.GetChildContentAsync();
```

これでインスタンスが得られました。ここから更にコンテンツのテキストを変数に取り出します。

```
string content = child.GetContent();
```

後は、コンテンツのテキストをすべて大文字に変換して書き出すだけです。これは先のサンプルでSetContentを使いましたが、今回は別のメソッドを使っています。

```
output.Content.SetHtmlContent(content.ToUpper());
```

この**SetHtmlContent**は、引数に指定したテキストをHTMLコードとしてコンテンツに設定します。SetContentでは、例えば"<span>Sample</span>"という値をコンテンツに出力すると、それらすべてをテキストとして表示してしまいます（<span>タグではなく、"<span>"というテキストとして扱われる）。もし、HTMLのタグを含むテキストを、HTMLのコードとして認識して表示されるようにしたければ、SetContentではなく

391

Chapter 7 アプリケーションを強化する

SetHtmlContentを使う必要があります。

カスタム属性を追加する

独自に定義したタグに必要な情報を渡すには、コンテンツを使うほかに「**属性**」を利用するという方法があります。例えば、<sample hoge="xxx">といった具合に、属性を使って必要な情報を設定できれば、ずいぶんと柔軟な利用ができるようになるでしょう。

タグヘルパーに独自の属性を追加する方法は、実は非常に単純です。TagHelperのクラスに、**public**な**プロパティ**を用意すれば、それがそのまま属性として使えるようになるのです。

色の属性を用意する

では、実際に属性を使ってみましょう。先ほどのSampleTagHelperクラスを修正して使うことにします。次のようにSampleTagHelper.csを修正して下さい。

リスト7-27

```
using System.Threading.Tasks;
using Microsoft.AspNetCore.Razor.TagHelpers;

namespace SampleAuthApp.TagHelpers
{
    public class SampleTagHelper : TagHelper
    {
        public string color { get; set; }
        public string bgColor { get; set; }

        public override async Task ProcessAsync(TagHelperContext context,
                TagHelperOutput output)
        {
            output.TagName = "h3";
            string c = color != null ? color : "black";
            string bc = bgColor != null ? bgColor : "white";
            string style = "color:" + c + "; background:" + bc;
            output.Attributes.SetAttribute("style", style);
            TagHelperContent child = await output.GetChildContentAsync();
            string content = child.GetContent();
            output.Content.SetHtmlContent(content.ToUpper());
        }
    }
}
```

今回は、**color**と**bgColor**という2つのプロパティを用意しました。いずれも{get; set; }で読み書き可能にしています。

392

ここでは、TagNameを設定した後、colorとbgColorプロパティの値を使ってstyle属性のテキストを用意しています。

```
string c = color != null ? color : "black";
string bc = bgColor != null ? bgColor : "white";
string style = "color:" + c + "; background:" + bc;
```

プロパティの値がnullでないかチェックし、nullならば初期値を、そうでなければプロパティの値をそれぞれ変数に取り出しておきます。そして、取り出した値を利用して、style属性に設定するテキストを作成します。

```
output.Attributes.SetAttribute("style", style);
```

そして、style属性に用意した変数styleを設定します。この「**SetAttribute**」は、レンダリングして表示されるタグ（ここでは<h3>タグ）に属性を設定します。第1引数には属性の**名前**を、第2引数には属性に設定する**値**をそれぞれ指定します。ここでは、"style"属性に変数styleの値を設定していたわけです。

Sample タグを利用する

では、実際にSampleTagHelperのタグ（**<sample>**タグ）を利用しましょう。Index.cshtmlを開き、HTMLタグの部分を次のように修正して下さい。

リスト7-28
```
<div class="text-center">
    <h1 class="display-4">Welcome</h1>
    <sample>Plain sample.</sample>
    <sample color="magenta">Color sample</sample>
    <sample bg-color="yellow">Bg sample</sample>
    <sample color="white" bg-color="blue">Both sample</sample>
</div>
```

図7-24：アクセスすると、colorとbg-color属性をいろいろと設定した<sample>タグが表示される。

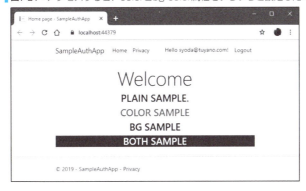

Chapter 7 アプリケーションを強化する

　ここでは、<sample>タグを使ったメッセージを全部で4つ用意しています。上から「**属性なし**」「**color属性のみ指定**」「**bg-color属性のみ指定**」「**両方を指定**」となっています。属性を用意すると、デフォルトの状態からテキストカラーや背景色が変更されることがわかるでしょう。

　ここでの<sample>タグを見ると、colorとbg-colorの属性を用意すれば、テキストや背景色が変更されることがわかります。こんな具合に、カスタム属性は意外と簡単にTagHelperクラスに組み込めるのでしょう。

タグを構築する

　ある程度複雑な表示を作成しようとすると、自身の中にさまざまなタグを組み込んでいくことになります。このような作業は、**SetHtmlContent**でテキストとして設定するようなやり方で行おうとするとかなり面倒です。

　このような場合は、**output.Content**にあるメソッドを使って、自身のコンテンツを操作していくのが良いでしょう。

■コンテンツをクリアする

```
output.Content.Clear()
```

■コンテンツを追加する

```
output.Content.Append( テキスト );
```

■HTMLコンテンツを追加する

```
output.Content.AppendHtml( テキスト );
```

　最初にClearでコンテンツをクリアし、それからAppendやAppendHtmlで必要なコンテンツを追加していきます。必要に応じてどんどんコンテンツを追加していくことで、複雑な内容もわかりやすく組み立てることができます。

リストを表示する

　例として、Listを属性に渡すと、それを元に<ul>によるリストを作成して表示するサンプルを作ってみましょう。SampleTagHelper.csを次のように書き換えて下さい。

リスト7-29

```
using System.Collections.Generic;
using System.Threading.Tasks;
using Microsoft.AspNetCore.Razor.TagHelpers;

namespace SampleAuthApp.TagHelpers
{
    public class SampleTagHelper : TagHelper
    {
        public List<string> items { get; set; }
```

394

```
        public override void Process(TagHelperContext context,
                TagHelperOutput output)
        {
            if (items == null)
            {
                output.TagName = "p";
                output.Content.SetContent("*** no-data ***");
                return;
            }
            output.TagName = "ul";
            output.Attributes.SetAttribute("style",
                "text-align:left; font-size:20pt;");
            output.Content.Clear();

            foreach (var item in items)
            {
                output.Content.AppendHtml("<li>" + item + "</li>");
            }
        }
    }
}
```

ここでは、**List<string> items**というプロパティを用意しておき、これを元に**\<li>**タグを自身に追加しています。事前にoutput.Content.Clear();でコンテンツをクリアし、そこにitemの内容を\<li>タグとして追加していきます。

```
foreach (var item in items)
{
    output.Content.AppendHtml("<li>" + item + "</li>");
}
```

これで、自身の\<ul>タグの中にリストの内容が\<li>タグとして追加されます。では、修正した\<sample>タグを使ってみましょう。

Index.cshtmlを次のように修正して下さい。

リスト7-30

```
@page
@model IndexModel
@{
    ViewData["Title"] = "Home page";

    var data = new List<string>();
    data.Add("One");
```

```
    data.Add("Two");
    data.Add("Three");
    data.Add("Four");
    data.Add("Five");
}

<div class="text-center">
    <h1 class="display-4">Welcome</h1>
    <sample items="@data"></sample>
</div>
```

図7-25：変数dataに用意したデータをリスト表示する。

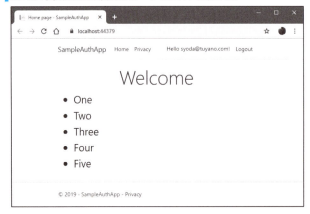

アクセスすると、リストが表示されます。ここでは、変数dataにListインスタンスを設定し、そこに複数のテキストをAddしています。そして用意できたListインスタンスを属性に指定して<sample>を用意します。

```
<sample items="@data"></sample>
```

これで、変数dataに代入されたListがitems属性に渡され、リストが表示されるようになります。タグヘルパーの属性には、このように@を使って複雑なオブジェクトなども割り当てることができます。

属性としてのタグヘルパー

ここまでは、<sample>というように独自のタグとして使えるようにするタグヘルパーの作り方を説明してきました。が、タグヘルパーは、こうした独自タグとして使うもののほかに、「**既にあるタグに属性として追加する**」というものも作ることができます。例えば、**<p hoge>**というように、普通のHTMLタグなどに**オリジナルの属性**として追加するのです。

こうしたタグヘルパーも、作り方は通常のカスタムタグとしてのタグヘルパーと同じです。違いは、**HtmlTargetElement**という属性を用意しておく、という点です。

7.3 タグヘルパーの作成

■属性としてのタグヘルパー

```
〔HtmlTargetElement(Attributes = "属性名")〕
public class タグヘルパー名 : TagHelper
{
    ……内容は同じ……
}
```

　HtmlTargetElementという属性は、タグヘルパーの対象となるエレメントに関する設定を行います。これは通常、タグ名をカスタマイズするのに利用されます。

```
〔HtmlTargetElement( タグ名 )〕
```

　タグヘルパーのクラスの前にこのように記述することで、使用するタグ名をカスタマイズできます。タグヘルパーは通常、クラス名からTagHelperというサフィックスを取り除いた名前がタグ名として使われますが、このHtmlTargetElement属性を用意することでクラス名とは違う名前のタグを設定することができるようになります。

　属性としてのタグヘルパーを作成する場合は、この[HtmlTargetElementに「**Attributes**」という値を用意します。これにより、指定の名前で属性として記述できるようになります。例えば、**[HtmlTargetElement(Attributes = "hoge")]**としておけば、このタグヘルパーは**<p hoge>**というような形で**hoge属性**としてタグに埋め込むことができるようになります。

▌sample 属性を作る

　では、実際にサンプルを作ってみましょう。やはりSampleTagHelperを書き換えて試してみることにします。

> **リスト7-31**

```
using System.Collections.Generic;
using System.Threading.Tasks;
using Microsoft.AspNetCore.Razor.TagHelpers;

namespace SampleAuthApp.TagHelpers
{
    〔HtmlTargetElement(Attributes = "sample")〕
    public class SampleTagHelper : TagHelper
    {
        public override void Process(TagHelperContext context,
                TagHelperOutput output)
        {
            var attr = new TagHelperAttribute("sample");
            output.Attributes.TryGetAttribute("sample", out attr);
            output.Attributes.RemoveAll("sample");
```

397

```
                output.Attributes.SetAttribute("style", "background-color:"
                    + attr.Value);
            }
        }
    }
}
```

ここでは、**[HtmlTargetElement(Attributes = "sample")]**と記述し、「**sample**」という属性としてタグヘルパーを用意しています。

行っている処理については後述するとして、これを利用してみましょう。Index.cshtmlのHTMLタグ部分を次のように修正してみましょう。

リスト7-32

```
<div class="text-center">
    <h1 class="display-4">Welcome</h1>
    <div class="h3">
        <p>
            This is <span sample="yellow">
                Sample Attribute
            </span>. ok?
        </p>
        <p>
            これは、<span sample="red">
                サンプルの属性
            </span>を使った例です。
        </p>
    </div>
</div>
```

図7-26：アクセスすると、一部の背景が黄色や赤に設定されたテキストが表示される。

アクセスすると、テキストの一部が黄色や赤の背景に変わっているメッセージが表示されます。この背景が変わっている部分が、sample属性によるものです。ここでは、こんな具合に属性を指定しています。

```
<span sample="yellow">Sample Attribute</span>
```

```
<span sample="red">サンプルの属性</span>
```

ごく普通の<span>タグに「**sample="○○"**」という形でsample属性を指定しています。ここで指定した値がSampleTagHelperの中で利用されていたのですね。

TagHelperAttribute で属性値を利用する

では、ここで実行している処理について説明していきましょう。今回は、sample="○○" というようにsample属性に指定した値を取り出して利用しています。この部分が、ちょっとわかりにくいでしょう。

まず、**TagHelperAttribute**クラスのインスタンスを作成します。

```
var attr = new TagHelperAttribute("sample");
```

このTagHelperAttributeクラスは、タグヘルパーの属性を管理します。独自の属性をプログラム内で利用する場合は、このTagHelperAttributeインスタンスを利用します。引数には、作成する属性名を指定します。

続いて、「**TryGetAttribute**」メソッドを使い、sample属性の値を変数attrにコピーします。

```
output.Attributes.TryGetAttribute("sample", out attr);
```

output.Attributesは、「**TagHelperAttributeList**」というクラスのインスタンスが設定されたプロパティです。これは、タグヘルパーのタグに用意されている属性をまとめて管理します。

ここから呼び出している「**TryGetAttribute**」メソッドは、第1引数の属性を取り出し、第2引数のTagHelperAttributeに書き出します。これにより、sample属性が変数attrに書き出されます。

```
output.Attributes.RemoveAll("sample");
```

続いて、sample属性をすべて取り除きます。「**RemoveAll**」は、引数に指定した属性をすべて削除します。これで、sample属性がタグから消されました。

```
output.Attributes.SetAttribute("style", "background-color:" + attr.Value);
```

最後に、タグのstyle属性にスタイルを設定します。先ほどコピーしたattrからValueで値を取り出し、それを使ってbackground-color:○○といった値をstyleに設定しています。例えば、sample="red"と指定すれば、style="background-color:red"とstyleが設定されるようになる、というわけです。

これで、sampleの値を使ってstyle属性の設定ができました。属性としてタグヘルパー

Chapter 7 アプリケーションを強化する

を用意すると、「**どんなタグにもその機能を埋め込める**」という利点があります。コンテンツそのものを大きく変更するようなものには向きませんが、スタイルやコンテンツ前後のテキストなど「**ちょっとしたプラス**」を行うようなものは、「**属性としてのタグヘルパー**」として作成したほうが使い勝手も良くなるでしょう。

7.4 検証ルール属性の作成

検証ルールの必要性

モデルを利用してデータを管理するとき、重要になるのが「**検証**」です。モデルクラスを定義する際、それぞれのプロパティについて検証の属性を指定しておくことで、モデルの作成や編集のためのフォームから送信されたデータが正しく入力されているかを素早く確認できます。

が、ASP.NET Coreに用意されている検証ルールは、それほど豊富とはいえません。きめ細かに検証を行うには、どうしても「**独自のルール**」に従って検証を行う必要が出てきます。

IValidatableObject による検証可能モデル

独自の検証を行う方法としては、既に「**検証可能モデル**」について説明をしました（「**5-2 検証可能モデルについて**」参照）。これは、IValidatableObjectというインターフェイスを実装してモデルクラスを定義する方法です。検証可能モデルクラスには、次のようなメソッドが実装されます。

```
public IEnumerable<ValidationResult>
        Validate(ValidationContext validationContext)
```

モデルを検証する際、この**Validate**メソッドが呼び出され内容を検証します。この方法の利点は、モデルにあるすべてのプロパティをまとめて検証できることです。またValidateを用意すれば自動的に検証が行われるため、扱いも非常に楽です。ただし、全体でまとめて検証を行うため、1つひとつのプロパティごとにチェックしたいような場合には使えません。また、モデルに組み込まれるため、応用性に欠ける面もあります。

検証属性について

特定のモデル内に組み込むのでなく、もっと幅広く柔軟に利用できる検証機能を用意したい。そういう場合は、「**検証属性**」を作成して利用するというアプローチがあります。

検証属性というのは、プロパティに設定する[Required]のような値の検証ルールを示す属性のことです。この属性は、実は自分で定義して利用することもできるのです。

検証属性は、クラスとして定義します。その基本的な形を整理すると次のようになります。

7.4 検証ルール属性の作成

■検証属性クラスの基本形

```
public class 名前Attribute : ValidationAttribute
{
    protected override ValidationResult IsValid(
        object value, ValidationContext validationContext)
    {
        ……検証処理……
    }
}
```

　検証属性クラスは、System.ComponentModel.DataAnnotations名前空間の「**ValidationAttribute**」クラスを継承して定義します。「**IsValid**」というメソッドを実装し、その中で検証処理を行います。

　このように定義されたクラスは、検証の属性としてプロパティに付けることができます。検証属性クラスには命名規則があり、クラス名の「**Attribute**」というサフィックスを取り除いたものが属性名として使われます。例えば、**HogeAttribute**というクラスとして定義したならば、**[Hoge]**という形で検証属性として利用できるようになります。

モデルクラスを用意する

　では、実際にサンプルを作成しながら検証属性について説明していきましょう。検証属性は、基本的にモデルクラスのプロパティに付加されます。ですから、まずはモデルクラスを用意する必要があります。

　今回も、SampleAuthAppプロジェクトをそのまま利用していきましょう。モデルクラスは、新しいC#ファイルを用意して作成してもいいのですが、今回はIndexのページモデル（Index.cshtml.cs）内に追記して使うことにしましょう。SampleAuthApp.Pages名前空間内に次のクラスを追加して下さい。

リスト7-33

```
// using System.ComponentModel.DataAnnotations; // 追記

public class FormData
{
    [Required]
    public string Name { get; set; }
    public string Message { get; set; }

    public FormData()
    {
        Name = "";
        Message = "";
    }
}
```

401

```
        public FormData(string name, string msg)
        {
            Name = name;
            Message = msg;
        }

        public override string ToString()
        {
            return "{ " + Name + ", \"" + Message + "\" }";
        }
    }
```

　NameとMessageというプロパティがあるだけのシンプルなクラスです。Nameには[Required]属性を指定しておきました(これは、標準で用意されている検証属性のサンプルとして付けてあります)。もう1つのMessageには何も付けてありませんが、これに自作する検証属性を付けて利用しよう、というわけです。

　モデルクラスは、これまでデータベーステーブルのデータを扱うために利用してきましたが、今回はフォームで送信するデータを管理するためのモデルクラスとしてFormDataを利用します。

MsgAttributeクラスを作る

　では、検証属性のクラスを作りましょう。これもIndex.cshtml.csのSampleAuthApp.Pages名前空間に追記しておきます。

リスト7-34

```
public class MsgAttribute : ValidationAttribute
{

    protected override ValidationResult IsValid(
            object value, ValidationContext validationContext)
    {
        string val = (string)value;

        if (val == null)
        {
            return new ValidationResult("NULL STRING!");
        }
        return ValidationResult.Success;
    }

}
```

　IsValidメソッドでは、**object**と**ValidationContext**の2つの引数が渡されます。objectは、この検証属性が設定されたプロパティの値が格納されます。ValidationContextは、検証

7.4 検証ルール属性の作成

可能モデルクラスのValidateメソッドでも引数として登場しました。検証ルールに関する機能を提供するものでした。

ここでは、引数のvalueをstringにキャストし、その値がnullだった場合にはValidationResultインスタンスを返すようにしています。これは、検証結果を扱うクラスです。引数にはエラーメッセージを指定します。このインスタンスを返すことで、発生したエラーが検証の実行元に返されます。

もし何の問題も発生しなかった場合は、**ValidationResult.Success**を返します。これが返されると検証を通過したと判断されます。

FormDataクラスにMsgを追加する

では、作成された検証属性を使ってみましょう。今回作成したのは、MsgAttributeというクラスでした。ということは、これは**[Msg]**という検証属性として使えるようになります。

では、先ほど記述したFormDataクラスのMessageプロパティを次のように修正しましょう。

リスト7-35

```
[Msg]
public string Message { get; set; }
```

これで、Messageプロパティに**Msg検証属性**が指定されました。では、FormDataを扱うフォームを作成して、実際に検証を行ってみましょう。

フォームで検証を行う

まず、モデルクラスから修正をします。Index.cshtml.csにあるIndexModelクラスを次のように修正して下さい。

リスト7-36

```
public class IndexModel : PageModel
{
    [BindProperty]
    public FormData sampleData { get; set; }
    public string msg;

    public void OnGet()
    {
        msg = "input form:";
    }

    public IActionResult OnPost()
    {
```

403

Chapter 7 アプリケーションを強化する

```
        if (!ModelState.IsValid)
        {
            msg = "re-input form:";
        } else
        {
            msg = sampleData.ToString();
        }
        return Page();
    }

}
```

[BindProperty]属性を使い、sampleDataプロパティにFormDataインスタンスをバインドしておきます。OnPostメソッドでは、ModelStateのIsValidをチェックしています。このあたりは、標準的なモデルの検証作業と全く同じですね。

ここでは、IsValidの結果に応じてmsgの値を設定しています。検証で問題が発生したら**"re-input form:"**と表示し、問題なく通過したらsampleDataのテキスト値を表示させています。

Index.cshtml を修正する

では、ページファイルを修正してフォームを作成しましょう。Index.cshtmlの内容を次のように修正して下さい。

リスト7-37

```
@page
@model IndexModel
@{
    ViewData["Title"] = "Home page";
}


<div class="text-center">
    <h1 class="display-4">Welcome</h1>
    <div class="text-left">
        <p class="h4 mb-4">@Model.msg</p>
        <form asp-page="Index">
            <div asp-validation-summary="All"
                    class="text-danger"></div>
            <div><input asp-for="sampleData.Name"
                    class="form-control" /></div>
            <div><input asp-for="sampleData.Message"
                    class="form-control" /></div>
            <div><input type="submit"
                    class="btn btn-primary" /></div>
        </form>
```

404

```
        </div>
    </div>
```

　これで完成です。実際にアクセスすると、2つの入力フィールドがあるフォームが表示されます。これらにそれぞれNameとMessageの値を記入し送信するとその結果が表示されます。
　では、フィールドに何も記入せずに送信してみて下さい。すると、次のようにエラーメッセージが表示されます。

```
・The Name field is required.
・NULL STRING!
```

　前者は、Nameに設定した**[Required]**のエラーメッセージです。そして後者は、**[Msg]**のエラーメッセージです。ちゃんとMessageに設定したMsg検証属性が機能していることがわかりますね。

図7-27：フォームに何も記入せず送信すると、NameとMessageそれぞれのエラーメッセージが表示される。

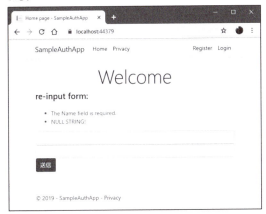

検証属性の引数を利用する

　作成した[Msg]属性は、ただ属性を指定するだけで、細かな設定などは行えませんでした。が、検証属性の中には、引数を使って必要な情報を渡せるものもあります。
　こうした検証属性は、クラスに必要な値をプロパティとして用意するように設計されています。では、先ほどのMsgAttributeクラスにプロパティを追加して利用できるようにしてみましょう。

リスト7-38
```
public class MsgAttribute : ValidationAttribute
{

    public int Min { get; set; }
```

Chapter 7 アプリケーションを強化する

```csharp
public string Ban { get; set; }

protected override ValidationResult IsValid(
        object value, ValidationContext validationContext)
{
    string val = (string)value;

    if (val == null)
    {
        return new ValidationResult("NULL STRING!");
    }
    if (val.Length < Min)
    {
        return new ValidationResult("TOOOO SHORT.");
    }
    if (val.Trim().ToUpper().Contains(Ban.Trim().ToUpper()))
    {
        return new ValidationResult("INCLUDE BAN-WORD.");
    }

    return ValidationResult.Success;
}
}
```

　ここではMinとBanというプロパティを用意しました。Minは最小文字数、Banは禁止ワードを指定します。Minにより、指定の文字数以下ではエラーとなるようにできます。またBanにより、特定のテキストを含む入力を禁止できます。

　これらは、val ==nullで未入力のチェックを行った後、次のような形で検証作業を行っています。

■文字数がMin未満だとエラーになる

```csharp
if (val.Length < Min)
{
    return new ValidationResult("TOOOO SHORT.");
}
```

■値にBanが含まれるとエラーになる

```csharp
if (val.Trim().ToUpper().Contains(Ban.Trim().ToUpper()))
{
    return new ValidationResult("INCLUDE BAN-WORD.");
}
```

　最低文字数のチェックは、単純にval.Length < Minを調べているだけです。禁止ワードは、入力されたテキスト（val）とBanをそれぞれトリミングした後ToUpperですべて大

406

文字に揃えた上でContainsしています。これにより大文字小文字の違いに関係なくBANされるようにしています。

では、FormDataクラスに指定したMessageプロパティの記述を、次のように修正しましょう。

リスト7-39
```
[Msg(Min = 5, Ban = ".NET")]
public string Message { get; set; }
```

修正したら、実際にフォームを入力し動作を確認してみて下さい。Messageのテキストが5文字未満だったり、「.NET」というテキストが含まれている場合はエラーになります。

図7-28：Messageフィールドが5文字未満だったり、「.NET」というテキストを含んでいるとエラーになる。

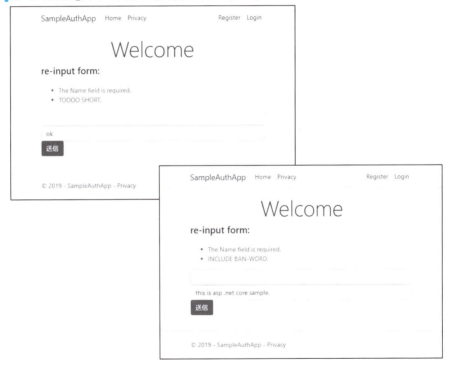

エラーメッセージへの対応

検証属性は、ErrorMessageという引数を用意することでエラーメッセージをカスタマイズできました。先ほどのサンプルでは、ErrorMessageを用意してもメッセージはカスタマイズできません。

検証属性クラスの親クラスであるValidationAttributeには「**ErrorMessage**」というプロパティが用意されています。エラーメッセージをカスタマイズ可能にするためには、このプロパティを利用する形でエラーメッセージを出力するようにクラスを設計する必要

Chapter 7 アプリケーションを強化する

があります。ではやってみましょう。

リスト7-40

```csharp
public class MsgAttribute : ValidationAttribute
{
    public int Min { get; set; }
    public string Ban { get; set; }

    protected override ValidationResult IsValid(
            object value, ValidationContext validationContext)
    {
        string val = (string)value;

        if (val == null)
        {
            return new ValidationResult(GetErrorMessage("NULL STRING!"));
        }
        if (val.Length < Min)
        {
            return new ValidationResult(GetErrorMessage("TOOOO SHORT."));
        }
        if (val.Trim().ToUpper().Contains(Ban.Trim().ToUpper()))
        {
            return new ValidationResult(GetErrorMessage
                ("INCLUDE BAN-WORD."));
        }

        return ValidationResult.Success;
    }

    public string GetErrorMessage(string err)
    {
        return ErrorMessage != null ? ErrorMessage : err;
    }
}
```

　ここでは、**GetErrorMessage**というエラーメッセージを返すメソッドを用意し、各ValidationResultではこのメソッドの戻り値を引数指定するように変更してあります。

　GetErrorMessageでは、**ErrorMessage**プロパティの値をチェックし、nullでなければGetErrorMessageを返すようにしています。nullの場合は、引数で渡されたエラーメッセージをそのまま返します。

　これで、ErrorMessageプロパティが設定されていなければデフォルトのエラーメッセージが表示され、ErrorMessageが用意されるとその値が表示されるようになりました。

では、FormDataクラスのプロパティを次のように修正してみましょう。

リスト7-41
```
[Required(ErrorMessage ="必須項目です。")]
public string Name { get; set; }

[Msg(Min = 5, Ban = ".NET", ErrorMessage = "5文字以上で .NET を含まないメッセージが必要です。")]
public string Message { get; set; }
```

これで、NameとMessageのそれぞれのエラーメッセージが日本語に変わりました。実際にフォームを送信して表示を確認しましょう。

図7-29：フォームを送信すると、日本語でエラーメッセージが表示されるようになった。

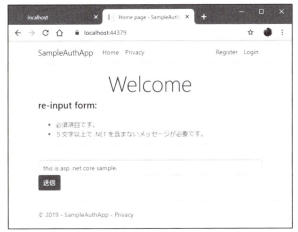

　検証属性は、作成しておけば、いつでもどのモデルクラスのプロパティでも、利用することができます。非常に汎用性の高いプログラムですが、そのためには「**汎用的に使えるような実装**」を考えなければいけません。特定の用途に絞ったような実装では、せっかく作ってもなかなか、ほかのプロジェクトで使ったりはできないでしょう。
　そのあたりの「**どこまで汎用性をもたせる形で作成するか**」についてよく考えて作成する必要があるでしょう。

さくいん

記号

.NET Core	4
<App />	345
<Container>	346
<EditForm>	337
<InputText>	338
<Layout>	346
<NavMenu />	346
<Route>	346
<Text>	155
「.vscode」フォルダ	29
「bin」フォルダ	29
「ClientApp」フォルダ	342
「Controllers」フォルダ	52
「Models」フォルダ	52
「obj」フォルダ	29
「Pages」フォルダ	113
「properties」フォルダ	29
「Views」フォルダ	52
「wwwroot」フォルダ	52
[HttpGet]	77
[HttpPost]	77
@addTagHelper	63
@bind	333
@bind-Value	338
@Body	329
@do	148
@for	149
@foreach	102, 149
@functions	156
@Html.CheckBox	139
@Html.DisplayName	138
@Html.DropDownList	139
@Html.Editor	136
@Html.ListBox	139
@Html.RadioButton	139
@Html.TextBox	137
@if	147
@model	117
@Model	125
@page	117
@RenderBody()	66
@RenderSection	66, 159
@Section	160
@switch	148
@try	149
@using	63
@while	148
%PUBLIC_URL%	343

_Layout.cshtml	63
_ViewStart.cshtml	62
_ViewImport.cshtml	62

A

ActionResult	59
AddControllers	314
AddControllersWithViews	54
AddDbContext	184
AddDefaultIdentity	358
AddEntityFrameworkStores	359
AddGoogle	369
Add-Migration Initial	178
AddRazorPages	115
AddRazorPagesOptions	361
AddScoped	383
AddServerSideBlazor	324
AddSession	91
AddSingleton	383
AddTransient	383
AllowAnonymous	362
AllowAnonymousToFolder	361
AllowAnonymousToPage	361
ApplicationBuilder	37
ApplicationDbContext	359
appsettings.json	30, 184
asp-action	76, 194
asp-controller	76
asp-for	83
asp-items	83
ASP.NET	2
ASP.NET Core	2
ASP.NET Core Webアプリケーション	21
asp-route-id	194
asp-validation-for	197, 259
asp-validation-summary	258
Attach	228
AuthenticationType	363
Authorize	362
AuthorizeFolder	361
AuthorizePage	361

B

BinaryFormatter	98
Bind	199
BindProperty	128, 224
Blazor	320
BrowserRouter	344

410

C

ClaimsPrincipal	362
ClientId	369
ClientSecret	369
Compare	263
Configuration	54
Configure	37
ConfigureServices	37
ConfigureWebHostDefaults	36
Connected Services	29
ConnectionStrings	185
Contains	244
ContentType	40, 42
Controller	58
CreateDefaultBuilder	35
CreateHostBuilder	35
CreditCard	263
CurrentValue	290

D

DataType	135, 263
DB Browser for SQLite	291
DbContext	183
DbContextOptions	183
DbContextOptionsBuilder	184
DbSet	183
Dbコンテキスト	182
Deserialize	99
Display	260
dotnet add package	171
dotnet aspnet-codegenerator	176
dotnet aspnet-codegenerator razorpage	217
dotnet dev-certs	31
dotnet-ef	179
dotnet ef database update	179
dotnet ef migrations	179
dotnet new	26
dotnet new blazorserver	321
dotnet new mvc	52
dotnet new page	121
dotnet new react	340
dotnet new webapi	308
dotnet new webapp	112
dotnet run	31
dotnet tool install	176

E

EmailAddressAttribute	257
EndsWith	244
Entity	288
Entity Framework Core	164
EntityState.Modified	228
EntityTypeBuilder	288

ErrorMessage / ErrorViewModel

ErrorMessage	262, 407
ErrorViewModel	61

F

fetch	350
File	42
FileStream	42
FindAsync	206
FirstOrDefaultAsync	203
Form	78
FormCollection	78
from in	247
FromSqlRaw	254
Func<dynamic, object>	158

G

GetChildContentAsync	389
GetConnectionString	184
GetContent	389
GetInt32	94
GetString	94
Google APIコンソール	364

H

Host	35
HostBuilder	35
htmlAttributes	136
HtmlTargetElement	396
Htmlヘルパー	136
HTMLヘルパーメソッド	327
HttpPut	317
HttpResponse	40

I

IActionResult	59
IApplicationBuilder	37
IConfiguration	54
Identity	354, 362
IdentityDbContext	359
IdleTimeout	95
IEnumerable	193
IFormCollection	78
IHost	35
IHostBuilder	35
ILogger	59
Include	278
InvokeAsync	376, 377
IQueryable	247
IsAuthenticated	363
IsDevelopment	38
IServiceCollection	37
IsEssential	95
IsValid	199, 257

IValidatableObject 265
IWebHostBuilder 36
IWebHostEnvironment 37

J・L

Japanese Language Pack for Visual Studio Code . . 18
JSX 344
Language Integrated Query 232
LINQ 232
Logger 59
LTS 3

M

Map. 373
MapBlazorHub 325
MapControllerRoute 56
MapFallbackToPage 325
MapGet. 38
MapRazorPages 115
MaxLength 264
MemoryStream. 98
Microsoft.AspNetCore.Authentication.Google . . . 367
Microsoft.EntityFrameworkCore.Sqlite 168
Microsoft SQL Server Express 294
MinLength. 264
ModelBuilder 287
ModelState 199
mssqllocaldb. 181, 185
MultiSelectList 145
MVCアプリケーション 46
MVCビューページ 72

N・O

NotFound. 202
NuGet 168
OnGet 119
OnGetAsync. 221
OnModelCreating. 287
OnPost 131
OnValidSubmit 337
OrderBy 251
OrderByDescending. 251

P・Q

PageConventionCollection 361
PageModel. 119
partial. 100
Phone 264
Pomelo.EntityFrameworkCore.MySql. 186
Process. 386
ProcessAsync 391
Program.cs 34
Property. 288

Queryable 247

R

Range 257
RazorPageBase 62
Razor構文 102, 147
Razor式 152
Razorディレクティブ 63
Razorファイル 324
Razorページ 106, 116
React. 339
ReactDOM.render. 344
RedirectToAction 200
RedirectToActionResult 200
RegularExpression. 264
Remove 212
RemoveAll 399
RenderComponentAsync 327
RenderPartialAsync 197
Request 78
RequestDelegate. 377
RequestId. 61
RequireConfirmedAccount 358
Required 257
ResponseCache. 60
REST 303
RESTful 303
Route 90
Run 375

S

SaveChangesAsync 200
select 247
Select 249
SelectList 144
SelectListItem 83
Serialize 98
ServerPrerendered. 327
ServiceCollection 37
SetAttribute. 393
SetContent. 387
SetHtmlContent 391
SetInt32 94
setState 348
SetString 94
SignalR 334
Skip. 253
SPA 339
StartsWith 244
Startup.cs. 36
Strict-Transport-Security 55
StringLength. 264
System.IO. 41

さくいん

System.Text.Encoding 43

T

TagHelper 386
TagHelperAttributeList 399
TagHelperContent 389
TagHelperContext 386
TagHelperOutput 386
TagName 387
Take 253
ThenBy 251
ThenByDescending 251
TimeSpan 95
ToArray 98
ToListAsync 190
TryGetAttribute 399

U

Update 209
Update-Database 178
Url 265
Use 375
UseAuthentication 359
UseAuthorization 56, 359
UseDeveloperExceptionPage 38
UseEndpoints 38
UseExceptionHandler 55
UseHsts 55
UseHttpsRedirection 56
UseMiddleware 379
UseMySql 187
UseRouting 38, 56
UseSession 91
UseSqlite 186
UseSqlServer 184
UseStaticFiles 56
UseWelcomePage 40

V

Validate 265
ValidateAntiForgeryToken 198
ValidationAttribute 401
ValidationContext 265
ValidationResult 265
View 60
ViewData 122
ViewResult 60
Visual Studio Code 13
Visual Studio Community 7

W・X

Web API 302
WebHostBuilder 36

WebHostEnvironment 37
where 247
Where 241
WriteAsync 38
XSRF 198

あ・か行

アクション 59
依存関係 29
エクスプローラー 29
エンドポイント 38
外部キー 271
仮想DOM 339
コードブロック 62

さ行

サーバーエクスプローラー 294
サービス 37, 381
シャドウプロパティ 286
証明書発行 31
診断ツール 32
スキャフォールディング 175
ステート 347
セクション 159
セッション 91
接続文字列 185
ソリューション 20
ソリューションエクスプローラー 27

た・な行

ターミナル 25
タグヘルパー 63, 385
ナビゲーションプロパティ 271

は行

パイプライン 38, 372
パッケージマネージャーコンソール 178
パッド 28
フォームヘルパー 75
部分ビュー 100
プライマリキー 172
ブレークポイント 32
プロジェクト 19
ページファイル 116
ページモデル 116

ま・ら行

マイグレーションファイル 178
ミドルウェア 37, 371
ミドルウェア拡張 378
ルートコンポーネント 327

413

著者紹介

掌田 津耶乃（しょうだ つやの）

　日本初のMac専門月刊誌「Mac＋」の頃から主にMac系雑誌に寄稿する。ハイパーカードの登場により「ビギナーのためのプログラミング」に開眼。以後、Mac、Windows、Web、Android、iPhoneとあらゆるプラットフォームのプログラミングビギナーに向けた書籍を執筆し続ける。

■最近の著作

『PythonではじめるiOSプログラミング』（ラトルズ）
『Web開発のためのMySQL超入門』（秀和システム）
『PythonフレームワークFlaskで学ぶWebアプリケーションのしくみとつくり方』（ソシム）
『PHPフレームワークLaravel実践開発』（秀和システム）
『見てわかるUnity 2019 C#スクリプト超入門』（秀和システム）
『Angular超入門』（秀和システム）
『サーバーレス開発プラットフォーム Firebase入門』（秀和システム）

●筆者運営のWebサイト
http://www.tuyano.com

●著書一覧
http://www.amazon.co.jp/-/e/B004L5AED8/

●ご意見・ご感想の送り先
syoda@tuyano.com

カバーデザイン　高橋　サトコ

C#フレームワーク
ASP.NET Core 3入門
（シーシャープ）（エーエスピードットネット　コ　ア　にゅうもん）

| 発行日 | 2019年 11月 30日 | 第1版第1刷 |

著　者　掌田　津耶乃（しょうだ　つやの）

発行者　斉藤　和邦
発行所　株式会社　秀和システム
　　　　〒104-0045
　　　　東京都中央区築地2丁目1-17　陽光築地ビル4階
　　　　Tel 03-6264-3105（販売）　Fax 03-6264-3094
印刷所　日経印刷株式会社

©2019 SYODA Tuyano　　　　　　　　　Printed in Japan
ISBN978-4-7980-6050-7 C3055

定価はカバーに表示してあります。
乱丁本・落丁本はお取りかえいたします。
本書に関するご質問については、ご質問の内容と住所、氏名、電話番号を明記のうえ、当社編集部宛FAXまたは書面にてお送りください。お電話によるご質問は受け付けておりませんのであらかじめご了承ください。